黏胶短纤市场博弈原理

季柳炎　著

中国纺织出版社

内容提要

本书主要介绍了黏胶短纤的发展历史、现状，并对黏胶短纤市场的未来进行了一系列展望。结合历史数据，通过基本面分析法，详细阐述了黏胶短纤、涤纶短纤以及棉花三种纺织原料之间的轮动关系以及通过历史事件对轮动关系进行现象型解读。通过宏观经济分析方法，借以数据，详细剖析了如何利用宏观经济数据、央行的货币政策解读黏胶短纤市场的波动。开创性地利用中国传统文化的时空观对历年黏胶短纤的价格运行做了细致分析。通过引入西方市场技术分析法，对黏胶短纤运行周期进行有机划分。对中美贸易战背景下的黏胶短纤市场进行了预测和展望。

本书填补了黏胶短纤市场系统分析图书的空白，利用本书方法分析黏胶短纤市场行情具有较高的准确率。可以作为化纤企业经营人员以及决策者的参考书籍；也可以作为下游纺织厂企业主、贸易商、证券分析师、期货分析师等参考用书；还可以供宏观经济研究者参考。

图书在版编目（CIP）数据

黏胶短纤市场博弈原理 / 季柳炎著 . -- 北京 : 中国纺织出版社，2019.3

ISBN 978-7-5180-5546-3

Ⅰ. ①黏… Ⅱ. ①季… Ⅲ. ①针织工业—化学纤维织物—研究 Ⅳ. ① TS156

中国版本图书馆 CIP 数据核字（2018）第 250463 号

策划编辑：符　芬　　责任编辑：朱利锋
责任校对：王花妮　　责任印制：何　建

中国纺织出版社出版发行
地址：北京市朝阳区百子湾东里A407号楼　邮政编码：100124
销售电话：010—67004422　传真：010—87155801
http：//www.c-textilep.com
E-mail：faxing@c-textilep.com
中国纺织出版社天猫旗舰店
官方微博 http：//weibo.com/2119887771
北京玺诚印务有限公司印刷　各地新华书店经销
2019年3月第1版第1次印刷
开本：787×1092　1/16　印张：15.5
字数：318千字　定价：298.00元

做好化纖信息工作為
提昇中國化纖產業
軟實力而奮斗
戊戌之秋八十九叟吴奎樹

织为云外秋雁行　染作江南春水色

——读季柳炎先生《黏胶短纤市场博弈原理》作序

秋天的景色很美。从繁华的大都市上海飞到新疆库尔勒，航程是五个半小时。从飞机舷窗远眺，夕阳染红了云彩，绚丽夺目。“织为云外秋雁行，染作江南春水色”，此刻忘记了经营纺织企业的艰辛，沉醉于祖国的美丽山河。然而秋天的云海波诡云谲，似波涛汹涌的市场，让人思绪万千、心神不宁。此行去新疆，是残酷的市场竞争促使我寻找更有竞争力的原料资源，更因为新疆是我国黏胶纤维和黏胶纱线的后起之秀，蕴藏更多的合作机会。

一册《黏胶短纤市场博弈原理》初样在手，漫长的旅程有了定心丸。其装帧设计淡雅大气，内容体现传统文化与现代科技的融合，翔实的数据、变幻的曲线，伴随着清幽的书香，引人入胜。华章读罢，闭目沉思，黏胶之路幻作美丽的绵绸装扮大江南北，徜徉在大漠金秋胡杨丛林，织出点点花语。一册在手，探幽索微，欣喜之至！

《黏胶短纤市场博弈原理》详细解析了黏胶短纤的市场运行规律，从溶解浆价格、黏胶纱线行业地域影响入手到棉花、黏胶、涤纶三者联动规律的阐述，让人触摸到黏胶短纤市场的脉搏；从宏观政策影响、传统文化影响的研究到道氏理论、波浪理论、江恩法则的运用，让人科学地把握黏胶市场的运行轨迹；从厄尔尼诺现象影响到心理学在黏胶市场分析的应用，充分展示作者的治学严谨和科学态度；从黏胶期货的探讨到中国黏胶产业的安全，字里行间袒露作者的爱国情怀。壮志凌云黏胶路，拳拳报国赤子心。

作者季柳炎先生，从事研究溶解浆、黏胶短纤产业安全多年，对国内外黏胶纤维产业链市场与技术分析有着较为深厚的造诣，见解独到。他无私地帮助我们苏州道格拉斯纺织有限公司在生产经营人造棉、人造丝等黏胶产品方面后来居上，成为生产人棉人丝产品的翘楚，赢得市场的广泛认可。季先生，亦师亦友，他编著本书，授业解惑，指点迷津。

异彩奇文相隐映，转侧看花花不定，大美黏胶路！！

苏州道格拉斯纺织有限公司

谢怀江

2018年秋

前 言

1905年黏胶短纤问世以来，出版的书籍均以技术类为主，我国的黏胶纤维工艺类专著书籍在1989年杨之礼先生的《黏胶纤维工艺学》（第2版）后再无相关书籍出版；辅导类书籍在1990年当时的劳动部培训司出版《黏胶纤维生产设备》及《黏胶短纤维生产工艺与操作》两本书籍后，也再无相关类书籍出版。而关于黏胶纤维市场分析方面的内容，在世界上几乎没有相关专著类书籍出版。

笔者从2007年进入上海中纤纺织发展有限公司（2017年更名为“恒天览秀网络科技有限公司”）开始接触黏胶短纤市场，从当时的行业分析师做起，对于所经历的黏胶短纤市场每次的大变动，均有不同的感悟。时至今日，虽中间转战数家公司，但是对于黏胶短纤市场博弈仍在孜孜不倦的研究中。入行近12年，对黏胶短纤市场越发着迷。

2007年笔者入行时，中国的黏胶短纤产量刚刚超过100万吨，2018年黏胶短纤产能已经超过了400万吨。从100万吨发展至200万吨的时候，黏胶短纤行业就在讨论产能过剩的问题，但是时至今日，通过10年多的发展，证明了黏胶短纤产能远远没有达到产能过剩的地步。

然而可悲的是，黏胶短纤这个发展迅速的产业，市场在不断扩张的同时，并没有与其他纤维类行业（比如棉花）一样出现一本像样的关于市场博弈指导的书籍。

在过去的十几年从业间，笔者在行业网站以及相关期刊上发表了将近百篇黏胶产业链相关分析的文章，市场上多数贸易商大佬、黏胶短纤工厂管理者、溶解浆工厂经营者及人棉纱厂企业主等相关从业者均给予了好评。尤其在2016年，笔者自己借助微信公众号搭建“布衣资讯”后，成功地让整个行业参与者平稳起飞，平稳着落，准确把握了一波黏胶短纤上涨行情，并且让参与者感觉到黏胶短纤市场的魅力，在笔者的人生经历中留下了一笔宝贵的财富以及一段难忘的岁月，同时也让笔者觉得一个合格的分析师所需要承担的责任重大。

2016年的除夕，与几位朋友聊天时，朋友建议笔者停更“布衣资讯”公众号，让笔者利用有限的时间为这个行业多做一点事情，比如将从业10多年来的感悟、分析方法整理出来，形成一本专著，以让市场参与者更好地把握黏胶短纤价格波动起伏，以填补目前整个行业的空白。当时大家套用了一句俗语："授人以鱼不如授人以渔。"

笔者自知水平有限，但是看到黏胶短纤行业的确出现了市场的快速发展以及市场理论的不配套，遂开始下决心写一本关于黏胶短纤市场博弈类的专著。写作初期，曾经采用"笔记"形式，但发现此形式犹如一本故事大杂烩，而且不能起到方法论的作用。之后，开始对第一稿进行改写，将十几年来自己经历过的事件以及市场参与者所经历的事件进行梳理，最后几易其稿，初步形成了这本专著雏形。

本书从黏胶短纤的国外发展史开始，因为做一个行业，必须要了解其历史。黏胶短纤从1905年正式登上人类历史舞台后，就注定了其一段不平凡的发展历程。事实上，黏胶短纤的确是有生命周期与生命力的，1905～1980年，是苏联以及西欧、美国发达国家的天下；而1990年之后，中国作为黏胶短纤第二生命周期的主要力量，利用不到30年的时间，就向世界证明了黏胶短纤在中国生根发芽的正确性。1990～2005年是黏胶短纤发展史上最黑暗的日子，由于黏胶短纤被西方发达国家认为其产生的污染无法治理，最终黏胶短纤在很多发达国家消亡。在2005年后，中国的黏胶短纤工厂对黏胶短纤废气、废水以及其他工业副产品进行有机治理，最终解决了其污染问题，使得黏胶短纤产业不断发展壮大。目前中国为全世界的人类提供了将近68%的黏胶短纤，在棉花产量日益减少的今天，为人类提供了合适的服用、医用、工业用黏胶短纤。

对于黏胶短纤市场分析方面，笔者对历年的黏胶短纤价格走势进行梳理，运用中国的传统文化比如阴阳历、二十四节气等从时间上剖析黏胶短纤市场的变化根源；运用国家宏观经济政策、货币政策、股市技术分析部分的《道氏理论》《艾略特波浪理论》《江恩法则》等指标，对黏胶短纤市场运行过程中价格空间的波动进行解读。对黏胶短纤市场运行规律利用时空观进行系统性剖析。

在本书最后一部分，笔者对黏胶短纤的未来进行了一系列展望，在黏胶短纤发展大周期中，得出了黏胶短纤市场运势的判断。

本书可以作为部分院校纺织材料或化纤专业的市场营销或市场分析类教材。

感谢家人在我写作过程中给予的支持与鼓励，没有家人的付出，这本书就不能成形；感谢从十几年来给予支持的各位领导、同事及朋友，是你们提升了我对于黏胶短纤行业的认知并结以深缘；感谢中国纺织出版社，使得这本利用时空观来分析黏胶短纤市场运行的著作得以面市；感谢黏胶短纤市场博弈的所有参与者，是你们推动了中国黏胶短纤产业发展壮大，做大做强！

季柳炎

2018年7月

目录

第一篇

黏胶短纤发展简史

第一章　黏胶短纤发展历史

第一节　国外黏胶短纤发展简史

黏胶纤维是最古老的化学纤维品种之一，其被发明仅迟于纤维素硝酸酯纤维。黏胶纤维是以溶解浆或者棉浆为基本原料，经过纤维素黄原酸酯溶液纺制而成的再生纤维素纤维。自1905年工业化生产至今已经经历了113年的历史，故其是一种历史悠久、工艺成熟、用途广泛的化学纤维。根据其结构以及性能的不同，可以分为普通黏胶纤维、高湿模量黏胶纤维、莱赛尔纤维、黏胶帘子线、特种纤维等。

在113年的历史中，黏胶纤维从起源、发展到衰退然后再发展，经历过两次周期循环。根据产量减半原则划分周期，可以将国外黏胶纤维发展分为两个大周期：1900～2000年为第一周期，2000年至今为正在经历的第二周期。在20世纪70年代也就是第一周期顶峰时，国外黏胶纤维产能曾经达到354万吨，但从1993年以后，尤其是1996年后，国外的黏胶纤维走向衰落，出现了大规模的减产，这标志着国外黏胶纤维第一生命周期的终结。2000年以后，如果不是因为中国黏胶纤维产业，尤其是黏胶短纤产业的蓬勃发展，给黏胶纤维带来了第二生命周期，黏胶纤维这个工业化品种可能早已淡出众人视野。

图1–1所示为国外黏胶纤维产量变化趋势。

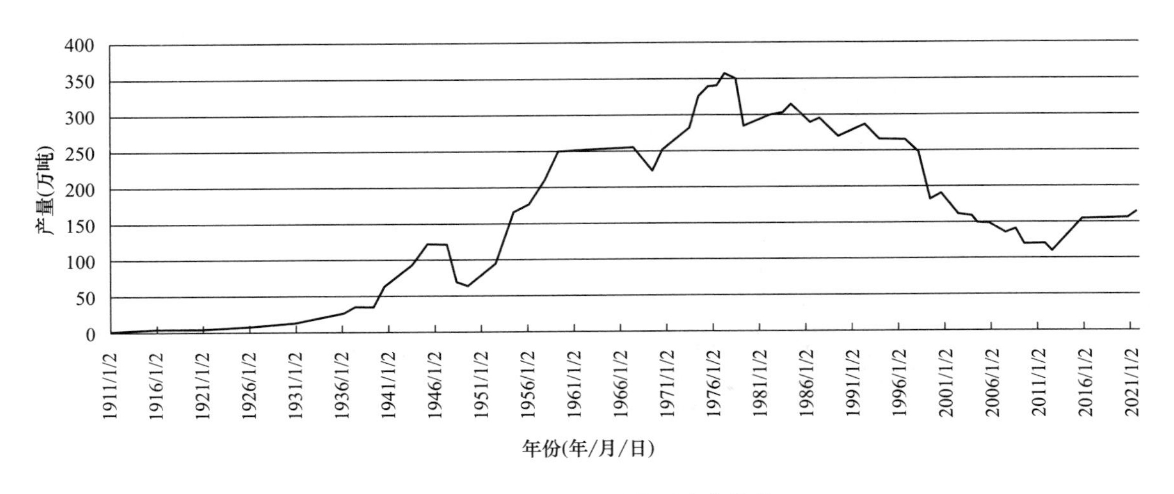

图1-1　国外黏胶纤维产量变化趋势

一、国外黏胶纤维的起源（1891～1935年）

1891年，美国人克罗斯（Cross）、比万（Beavan）和比德尔（Beadle）等在实验室发现经碱处理后的纤维素能够与二硫化碳反应，生产纤维素黄原酸酯，它能溶于稀碱液中。由于这种溶液的黏度很大，因此被命名为“黏胶”。黏胶遇酸后，纤维素又重新被析出，根据这个原理，在1893年发展成为一种制备化学纤维的方法，这种纤维叫作“黏胶纤维”。到1905年，米勒尔等发明了一种稀硫酸和硫酸盐组成的凝固浴，实现了黏胶长丝的工业化生产。

黏胶长丝在生头（始纺）和落丝时产生一定数量的废丝，人们把其切成与棉纤维长短相近的短纤维，再作为纺织纤维原料，称其为人造短纤维，或者黏胶短纤维。这种情况下得到的黏胶短纤，无论从产量还是质量，均不稳定，于是1920年开始，实验室开始进行直接制造黏胶短纤的系统试验。至1933年，终于有黏胶短纤维产品面市。从此，黏胶短纤维工厂不断在世界各地涌现。

1900～1935年，处于起步阶段的黏胶纤维就开始了差异化发展。这段时间内，涌现出的品种除了现在还能广泛使用的黏胶长丝与黏胶短纤外，还有大家熟悉的铜氨纤维等。

此后，尽管黏胶纤维的生产工艺不断被改进，甚至出现了变革，但是黏胶纤维作为化学纤维工业化生产较早的纤维之一，其名字一直被沿用至今。由于锦纶66（合成纤维）在1939年才被杜邦公司工业化生产，“化学纤维”这一名词才被使用，所以“黏胶纤维”在其被发明后的35年间一直被称作“人造纤维”，这也是如今很多人在问“人造丝”（黏胶长丝）、“人造棉”（黏胶短纤）为何单指“黏胶纤维”的原因。

英国考陶尔兹（Courtaulds）公司在黏胶纤维发展史上具有举足轻重的地位，Courtaulds公司创建于1794年，1905年前，主要以面料和服装作为主产业。其从1905年8月开始生产黏胶纤维后，黏胶纤维也变成了其支柱产业之一。其先后在英国（Courtaulds公司）、美国（A.V.C，1909～1941）、德国（西德）、法国、意大利等国家建厂或参股投资黏胶纤维，一直至20世纪70年代，Courtaulds公司及其黏胶纤维项目均处于蓬勃发展时期。表1-1是1905～1990年Courtaulds公司开发的黏胶纤维品种。

表1-1　1905～1990年Courtaulds公司开发的黏胶纤维品种

1905年8月	生产黏胶长丝（其美国子公司）
1911年	（American Viscose Corporation简称A.V.C）开始生产黏胶长丝
1926年	消光黏胶长丝
1934年	黏胶短纤
1935年	高强度黏胶帘子线（Tenasco）
1957年	化学卷曲的黏胶纤维（Salile）
1964年	卷曲粗旦地毯纤维（Evlan）
1965年	Polynosic型纤维（Vincel28）
1967年	Modal纤维（Vincel64）
1968年	阻燃黏胶纤维（Darelle ）
1976年	中空管状黏胶纤维（Viloft）
1981～1990年	天丝（Tencel）

二、国外黏胶纤维的发展时期（1935～1945年）

在1935～1945年间，黏胶纤维主要经历了黏胶长丝与短纤规模化生产，人造纤维的出现，客观上解决了当时棉型、毛型等天然纤维供应不足的现状。众所知周，1939～1945年第二次世界大战时期，如果单纯依靠天然纤维来解决当时的纺织品与服装的需求基本不可能，同时，由于合成纤维在这一时期还处于实验室研发阶段，黏胶纤维被世界各国广泛生产，以解决市场对于纺织服装需求的问题。所以，战争期间，黏胶纤维并没有因为战争而产能减少，反而因为战争对农业生产的破坏性，拓宽了市场空间。其黏胶纤维工厂生产停摆，忙于战后恢复，其后1946～1948年，黏胶纤维产量出现骤降。

第二次世界大战期间，因为运输兵源以及武器的需要，汽车工业得到了发展。由于棉花在战争期间的短缺，棉帘子线的需求量又大。科学家开始研究高强力的黏胶纤维，以替代棉帘子线。1935年黏胶帘子线研制成功并规模化生产，解决了当时蓬勃发展的汽车行业的轮胎帘子线问题。黏胶帘子线的强力、耐热性以及对于橡胶的附着力比较好，部分替代了棉帘子线。

三、国外黏胶纤维的辉煌阶段（1946～1993年）

第二次世界大战结束后，世界各国的工业百废待兴，黏胶纤维在这一阶段迎来了其第一周期内的辉煌发展期。这一时期内，西欧、东欧、苏联、美国、日本作为黏胶纤维生产主要基地，涌现出一批优秀的黏胶纤维生产企业（表1-2）。最高峰时，全球生产黏胶纤维的企业曾达到180多家，在1973年附近，产能曾经达到350万吨之多。

这一阶段，黏胶纤维品种不断被丰富，1950～1970年是黏胶帘子线发展史上的全盛时期。1936～1950年，经过15年的技术升级，黏胶帘子线生产工业已经较为成熟，质量完全优于棉帘子线。在西德、法国、南斯拉夫、苏联等国家基本用黏胶帘子线替代了棉帘子线。但1970年后，因为尼龙（锦纶）工业的兴起，黏胶帘子线逐渐开始走向衰落。

表1-2　20世纪70年代主要黏胶纤维生产企业及产能

<table>
<tr><th rowspan="2">国家</th><th rowspan="2">公司名称</th><th colspan="2">生产能力（万吨）</th></tr>
<tr><th>黏胶短纤</th><th>黏胶长丝</th></tr>
<tr><td rowspan="4">美国</td><td>Avtex Fibers</td><td>15.9</td><td>2</td></tr>
<tr><td>Enka</td><td>5.4</td><td>6.6</td></tr>
<tr><td>Courtaulds（A.V.C）</td><td>10</td><td>—</td></tr>
<tr><td>Beaunit</td><td>11</td><td>2.5</td></tr>
<tr><td>英国</td><td>Coutaulds</td><td>21.3</td><td>4.8</td></tr>
<tr><td>奥地利</td><td>Lenzing</td><td>10.5</td><td>—</td></tr>
<tr><td rowspan="2">印度</td><td>Gwalior Rayon</td><td>7.8</td><td>—</td></tr>
<tr><td>South India</td><td>1</td><td>—</td></tr>
<tr><td rowspan="4">意大利</td><td>Snia</td><td rowspan="4">9.6</td><td>3</td></tr>
<tr><td>Montefibre</td><td>3</td></tr>
<tr><td>Bustese</td><td>—</td></tr>
<tr><td>Orsi-Mangeli</td><td>—</td></tr>
<tr><td rowspan="2">法国</td><td>Rhone-Poulenc</td><td rowspan="2">9</td><td rowspan="2">2.4</td></tr>
<tr><td>Courtaulds</td></tr>
<tr><td>日本</td><td>10家（含三菱、东邦、钟纺等）</td><td>29</td><td>20</td></tr>
<tr><td>苏联</td><td>12家</td><td>46.5</td><td>36.5</td></tr>
<tr><td colspan="2">合计</td><td>177</td><td>80.8</td></tr>
</table>

1962～1970年，人们开始研制高湿模量黏胶短纤维。该纤维除具有高强度、低拉伸度和低膨胀化度外，其主要特点是具有高的湿模量，故称为高湿模量黏胶纤维。这种纤维主要分为两类：一类是波里诺西克纤维，另一类是变化型高湿模量纤维。BISFA（国际人造纤维标准化局）把高湿模量纤维统称为莫代尔（Modal）纤维。

同期，为了将黏胶纤维做出毛感，研制了永久卷曲型黏胶短纤维。这种纤维的优点在于具有保暖性及类毛性；缺点在于断裂强度较低，断裂伸长率较高，湿模量较低。因此，在较高张力的作用下，卷曲容易消失。为了克服这种缺点，20世纪70年代，又研发出高湿模量永久卷曲黏胶短纤（HWM卷曲纤维）。HWM卷曲纤维是在HWM纤维和永久卷曲黏胶短纤成型基础上发展起来的一个新品种。用其制成的织物既有高强度、高模量，又有优良的弹性和良好的手感。

Lyocell纤维是用*N*-甲基吗啉氧化物—水这一新型有机溶剂溶解纤维素，进行特殊纺丝得到的一种新型再生纤维素纤维。其是荷兰Akzo公司、英国Courtaulds公司和奥地利Lenzing公司在20世纪80年代开发的新型纤维素纤维。Lenzing公司的Lyocell注册商标为“Tencel”，这也是将Lyocell纤维称为“天丝”的原因。

1976年，荷兰的Akzo公司与Enka公司率先研究生产出Lyocell纤维，其于1980年首先申请了Lyocell纤维的工艺与产品专利；1984年，英国Courtaulds公司在Grimsby建成中试车间，1987年Courtaulds公司从Akzo公司购进Lyocell纤维生产的专利许可证，其后建成了2000吨/年的半工业化装置，1992年Courtaulds公司在美国Alabama州的Mobile建成第一条1.8万吨/年的生产线，于1994年正式投产；奥地利Lenzing公司与1986年从Akzo公司买下5项基本*N*–甲基吗啉水溶液（NMMO）专利，并于1990年建成Lenzing试验工厂。

Lyocell纤维就这样在英国Courtaulds公司走向落没以及Lenzing公司走向崛起的时间点登上了历史舞台。Lyocell纤维因为生产过程中比黏胶纤维对环境的友好程度高，并且无污染，三家公司在1990～2000年不断投入资金进行溶剂回收方面的研发，这场竞争中，最终导致了英国Courtaulds公司不复存在，以Lenzing公司最终收购了Akzo公司与Courtaulds公司的所有Lyocell纤维产权，一统Lyocell纤维生产的天下为终结。

1991～1992年，南斯拉夫以及苏联解体。解体后的各国忙着新政权的交接，黏胶纤维设备开始停摆。这些黏胶纤维产能的停摆，标志着国外黏胶纤维的辉煌期结束，衰退期开启。

四、国外黏胶纤维的衰退（1994～2000年）

1992年6月，联合国在里约热内卢召开了环境与发展大会，通过了可持续发展为核心的《里约环境与发展宣言》《21世纪议程》等文件。随后，世界各国开始将可持续发展观点具体落实，由此开始，黏胶纤维因为其生产过程中有硫化氢、二硫化碳析出，对工厂周边的环境以及空气污染较为严重。当时废气、废水之类处理技术不成熟，加上1994～1996年间溶解浆工厂关停也比较多，造成了溶解浆价格过高，最终黏胶纤维工厂于1994年开始逐步在西方国家以及日本陆续关停，国外黏胶纤维的产能出现全面衰退。

与此同时，随着20世纪90年代中国改革开放政策的不断推进，国际上的服装制造业开始向中国与东南亚以及印度等地转移，黏胶纤维生产聚集地逐步由苏联、美国、欧洲、日本等地转移至中国、印度与印度尼西亚。

至2000年，表1–2中所列举的生产企业，已经大多数不复存在，西欧中，仅奥地利Lenzing公司继续生产黏胶纤维；印度的两家公司中的印度博拉公司在这段时间内继续做大做强，成为印度最大的黏胶纤维公司。这标志着黏胶纤维的第一生命周期结束。第一生命周期与第二生命周期，主要国家与地区的黏胶纤维产量变化见表1–3。

表1–3　主要国家与地区黏胶纤维产量变化　　单位：万吨

国家与地区	1976年	1986年	1996年	2006年	2016年
美国	63	29	23	3	3
西欧	110	53	50	45	75
日本	49	37	21	7	—
印度	12	20	27	28	70
中国	7	23	48	165	385
苏联&东欧	82.1	111	28	—	—
合计	323.1	283	191	248	533

2016年，印度尼西亚拥有黏胶纤维生产能力约50万吨；2017年，中国恒天集团与印度尼

西亚Sritex纺织公司联合投资的8万吨/年的黏胶短纤项目开始投产；同时金鹰国际24万吨的印度尼西亚黏胶短纤项目也于2018年投产。这也意味印度尼西亚在2018年以后，将拥有82万吨的黏胶纤维产能。印度尼西亚在森林资源方面拥有天然优势，且拥有溶解浆工厂，故未来的印度尼西亚将有可能成为继中国之后的另一个黏胶纤维生产大国。

2016年，Lenzing公司宣布在泰国曼谷投资10万吨/年的Lyocell纤维生产线，而泰国现有印度博拉公司投产的18万吨黏胶短纤生产线。随着中国“一带一路”倡议的推进，预计未来的泰国也将成为黏胶纤维生产公司投资的热土。

五、国外黏胶纤维变迁史的启示录

纵观国外黏胶纤维发展的变迁史，不难发现，黏胶纤维的兴衰，主要离不开以下几点。

（1）稳定的社会发展环境是黏胶纤维产业扩张的前提。除了在黏胶纤维发展初期，因为战争导致了物资紧缺，黏胶纤维表现出旺盛的生命力，在第二次世界大战结束后的政权不稳定期，以及20世纪90年代初期，苏联解体的国家政权更迭期，黏胶纤维表现出生产停摆，产量下降明显。而对比于20世纪90年代的中国，积极的改革开放政策以及稳定的社会环境为黏胶纤维事业的大规模扩张提供了良好的基础，所以，稳定的社会环境是黏胶纤维正常生产与产能发展的前提。

（2）技术研发是双刃剑。从Lyocell纤维的竞争看，Lenzing公司最后击败Akzo公司以及Courtaulds公司一统Lyocell纤维江湖看，技术研发需要借力打力，同时需要有雄厚的资金作为储备，最终才能变成该领域的强者。但如果不进行技术研发，如黏胶帘子线一样，一旦出现了尼龙工业丝替代，那么也只能走向消亡。

（3）环保是制约黏胶纤维发展的瓶颈。从黏胶纤维第一周期的衰退期看，环保成为西方国家最终放弃黏胶纤维生产的主要因素。这主要源于当时的废气以及废水处理技术不成熟所致。而Lenzing最终生存下来，主要靠其高端的Lyocell纤维以及Modal纤维。并且通过技改，控制自己的碳排放量，尽量让自己不购买碳税。

（4）寻求“全球化”政策红利。随着中国政府“一带一路”倡议的推进，黏胶纤维已经在东南亚地区开始发展，印度尼西亚、泰国等国家的黏胶纤维产业正在逐步崛起，预计未来十年内，这些地方有可能成为黏胶纤维上下游产业集群地。

（5）黏胶纤维尤其是黏胶短纤作为最接近棉的古老人造纤维，不会消亡，但是行业的高低潮仍会不断出现。原油毕竟是不可再生资源，合成纤维终究有消亡的一天。而黏胶纤维原料是木片，属于可再生资源，用之不尽，取之不竭。只是黏胶纤维的生产工艺需要不断寻求创新，尤其是普通黏胶短纤维、高白度黏胶短纤维、Lyocell纤维的生产工艺创新，减少环境公害，这样黏胶纤维将会续写辉煌篇章。

第二节　20世纪90年代欧美纤维素纤维产业的兴衰始末

20世纪80～90年代，世界格局处于风云变幻之中，东欧剧变、苏联解体、环保政策的从严最终使得如日中天发展的黏胶纤维行业走向衰落，并最终在西欧及北美一些国家消亡。研究这段历史，笔者发现了一些有趣课题。比如，2000年附近，美国纳斯达克指数（科技股指数）崩盘，当时美国本土黏胶短纤在14.6万吨，中国台湾塑胶集团（简称台塑）准备在美国投资11万吨项目，该项目占美国已有项目产能比例为75.86%；而2018年，中兴遭美国政府封杀，中国科技股泡沫被资本市场踢出。

以2000年《日本纤维协会调查报告》（No.384）为蓝本，系统梳理出20世纪90年代国际格局风云变幻下的纤维素纤维产业兴衰，行业内的企业重组之过程，供业内决策人员对现行的中国黏胶短纤格局进行决策参考。

一、美国纤维素纤维产业的变迁

1989年Avtex破产，美国的黏胶短纤维生产厂家变为Courtaulds和巴斯夫两家公司。紧接其后，巴斯夫将事业卖给奥地利Lenzing AG公司。从此，美国的黏胶短纤维产业格局变为欧洲资本控制的两家公司。

1992年，Courtaulds关闭了加拿大的黏胶短纤维工厂，同时在美国开始生产Lyocell纤维Tencel。1998年Courtaulds的Lyocell纤维Tencel被阿克苏诺贝尔收购，以阿考迪斯（Acordis）公司的名义运营。1999年因黏胶纤维市场景气度很差，Lenzing AG和阿考迪斯就黏胶纤维产业的兼并事宜被提上日程。

美国黏胶长丝方面，1997年，NAR（North America Rayon）彻底停止生产，美国再无黏胶长丝产业。

美国的醋酯纤维产业总共有两家生产公司，一家是赫司特Celanese AG；另一家是伊斯曼柯达。赫司特的醋酯纤维产业被从赫司特分离出来的Celanese AG继承。伊斯曼柯达1994年将化学品部门独立为分公司伊斯曼化学公司，醋酯纤维产业也交给该公司管理。

1. Avtex破产导致美国黏胶短纤维仅有两家公司生产

1989年因为排水引起的公害问题以及溶解浆短缺等因素，黏胶短纤维生产厂家Avtex Fibers关闭了Front Roynl VA工厂，1990年2月Avtex Fibers破产。该公司的黏胶短纤维年生产能力为9万吨，占美国黏胶短纤维总产量的40%，对黏胶短纤维的供给影响很大。为此，剩下的两家公司中，Courtaulds对美国和加拿大的工厂进行了扩产，巴斯夫也将6条生产线中的1条转换成HWM（Avtex是美国唯一的HWM供给厂家，HWM即高湿模量黏胶短纤维，莫代尔纤维），以应对Avtex的退出。

2. 中国台湾塑胶集团在美国的子公司11万吨产能没能实现投产

1991年中国台湾塑胶集团的美国子公司宣布，计划在Wallace La近郊投资近7亿美元建设黏胶纤维工厂（30吨/天，销售额预计2亿美元）、硬木切片工厂（8350吨/天）、溶解浆粕工厂（2000吨/天，计划一部分外销，销售额预计4.6亿美元）、硫酸钠工厂（215吨/天）。

该黏胶短纤工厂规模较大，年产11万吨（当时全美国黏胶短纤维年产能力14.6万吨），致使其引起同行关注。由于围绕环境许可使建设计划延迟、硬木原料的取得受到限制、邻接地的所有者为阻止建设计划进行起诉等，计划停止。其后，1995年中国台塑再次提起建设计划，却因当地群众以及环保团体的反对而未能实现。

3. Lenzing AG收购巴斯夫黏胶短纤产业

1985年，奥地利巴斯夫集团从荷兰阿克苏收购美国恩卡的纤维事业，以此进入黏胶短纤产业，但巴斯夫集团认为黏胶短纤维产业与其经营战略有冲突。于是在1992年将黏胶短纤产业卖给奥地利的Lenzing AG。巴斯夫从业人员约550人，生产能力为4.5万吨/年（服装用40%、家庭装饰用30%、非织造布用30%）。

Lenzing AG是世界知名的黏胶纤维生产厂家，在印度尼西亚有合资子公司South Pacific Rayon（出资42.5%）。美国工厂的取得使其在欧、美、亚都拥有生产据点，从而进一步推行全球化。

4. 1992年末 Courtaulds关闭加拿大工厂

Courtaulds在美洲除美国工厂（8.2万吨/年）外，还在加拿大有3万吨/年的Cornwall ON工厂（从业人员360人），1992年末该工厂关闭。由此，Courtaulds彻底退出加拿大的黏胶短纤维行业。

Cornwall ON是Courtaulds集团中最老的工厂，始建于1949年，生产成本较高。在Courtaulds集团进军亚洲市场以及北美市场的产品进口增加的背景下，Cornwall ON工厂被关闭。

5. Lyocell纤维开始规模化生产——Courtaulds的Tencel

1992年Courtaulds在Mobile AL工厂投产，主要生产Lyocell纤维（Tencel），其产能为1.8万吨/年。1981～1992年，Courtaulds投资约8500万美元用于对Tencel纤维的开发，进而对美国工厂建设投资了大体相同数额。

Courtaulds组织了若干日本企业对Tencel的纺织品进行差别化开发，其差别化产品的风格在市场上一炮而红。其后，Courtaulds积极寻求Tencel 的产能扩张。1996年，其美国公司的第二套装置（扩大到4.3万吨/年）投产，1998年9月，英国Grimsby工厂（4.2万吨）投产。但是，之后其产能扩产遇到较大阻碍。1998年，亚洲金融危机爆发，亚洲市场作为Tencel纤维应用的主力，需求减少，导致Courtaulds损失扩大，1999年1月Courtaulds暂停了Mobile AL工厂，将生产集中到英国的Grimby新工厂。Mobile AL工厂停产大修1年，直到2000年再次开工。

Courtaulds在Mobile AL工厂只生产普通Tencel产品，但Grimby工厂除普通Tencel产品以外还生产特殊品Tencel A100。Tencel A100在美国、西欧、亚洲、南美等地区被市场接受，但在Mobile AL工厂还没有生产Tencel A100的计划。

1996年4月11日，美国FTC（联邦贸易委员会）将Lyocell作为纤维的一般名称予以正式认可。根据纺织纤维产品认证（Textile Fiber Products Identification），要以一般名称进行销售，就必须取得FTC的批准。

6. NAR的退出导致美国黏胶长丝产能消亡

1997年初，美国唯一的黏胶长丝生产厂家North American Rayon Corp.（NAR）停止了纺织用和产业用黏胶长丝的生产。

1928年，德国的Glanzstoff 集团设立Amercan Vlanzstoff工厂 ，在Elizabethton TN 工厂开始黏胶长丝的生产。这座工厂后来在第二次世界大战中被美国政府没收，其后被Beaunit收购，随后又被卖掉，变为NAR。

7. Celanese AG的复活——醋酯纤维产业减少

1998年，德国的赫司特设立子公司Celanese AG，将美国醋酯部门有关乙酰的化学事业移交给该公司管理。Celanese AG公司于1999年从赫司特独立，变为单独的企业。Celanese AG的前身British Celanese是美国Celanese AG于1927年成立的知名企业，1987年被赫司特收购，更名为赫司特Celanese AG，但其后又改称 Hoechst Fibers Worldwide（1996年改称为Trevira），Celanese AG的名称消失。

Celanese AG 1999年关闭了 Rockhill SC工厂陈旧的醋酯长丝设备的一部分，相当于该公司占世界生产能力的约12%，关闭后的能力缩小到年产8.8万吨。该公司是世界最大的醋酯长丝生产厂家，设备能力占世界生产能力的40%左右。关闭的理由是需求低迷和设备老化。

Rockhill SC工厂的1200从业人员中有150～200人受影响，一部分安置到Narrows VA工厂。1998年该公司的醋酯纤维销售额比上年减少25%，为3亿美元。

继这之后，Celanese AG宣布了在2000年第1季度前关闭加拿大的 Drummondville 工厂（年产1.5万吨）的计划。该公司的醋酯长丝生产能力从年产8.8万吨缩小到7.3万吨。并计划在2001年3月前关闭 Rockhill SC 的醋酯长丝工厂，生产能力进一步缩小。Rockhill SC的醋酯片生产继续存在。由此，该公司的醋酯长丝生产集约到美国Narrows VA、墨西哥Ocotlan、比利时 Lanaken 三个工厂。

2000年第3季度，Celanese AG将墨西哥Ocotlan工厂的醋酯束年产能力缩减了1万吨。醋酯束主要用作香烟过滤嘴。

二、西欧纤维素纤维产业的变迁

（一）醋酯纤维

目前，西欧醋酯长丝生产厂家是 Novaceta、Celanese、Inacsa 三家公司，20世纪90年代企业重组的大动向是Courtaulds和斯尼亚设立Novaceta。

香烟过滤嘴用的醋酯束生产厂家有Rhodia Acetow、Celanese AG、Ectona（伊斯曼）、Acordis 四家公司。

（1）Novaceta的设立（1992）。1990年，意大利斯尼亚与艾尼蒙特事业交换，用腈纶、涤纶产业换取醋酯、尼龙产业项目。当时开设的醋酯长丝厂家Industrie Tessile di vercelli公司（1990年销售额577亿里拉）于1991年被吸收合并。

同年，斯尼亚与英国Courtaulds就醋酯长丝事业设立各占50%股份的合资公司达成协议，诞生了在西欧醋酯长丝市场拥有70%～80%占有率的企业，EC的独禁当局也出面调查，但最终认可。

1992年Novaceta开始生产。由此，西欧的醋酯长丝厂家变成Novaceta、赫司特、Inacsa三家公司并存。

（2）其他。1998年英国Courtaulds被荷兰阿克苏诺贝尔收购，俩公司的纤维事业以分公司 Acordis名义进行整合，1999年Acordis从阿克苏诺贝尔独立。因此，Novaceta成为Acordis 与斯尼亚各占50%股份的合资公司。

赫司特1999年将包括醋酯的化学事业以 Celanese AG名义独立。

Inacsa （Industrias del Acetato de celulosa S.A.）是西班牙的厂家，以Velion为商标进行生产，生产能力估计年产5000吨。

（二）黏胶长丝

1993年，西欧黏胶长丝的最大生产厂家阿克苏诺贝尔（现为Acordis）取得了东德的黏胶长丝企业Elsterberg，但其后包括工厂关闭的设备缩小动向引人注目。

1996年，前阿克苏集团的La seda de Barcelona收购了东德企业 Maerkische 的黏胶长丝事业，直到奥地利的 Glanzstoff 暂时宣告破产。其后变为总公司维持运营，1999年收购捷克共和国的黏胶长丝厂家。

此外，西欧的纺织用黏胶长丝厂家有Fabelta Ninove（比利时）、Cellatex（法国）、Sachsische Kunstseiden（德国）、Nuova Rayon（斯尼亚拥有41%，意大利）、Etma（希腊），都是年产3000～7000吨的小规模生产厂家。铜氨纤维生产厂家有意大利的Bemberg。

1. **围绕阿克苏的动向**

1993年9月1日荷兰的阿克苏完成了分阶段收购德国Elsterberg。Elsterberg是前东德的黏胶长丝生产厂家，从业人员500人，设备能力年产5000吨。生产细旦黏胶长丝等特殊品。Elsterberg的前身是阿克苏的子公司Vereinigte Glanzdtoff-Fabriken，在第二次世界大战结束后，东西德分裂，则变为东德的国有企业。

1994年阿克苏与诺贝尔合并变为阿克苏诺贝尔后，着手黏胶长丝的大幅度重组工作。

首先，1995年末宣布关闭荷兰Kreefse Waard （Arnhem近郊）的轮胎帘子线黏胶长丝工厂（年产1.2万吨，从业人员超过350人）。1992年关闭德国Obernburg的轮胎帘子线用黏胶长丝工厂，该公司轮胎帘子线用黏胶长丝工厂就只有德国的Obernburg工厂（年产3万吨）。而且，为削减成本，将一部分筒子工程从荷兰Ede工厂、德国Obernburg、Kelsterbach工厂转移到在波兰Gorzow建设的新工厂 。

1999年，阿克苏诺贝尔的纤维事业作为Acordis分公司独立，黏胶事业移交给Acordis子公司恩卡管理。恩卡决定关闭荷兰Ede工厂，接着还宣布关闭1999年8月停产的德国Kelsterbach工厂的计划。理由是从亚洲的进口继续增加，而需求的恢复从结构上不能期待。随着该工厂的关闭，Acordis的黏胶长丝生产集约到德国的Obernburg和Elsterberg两工厂。

2. **围绕La sedn de Barcelona的动向**

西班牙的La sedn de Barcelona 最开始是阿克苏的子公司，1991年阿克苏卖掉了所持股份。面临经营困难的La sedn实施重组，将黏胶长丝产业变为Viscoseda，于1996年变成子公司。La sedn同年就收购德国的Maerkische Faser 的黏胶长丝事业与Maerkische的母公司Westdeutsche Landesbank 达成协议，9月30日收购Maerkische Viscose GmbH。由此，La sedn成为仅次于阿克苏诺贝尔的西欧第二大纺织用黏胶长丝生产厂家。Maerkische Viscose GmbH 是前东德的化纤企业 Maerkische Faser AG的子公司，在德国的 Premnitz 拥有工厂。

3. **围绕Glanzstoff Austria的动向**

产业用黏胶长丝生产厂家Glanzstoff Austria原是阿克苏前身AKU所属，1982年从阿克苏集团离开，1988年破产，股份的70.8%从政府机关卖给黏胶短纤维厂家Lenzing AG，该公司虽进行了再建，但是持续赤字运营，1993年再次宣告破产。在进行到清算阶段以前，德国的联合大企业Industriell Cornelius 集团伸出援助之手，维持了运营。

Lenzing AG于1994年将新买到手的70.8%股份卖给了CAG Holding GmbH。Glanzstoff 1998年收购捷克共和国的产业用黏胶长丝厂家Lovochemie，现在作为Glanzstoff Bohemia进行运营。传说 Glanzstoff 收购了法国黏胶长丝厂家 Cellatex，但详情不明。

轮胎帘子线用黏胶长丝正在与其他素材竞争，在"开快车"多的欧洲有旺盛的需求，现在还是每年4.3万吨在区内消费。区内产业用黏胶长丝厂家达3家，各公司的生产能力见表1-1。

（三）黏胶短纤维

20世纪90年代的黏胶短纤维行业的企业重组从社会主义阵营解体开始。随着东西德国的统一，东德的黏胶短纤维企业数家公司倒闭。

在西方，德国赫司特1993年将黏胶短纤维事业（年产6.6万吨）移交给英国Courtaulds的合资企业管理，实质上已从该事业退出。

在环境问题高涨中，英国Courtaulds在世界上率先开始了Lyocell纤维的商业生产，1992年开始设美国工厂、1998年开始设英国工厂。另外，Lenzing AG 1997年开始设奥地利工厂。

1996～1997年，工厂关闭、设备缩小的动向相继出现。1996年，西班牙Sniace关闭工厂（1997年再开）。1997年，德国Thuringische关闭工厂，Courtaulds实施了英国工厂的设备削减。

1997～1998年，北欧地区动向明显。1997年，芬兰 Kemira被印度尼西亚Indorayon收购，1998年，瑞典Svenska Rayon 被投资公司收购。

1. 东德厂家的倒闭（1990～1992年）

由于东西德国统一，企业进入自由主义经济圈。但由于设备老化、经营效率的恶化、环境对策需要大量投资等，生存困难。负责东德企业民营化的德国信托公司 Treuhandanstalt 决定将东德与纤维素有关工厂全部关闭。由此，Filmfabrik Wolfen AG、Prignitzer Zellstoff und Zellwolle GmbH Wittenberge、Sachsische Zellwolle GmbH Plauen、Spinnstoffwerk GmbH Glauchau倒闭。

Sachsische Kunstseiden Gmbh Pirma和Thuringische Faser AG Schwarza两家公司一度被印度大联合企业Dalmia收购，但Dalmia资金周转不顺利，Sachsische Kunstseiden Gmbh pirma破产（黏胶短纤维工厂卖给中国）。Thuringische Faser AG Schwarza由信托公司申请破产，Dalmia放手。

1994年，Thuringische Faser将聚酯聚合物事业卖给Zipperling Chemie Thuringen。1995年把锦纶、树脂子公司Polymer und Filameat Rudolstadt卖给联信。黏胶短纤维工厂（年产2万吨）继续运营，1997年关闭。

2. 围绕Lyocell纤维的动向

1992年，Courtaulds在美国Mobil AL工厂开始Lyocell短纤维Tencel的世界第一家商业化生产。由于纤维素纤维与合成纤维的竞争中趋于劣势，且当时由于环保问题，纤维素辖内产量出现了萎缩。但以适应环境的制造工艺、独特的风格和自然分解的特性，使Lyocell纤维成为世界注目的纤维。

该公司1994年宣布了建设Lyocell短纤维工厂的计划，选择地点有美国Grimsby、英国Derby、德国Kelheim、西班牙Barcelona，最终选定了美国Grimsby。当初，预定1997年开始生产，但由于市场低迷等而延期1年，1998年以年产4.2万吨规模开始生产。

Lenzing AG公司1994年决定建设Lyocell短纤维工厂，选择地点有奥地利Lenzing AG、奥地利靠近 Heilingenkreuz 、德国 Shwarza ，最终选定匈牙利国境附近的Heilingenkreuz，按当初预定计划于1997年以年产1.5万吨规模开始生产。

由此，Lyocell短纤维生产厂家变成Courtaulds和Lenzing AG两家公司。俩公司在西欧和美国法院展开了专利纠纷战。原来，荷兰阿克苏开发溶剂纺丝纤维素纤维，1978年取得基础技术专利，1980年取得制造技术专利。1987年与Lenzing AG、1990年与Courtaulds缔结了转让合同。其后，Lenzing AG和Courtaulds独自开发了技术。1994年进入法庭斗争，成为一进一退的拉锯战，1998年，两公司和解，缔结了互换专利协议。

Courtaulds与阿克苏诺贝尔1994年就共同开发Lyocell长丝达成协议。其后，开展研究开发，因为在市场调查中得到好评，1997年俩公司就合资进行Lyocell长丝Newcell的商业生产（在欧洲建设年产5000吨规模的工厂）达成协议。但是，阿克苏诺贝尔1998年收购了Courtaulds，两公司的纤维事业进行统合，作为分公司阿考迪斯（Acordis）独立。

继阿克苏、Courtaulds、Lenzing AG之后，出人意料地对Lyocell开发的还有工程企业德国吉玛，该公司1996年与德国研究机构Thuringische Iustitue Tetil und kunstoff Forschung e.v.（TITK）进行TITK开发的 Lyocell 纤维 Alceru的研究开发，设立了合资企业Alceru Schwarza GmbH。1998年9月，Alceru Schwarz在Rudolstadt （Schwarza）建设了中试装置（年产300吨）。1998年3月，TITK进行了商标注册，Lyocell纤维的商标为Shwarza-Lyocell，但没有达到商业生产。

3. 设备削减（1996～1997**年**）

继西班牙Sniace于1996年关闭了 Santander的黏胶纤维工厂（年产3万吨）之后，德国的Thuringische Faser AG Schwarza于1997年关闭2万吨规模的工厂。Courtaulds于1997年实施了英国 Grimsby 的黏胶短纤维工厂的设备削减（年产5.5万吨减为3.0万吨）。

Sniace、Thuringische Faser的退出，Courtaulds的设备削减，使西欧黏胶短纤维设备能力缩小约1/5，变为年产30万吨，成Lenzing AG（12万吨）、Courtaulds（10万吨）、Kemira（6万吨）、Svenska（3万吨）的四公司体制，但Sniace于1997年4月再开工厂，现在为五公司体制。

4. 北欧企业的动向（1997～1998**年**）

芬兰黏胶短纤维厂家Kemira Fibers（Sateri）1997年被印度尼西亚黏胶短纤维厂家Indorayon Utama收购，母公司为了致力于核心事业，决定卖掉效益不好的部门Kemira Fibers。芬兰从1997年起对BOD值等产业废水的规定变严，继续赤字的 Kemira Fibers 没有实施排水处理设施的富余资金，经营处于严峻状况，决定实施包括大幅度人员削减的重组计划。

瑞典黏胶短纤维厂家Svenska Rayon母公司Health Care AB 为向核心事业集约而于1998年将Svenska Rayon卖给本国投资集团Svea Economi AB。

第三节　中国黏胶纤维发展简史

中国化纤工业的建立，是从黏胶纤维开始的。1956年，丹东化纤厂、保定化纤厂陆续开工建设并投产。20世纪50～80年代，中国黏胶纤维工厂建设较为迅速，在国内化纤工业中占据一定的战略定位。这段时间内，中国有30多家黏胶纤维工厂，至1991年，中国的黏胶纤维产量达23万吨，在当年的世界黏胶纤维产量排行榜上占据第四位。从20世纪90年代起，中国黏胶纤维工业快速发展，产量以平均每年10%以上的速度增长，这个过程中，淘汰了一大批小型的黏胶纤维生产工厂，其中还有一些知名企业，同时，黏胶纤维生产地也出现了集约化、规模化的组合。2005年，中国黏胶产量达114.5万吨，占世界总产量的1/2，之后一直保持黏胶纤维第一生产大国的地位。

纵观中国黏胶纤维持续增长的主要原因是：第一，国内对服用、装饰用、产业用纺织品的消费增长推动了化纤工业的持续发展；第二，化纤下游纺织品及服装出口的不断扩大，为国内化纤工业的持续发展提供了有利的支撑；第三，外围投资的不断增加，先进技术的积极引进，大大提高了中国化纤产品的竞争力。

图1-2所示为1960～2012年中国与世界（除中国）黏胶产量的对比。

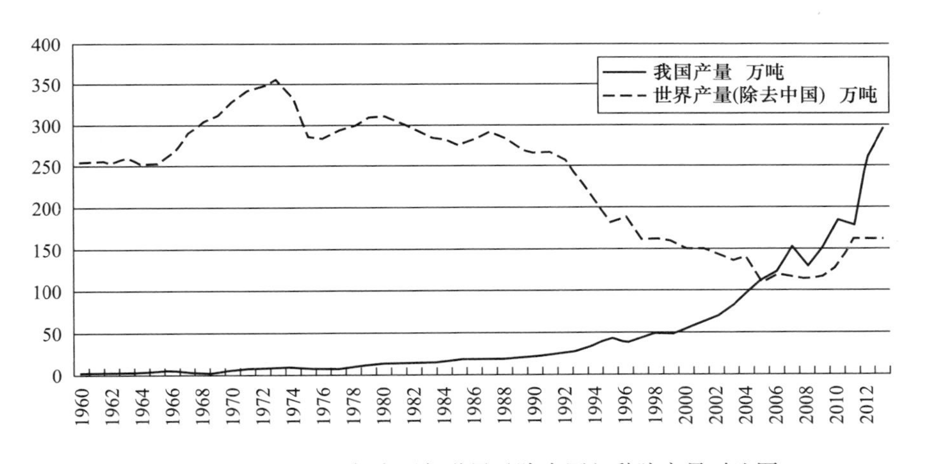

图1-2　1960～2012年中国与世界（除中国）黏胶产量对比图

一、我国黏胶纤维工业发展进程

（一）黏胶纤维工业的起步

为了适应纺织加工发展的需要，纺织工业部在1954年秋成立了化学纤维筹备工作小组，负责早期建设项目的具体实施。1955年5月，钱之光率领中国纺织工业代表团访问苏联时，对发展人造纤维等问题进行了考察。在这以后，中国开始筹建化学纤维工业。

20世纪50年代中期，世界化学纤维的产量已达250万吨，占纺织纤维总量的30%～35%。而中国化学纤维工业基本上还是个空白，仅有旧中国遗留下来的设备陈旧、残缺不全的两个老厂——安东化学纤维厂和上海安乐人造丝厂。根据当时工业基础薄弱以及资源状况等条件，确定了发展化学纤维工业以黏胶纤维为起点，首先恢复和改造两个老厂，同时筹划引进国外先进技术。

丹东化学纤维厂（当时称为安东化学纤维厂）是中国化学纤维工业中最早的企业。它的前身是日本侵华期间建立的东洋人造丝株式会社，始建于1939年，采用从日本拆迁来的20世纪20年代德国造的老设备，设计能力为日产短纤维10吨，1941年3月竣工投产。由于设备、技术陈旧等原因，实际日产水平只有2～6吨。该厂在抗战胜利前由于遭到日本人的破坏，到东北解放时已经无法生产。在纺织工业部和当地人民政府的领导下，抽调一部分人员，组成了筹建工作组，1956年5月完成了复工建厂的初步设计，生产能力为日产短纤维12吨。1956年6月开始施工，经过将近一年的努力，于1957年5月投入试生产，1958年1月正式生产，达到了设计生产能力。

上海安乐人造丝厂（即后来的上海第四化学纤维厂）是旧中国遗留下来的由民族资本建立的一个试验厂，主机是从法国购买的老设备，生产能力仅为日产人造丝1吨。由于设备缺损，长期没有投入生产。上海解放后，该厂实行了公私合营，1956年开始恢复和改造，1958年5月1日正式投产，纺出国产第一批黏胶人造丝。两个厂的恢复和改造工作完成后，年生产能力共约5000吨。

（二）大型黏胶纤维厂的建设

1956年初，经批准从民主德国引进年产5000吨人造丝的成套设备，开始建设中国第一个大型化纤厂——保定化学纤维厂。该厂于1957年10月动工，1959年10月第一纺丝区开始生产，到1960年7月全厂4个纺丝区全部投产，前后只用了大约3年时间，建设速度是比较快的。但因该厂建设正值“大跃进”时期，受“左”的思想影响，施工上求快心切，生产上求多心切，对施工质量和产品质量有所忽视，一度使生产受到影响。经过整顿后，生产走上了正轨。这个厂生产的天鹅牌人造丝是全国优质产品，年产量已增长到7000吨。保定化学纤维厂引进的设备是当时民主德国最先进的技术。这个厂的建设，为中国化学纤维工业的发展，培养和输送了专业人才，提供了比较完整的生产技术和管理经验，在中国化学纤维工业发展史上，具有重要的意义。

“一五”期间，棉纺织工业迅速发展，以致原料跟不上纺织加工发展的需要，在棉花歉收的时候，原料矛盾更为突出。当时纺织工业部就提出要在多方面发掘纺织原料资源，积极发展化学纤维。20世纪60年代初，由于农业原料大幅度减产，使大家对于纺织工业受农业原料生产丰歉影响的深度，有了较深刻认识，要想高速度发展纺织工业，必须大力发展化学纤维工业。纺织工业部于1960年5月向党中央作了《关于纺织工业发展方针的请示报告》，在报告中明确提出纺织工业应实行发展天然纤维与化学纤维同时并举的方针。中央在批转这个报告时给予了充分的肯定，指出发展天然纤维与化学纤维同时并举的方针是正确的，应采取必要措施，认真贯彻执行。这一方针的确立，对中国化学纤维工业的发展，具有深远的历史意义。同年7月，纺织工业部又向党中央作了《关于发展人造纤维工业的报告》，建议继续建设一批黏胶纤维厂，所需设备完全由国内制造，采用棉短绒、木材等为浆粕原料。报告得到了中央领导的同意。纺织工业部随即组织资源调查和技术研究，并且安排纺织机械厂，参考保定化学纤维厂和苏联的部分图纸、资料，设计、制造了成套黏胶短纤维和长丝设备。第一套黏胶短纤维设备于1961年1月全部研制成功，在上海安达化学纤维厂（即后来的上海第十二化学纤维厂）安装试生产。在此基础上，成套自行制造设备，于1961年开始陆续兴建了南京、新乡、杭州、吉林等化学纤维厂。这批新建厂都配备了以棉短绒为原料的浆粕车间。与此同时，丹东化学纤维厂扩建了长丝车间，保定化学纤维厂也扩建了棉浆粕车间。这些项目于1964年和1965年先后建成投产，大大提高了化学纤维生产能力，奠定了中国黏胶纤维工业的基础。

（三）万吨黏胶强力帘子布厂的建立

随着轮胎工业的迅速发展，低强度、高耗胶量的棉帘子布已不能适应需要。1960年，化学纤维研究机构开始研究黏胶强力帘子线。1965年在上海第二化学纤维厂筹建了年产500吨黏胶强力帘子线的试验车间，1967年保定化学纤维厂建设了年产2000吨的黏胶强力丝车间。

1967年1月，为配合第二汽车制造厂的兴建，纺织工业部在湖北襄樊建设了一个年产1万吨的黏胶强力帘子布厂——湖北化学纤维厂。该厂建设正值“文化大革命”期间，是在艰难的建厂条件下建设起来的。这个厂从工艺路线、设备制造到工厂设计，完全采用中国自己的技术。其中关键设备纺丝机，综合了国内外先进技术，在结构设计上具有一定的特点。生产所用的油剂也是经过科研攻关后自己制造的。在投产初期，又对工艺条件等进行了反复的试验、改进，使纤维质量达到了国际公认的“两超”强力帘子线的指标。这个大型黏胶强力帘子布厂的建设成功，标志着中国黏胶纤维的生产技术、科研、设计及建设能力都达到了新的水平，是中国黏胶纤维工业建设的一项重大成就。

（四）黏胶纤维厂在技术改造中不断壮大

进入20世纪70年代，化学纤维工业的建设重点转向合成纤维，在黏胶纤维方面基本上没有再建新厂。黏胶纤维产量的增长、品种的发展、质量的提高，主要是通过技术改造、技术革新和扩建取得的，其中产量的增长尤为显著。到1966年，在新建的一批黏胶纤维厂投产后，黏胶纤维年产量达到5.8万吨。在这以后，通过采取各项技术改造措施，使原来年产2000吨黏胶长丝的车间，达到年产2700吨的水平；年产5000吨的黏胶长丝厂达到7500吨产量。南京、新乡、上海、吉林等化纤厂，原设计黏胶短纤维生产能力为3400吨，通过技术改造和扩建，都已达到年产8000～10000吨。1982年黏胶纤维总产量达14万吨，比1966年增长1倍以上，主要是技术改造和扩建的结果。

除此以外，为提高质量、增加品种，中国自行研究开发了富强纤维、高卷曲人造毛等性能优越的新产品，黏胶长丝质量也有了提高。通过技术改造，黏胶纤维厂的劳动条件也有了改善。如采取了密闭有毒气体发生的工序，增加车间空调次数，进行二硫化碳回收等措施，改善了劳动环境。黏胶纤维厂的技术改造，丹东化纤厂具有代表性。这个厂经过二十多年的努力，已把中华人民共和国遗留下来的陈旧设备全部更新或改造，又引进高效能的筛滤机取代老的框板式过滤机，再加上适当扩建，使生产能力由原来年产4000吨黏胶短纤维，发展为年产1.6万吨黏胶短纤维、2700吨黏胶长丝和1.6万吨涤纶短纤维。该厂生产的高卷曲人造毛，获得了国家银质奖。

1990～2000年我国黏胶纤维工厂产能见表1–4。

表1-4　1990～2000年我国黏胶纤维工厂产能

序号	单位	品种	产量（吨/年）	品牌
1	上海第一化纤厂	S	9000	月季花
2	上海第三化纤厂	S	4200	
3	上海第五化纤厂	F	1600	
4	上海第十二化纤厂	S	11000	
5	上海高桥石化公司化工二厂	S	6500	高光
6	天津人造纤维厂	S	7000	环球
7	内蒙古化纤厂	S	7000	五塔
8	大同化纤厂	S	13000	
9	保定化纤厂	F	10500	
10	丹东化纤厂	S	2000	海燕
		F	5500	
11	吉林化纤厂	S	35000	白山
		F	11000	
12	哈尔滨化纤厂	S	10000	白酶
13	南京化纤厂	S	13000	金羚
		F	3400	
14	张家港市纸浆厂	S	10000	锦花
15	潍坊化纤厂	S	13000	银旋
		F	6000	
16	杭州化纤厂	F	8000	蓝孔雀
		S	6000	
17	余姚第一化纤厂	S	20000	双象
18	江西化纤厂	S	10000	白杜鹃
19	九江化纤厂	S	20000	白鹿
		F	3500	
20	南平化纤厂	S	10000	百合
21	邵阳市化纤厂	F	3000	宝颖
22	沙洋化纤厂	S	5000	美玉
23	湖北化纤厂	F	5000	银环
24	三门峡化纤厂	S	20000	（扩建）
25	新乡化纤厂	S	27000	白鹭
		F	11000	

续表

序号	单位	品种	产量（吨/年）	品牌
26	安阳化纤厂	F	3200	
		S	5000	
27	广州化纤厂	S	6500	玉兰
28	成都化纤厂	S	10000	白兔
29	宜宾化纤厂	F	3500	
30	云南人造纤维厂	S	5000	
31	陕西第一棉纺织厂	S	5000	飞轮
32	淄博华隆化纤公司	S	1000	华隆
33	唐山化纤厂	S	20000	（筹建）
34	邵光人造丝厂	F	6000	（筹建）
35	浙江桐乡人丝总厂	F	800	
36	宝鸡化纤厂	S	5000	
37	新疆巴州化纤黏胶厂	F	6000	
38	云南思茅化纤浆厂	S	20000	
合计			424200	

注　F：黏胶长丝；S：黏胶短纤。

（五）黏胶纤维整合发展期

我国黏胶纤维在20世纪70年代技术改造升级后，80～90年代，实现了全国开花结果的局面，而且这段时期是黏胶纤维发展最为丰富多彩的时期，这里包括品种多样性。例如，普通黏胶短纤维产量进一步提高，富强纤维、高卷曲人造毛研发成功等；长丝方面在半连续纺工艺基础上出现了连续纺工艺；帘子线纤维则对我国的汽车工业发展表现出巨大的技术支持；高端纤维方面如莫代尔也有突破性的进展。从工艺角度看，淘汰了早期的落后生产工艺，引进了瑞士毛雷尔黏胶纤维生产技术，唐山三友则引进奥地利兰精黏胶短纤生产工艺；丹东化纤则是创造性地联合国内相关设备部分，利用自己对黏胶短纤生产工艺的长期积累与领悟，实现了部分设备的自主研发。在边远地区，如云南、广西等地，均出现了黏胶纤维生产工厂。

但好景不长，由于这段时间内，国外黏胶纤维因为"三废"等环保问题，已经开始出现大面积减产或停产，全球对于黏胶纤维的应用方面出现了停滞发展状态，甚至出现了产能减产状态。我国宏观政策则是在这个时间段内进入改革开放阶段，黏胶纤维消息面、市场面、技术面也是在这一全球黏胶纤维产能衰减的过程中开始走向世界的。在看到国外产能衰减后，我国黏胶纤维行业也开始进行一系列的整合。在水资源紧张的地方，或者经济发展比较好的地方，黏胶纤维工厂开始进行整理或者永久关停，如广西人造纤维厂、云南人造纤维厂、湖北沙洋化纤厂、福建南平化纤厂等。

表1-5所示为2000～2013年中国黏胶纤维产能淘汰情况。

表1-5　2000～2013年中国黏胶纤维产能淘汰情况　（单位：万吨）

序号	企业名称	所属地区	主要产品	产能
1	黑龙江龙马化纤有限公司	黑龙江	黏胶长丝	0.6
2	天津市人造纤维厂	天津	黏胶短纤	0.8
3	内蒙古金维斯化纤纤维厂	内蒙古	黏胶短纤	1
4	淄博华隆化纤有限公司	山东	黏胶长丝	0.3
5	大同星宇化纤有限责任公司	山西	黏胶短纤	2
6	安阳化学纤维工业股份有限公司	河南	黏胶短纤	1
7	张家港澳洋科技股份有限公司	江苏	黏胶短纤	4
8	张家港驰锦漂白纤维有限公司	江苏	黏胶短纤	3.5
9	苏州恒光化纤有限公司	江苏	黏胶短纤	1
10	上海双鹿化纤有限公司	上海	黏胶短纤	1.5
11	上海月季化学纤维有限公司	上海	黏胶短纤	0.9
12	杭州蓝孔雀化学纤维有限公司	浙江	黏胶长丝	1
13	成都华明玻璃纸股份有限公司	四川	黏胶短纤	4
14	湖北金环股份有限公司	湖北	黏胶长丝	1.4
			黏胶短纤	1.8
合计				24.8

但在这一过程中，我国政策上打破了国有企业、集体企业垄断局面，鼓励与欢迎民营企业参与国家经济建设中，一些优秀的民营黏胶纤维工厂则是在这段时间内登上历史舞台，如浙江富丽达集团、江苏澳洋集团等。

整个20世纪80～90年代，甚至延续至21世纪（2000～2009年），黏胶纤维就是在上述背景下，不断地进行整合发展，最终由期初的50多家黏胶纤维工厂变成了26家左右。这个过程中，主要表现如下。

（1）黏胶纤维产业基地集中度提高，改变了原先几乎每个省都有黏胶纤维工厂的局面。

（2）产品开始走向主力化，发展初期，我国的黏胶纤维品种比较多，但到了2009年左右，我国的黏胶纤维主要体现在棉型黏胶短纤维、阻燃黏胶纤维、黏胶长丝等。

（3）公司单产比较大，2000年后，山东海龙突破年产4.5万吨单线产能技术后，黏胶纤维工厂年产5万吨以下的公司几乎全部被淘汰。

（4）公司性质多样性，随着赛得利2000年后在中国投产，我国黏胶纤维企业性质有国有企业、民营企业、外资企业以及中外合资企业等。

二、中国黏胶纤维行业的产能及产量现状分析

2000年以后，尤其是“十一五”纺织工业的生产规划和科技规划中，打破以前黏胶纤

维发展规划明确记述的“严格控制布点，原则上不建新厂，利用现有老厂的基础进行技术改造”。在“十五”规划中，其论述变为：黏胶纤维作为一个传统品种，依据国情与市场需要可以搞一点，其后提出“外国企业不干了等于少了强有力的竞争对手”等论述，致使中国在2005～2010年黏胶纤维产能迅速扩张。尽管其后的“十二五”纺织工业规划，对“十一五”规划作了修正，同时出台《黏胶纤维行业准入条件》《黏胶纤维生产企业准入公告管理暂行办法》等规则，但并没有减慢黏胶纤维的扩张速度。2005～2017年中国（不含中国台湾）黏胶短纤维产能405万吨左右（表1-6），而产量也由2005年114.5万吨突越至300万吨以上，这个过程中，尤其2010～2017年，其产能与产量几乎呈现直线上升态势。

2017年，我国黏胶短纤生产装置产能总量在405万吨，产量预估在359万吨，较2016年增量23万吨。2017年我国黏胶短纤累计进口量预估在20.58万吨，与2016年相比略有增加。2017年我国黏胶短纤累计出口量预计为29.75万吨，与2016年相比基本持平（表1-6）。

表1-6　2014～2017年黏胶短纤供需情况　　（单位：万吨）

年度	2014	2015	2016	2017
产能	353	372	377	405
产量	283	295	336	359
进口量	11.5	13.64	18.81	20.58
出口量	25.75	21.6	29.99	29.75
表观需求	268.75	287.04	316.2	349.82

2014～2017年，除了2014年黏胶短纤产量呈现缩减，2015～2017年连续三年我国黏胶短纤生产量均表现出稳定增长，其中2016年增长最为迅速，达13.9%，2017年增长率为6.85%。连续三年产量强势增长，主要得益于以下几点：一是这几年间我国棉花价格波动较大，且因为抛储政策的改革，出现了棉花在某些月份供应比较紧张的情况，使得下游纱厂不能连续性地使用棉花；二是涤纶短纤价格近三年间随着原油价格的剧烈波动而波动，且2016年开始，由于中国环保政策的从严治理，使得再生涤纶短纤工厂关停较多，市场上价格低廉的涤纶短纤供给量较少；三是黏胶短纤行业多数工厂在2013～2015年在国家启动从严治理环保之初，已经花了较大的人力、物力、财力进行生产过程中的环保治理，使得在其他化纤行业面临环保从严出现关停时，黏胶短纤行业能够正常有序地进行生产，近几年给人棉纱厂提供了稳定的原料供货源；四是下游纱厂在这三年间，也不断调整自己的产品结构，从货源的选择到下游的市场布局，均或多或少增加了黏胶短纤用量。综上所述，相关纺织原料替代品供给量或者价格不稳定，而黏胶短纤稳定供应货源的同时进行自身差别化比例调整，加上下游纱厂的产品创新，最终形成近几年不论从增长量还是从表观需求数据看，黏胶短纤均表现出强劲之势。

2017年我国黏胶短纤产能首次突破400万吨达405万吨，该年度共有26万吨产能投放市场，其中18万吨为全新线投产，分别为：吉林化纤12万吨；新疆银鹰（天泰）6万吨。但因这26万吨产能主要集中在第四季度释放，且投产后，受新线开机调试以及市场价格低迷等因素影响，投放过程不算顺利，对全年产量贡献度有限。

2017年我国黏胶短纤企业主要有如下表现。

（1）区域集中化进一步提高。由于吉林化纤12万吨新产能在2017年10月8日投产，标志着东北三省的黏胶自给自足率进一步提高，也标志着吉林省成为黏胶短纤行业的生产基地之一。从目前黏胶短纤行业地理分布情况看，新疆、江苏、江西、河北、山东、四川、福建、吉林等省区为黏胶短纤行业的主要生产基地。

（2）企业规模化不断提升。2017年规模超过30万吨的企业已经有4家，规模超过20万吨的企业则有7家。

（3）环保投入逐步加大，同时环保设施不断更新换代。根据工信部要求，黏胶短纤行业企业在环保上的投资正逐年增加，新上项目直接将配套的环保设施纳入生产基建环节。

（4）差别化率较往年有所提高。2016年三友化纤以产品多样化表现出优异的业绩，并且2017年第四季度，三友化纤依然保持着差别化黏胶纤维的优势，在业内多数企业被库存所累的时候，由于三友化纤差别化率高，使得其普通黏胶短纤仍呈现供不应求的态势。2017年，差别化黏胶短纤再添新成员，如中纺院绿色纤维股份公司的希赛尔纤维（Lyocell纤维），新乡化纤的遇光变色黏胶纤维“幻彩丝”，这些新型纤维的量产面市，为下游市场开发新型功能型面料提供了多样化选择。

表1–7所示为2017年黏胶短纤主要企业产能情况。

表1–7　2017年黏胶短纤主要企业产能情况　　（单位：万吨/年）

企业	所属省市	2017年产能	其中2017年新增
富丽达	新疆库尔勒	40	4
	浙江萧山	18	
	新疆阿拉尔	14	4
唐山三友	河北唐山	50	
赛得利	江西九江	16	
	福建莆田	20	
	江西九江（原龙达）	12	
澳洋科技	江苏阜宁	17	
	新疆玛纳斯	12	
江苏某厂	江苏宿迁	26	
山东雅美	山东博兴	32	
丝丽雅	四川成都	10	
	四川宜宾	18	
兰精	南京	17	
银鹰化纤	山东高密	8	
	新疆	11	6
恒天海龙	山东潍坊	17	
吉林化纤	吉林吉林	16.5	12

续表

企业	所属省市	2017年产能	其中2017年新增
其他		50.5	
合计		405	26

2017年我国黏胶短纤已经突破400万吨达405万吨，预计2018年我国黏胶短纤将有60万吨至72万吨新产能有待投放市场。如果这些产能顺利达产，2018年我国黏胶短纤实际产能将达到477万吨。此外，在2018～2019年，我国黏胶短纤差别化率将有所提高，吉林化纤在2017年立项了6万吨莱赛尔纤维，而国外，兰精集团可能在2020年前释放将近42.5万吨黏胶短纤产能，其中包括12.5万吨莱赛尔纤维。

表1-8所示为2018～2020年黏胶短纤预计新增产能情况。

表1-8　2018～2020年黏胶短纤预计新增产能情况

企业名称	地区	产能（万吨/年）	预计投产时间
赛得利（九江）	中国（江西）	16	2018年
唐山三友	中国（河北）	25	2018年
恒天海龙	中国（山东）	20	2019年
阿拉尔富丽达	中国（新疆）	30	2018～2019年
阜宁澳洋	中国（江苏）	16	2018年
南京化纤	中国（江苏）	16	未知
吉林化纤	中国（吉林）	12（生物质短纤）	未知
		6（莱赛尔）	
赛得利（中国）	中国（江西）	200	未知
兰精集团	泰国	10（莱赛尔）	2020年
	印度尼西亚	30	未知
	奥地利	2.5（莱赛尔）	
合计		383.5	

2017年9月，工信部开始实施《黏胶纤维行业规范条件（2017版）》和《黏胶纤维行业规范条件公告管理暂行办法》两个文件，这两个文件中规定了我国黏胶短纤单个工厂年产不低于8万吨，以及产品差别化率要高于30%。如果这两个文件在2018年开始严格执行，黏胶短纤行业内产能低于8万吨的企业将面临关闭或者扩产两条路，这也预示着除了量的增加外，政府更注重的是黏胶短纤的质量以及结构的提高，以此路径使得我国由黏胶生产大国转向黏胶生产强国。

三、黏胶纤维发展过程中有起有落原因分析

在60多年的黏胶纤维发展过程中，不难发现，黏胶纤维不管在世界上还是在中国，其产

能发展进程颇为复杂，这主要是因为黏胶纤维具有以下几点属性：替代棉花；具有一定的金融属性；证券市场中化纤板块的主力品种；其价格运行具有一定的波动性。正是这些属性，使得黏胶短纤这个行业，吸引了一批又一批的外围投机人士关注。

2011年后期，因为棉花价格在20400元/吨以上，所以，之前通过郑商所炒作棉花期货的部分投机者将目光转投向了黏胶短纤；同时，一部分银行也积极迎合黏胶短纤生产企业，可以以黏胶短纤作为抵押商品，进行二次融资，使得黏胶短纤具有了一定的金融属性。更有甚者，某些机构做起了黏胶长丝与黏胶短纤的电子盘，如中国轻纺城网上交易市场黏胶短纤的电子盘。在金融市场的影响下，黏胶纤维生产企业在危机到来的情况下，仍加快速度新建项目。但受制于2011～2013年黏胶短纤的价格不断下跌，目前这些“金融游戏”已经失去了人气，留下了一堆过剩的产能。

而黏胶纤维生产过程中产生的“三废”很多，比如仅仅废水这块，有部门统计过，一吨黏胶成品产生的废水量达到150多吨；而废气影响更甚，一个黏胶纤维工厂，在其方圆2千米范围内，就可以闻到其恶臭味道。正是黏胶纤维生产过程对环境的污染极大，发达国家才陆续退出了黏胶纤维的生产行列，也才使得黏胶纤维的第一生命周期在2000年附近终结。如今，中国政府和民众对环保的诉求越来越多。自2012年以来，“雾霾”“PM2.5”“地下水污染”等词汇频繁出现在网络与传统媒体上，从2013年政府与民间关于“环保”所做的努力来看，中国政府已经开始下决心治理环境问题。2013年8～10月，新疆、河北、山东、江苏等地的黏胶纤维企业关停较多，新疆主要因为当地企业直接将生产过程中产生的黑液排放至沙漠，按照有关部门的测算，在不到40年的时间内，黑液将会渗透至当地的地下水系，届时将直接影响长江、黄河的发源地水系；河北、山东、江苏等企业则是因为生产过程中所产生的黑液与废气影响当地居民生存环境。种种迹象表明，中国的黏胶短纤行业将在环保等后处理上进行大量改造，如果不改造，可能面临停产或关闭的危险。

2012年2月，中国商务部对“原产于巴西、美国、加拿大的溶解浆反倾销”一案，从源头上加重了黏胶纤维生产企业的运营成本。

2015年，中国的供给侧结构性改革开始启动，黏胶纤维尤其是黏胶短纤维在这段时间内，不仅没有减少，反而出现了可观的增长。这主要因为在2013年以后，我国黏胶纤维工厂开始进行大规模的废气、废水、废渣治理工作。由于环保上的大量投入，以一个16万吨的黏胶短纤工厂为例，其第一次投入环保费用就将近1.7亿以上，后续因为环保辅料每年需要更换，平均每年的费用在5000万左右。也正是由于环保上的投入巨大，取得了显著成效，才会在2016年国家环保部门重点治理工业生产环保问题后，黏胶短纤维不仅没有减产或者限产，反而出现了再投入的现象。

环保的巨大投入以及黏胶纤维工厂在历次市场起伏中，适应了新时期的金融政策，使得黏胶纤维行业较其他产业运行得更为平稳；同时，黏胶纤维不仅表现在量的增产，也表现出质的跨越，黏胶纤维的差别化率在2017年得到了长足发展，差别化率已经占全年产量的30%左右。这些变化，标志着我国的黏胶纤维产业已经走出了行业发展的瓶颈期，正在由黏胶纤维生产大国向黏胶纤维生产强国迈进。

第二章　溶解浆行业发展概况

溶解浆出现在“二战”时期，为纤维素工业的主要原材料，第一家溶解浆厂在加里宁格勒市建立。当时生产溶解浆的原料全部是棉短绒，生产工艺为酸性亚硫酸盐法，而目前的棉短绒一般采用烧碱法制浆，且主要集中在中国。

当前全球商用溶解浆主要以木片为原料，采用工艺有预水解硫酸盐法与亚硫酸盐工艺。亚硫酸盐工艺仅限于云杉、冷杉以及一些阔叶木，而不适合树脂含量高的针叶木。此外，近年来，有机溶剂法和直接抽提化学浆法也可以制备溶解浆。

溶解浆根据用途不同，α–纤维素含量为90%～98%，半纤维素和木质素基本完全去除（≤2%），α–纤维素含量在90%～94%的溶解浆可用来生产黏胶短纤维，α–纤维素含量在95%以上的溶解浆用来制成黏胶长丝、高纯度纤维素醚和醋酯纤维等。

一、全球溶解浆产能及产量历史与现状分析

（一）1970年至今全球溶解浆需求量走势分析

全球溶解浆需求量在1973～1975年，达到过一次高峰，需求量达到530万吨；随后需求量一路下滑，在1990～2000年，溶解浆的需求量较为低迷，在（310～330）万吨徘徊；2000年以后，溶解浆的需求量逐渐增加，2017年，全球溶解浆需求量在620万吨附近，再次创造了历史高峰。详细需求量走势见图2–1。

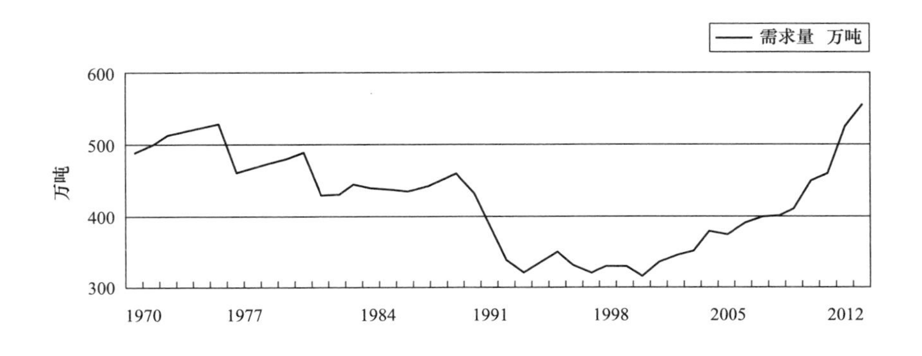

图2–1　1970～2017年溶解浆需求量

（二）当今全球溶解浆产能及现状

全球范围内，溶解浆生产主要集中在亚洲（中国、印度尼西亚、印度、日本、泰国）、北美（美国、加拿大）、欧洲、南非、巴西等地区和国家。2017年全球溶解浆实际产量为620余万吨，闲置产能220万吨/年，设备利用率约74%，其中，中国的产能利用率为89.4%。从全球溶解浆产能分布来看，前五的国家及地区分别为美国、中国、欧洲、南非、加拿大（表2-1）。

表2-1　全球溶解浆产能分布情况（不含棉浆与纸改浆）

地区	国家	2016产能（万吨/年）	2017产能（万吨/年）
美洲	美国	200	200
	加拿大	91	91
	巴西	78.5	78.5
非洲	南非	105	105
欧洲	瑞典、法国、奥地利、挪威、捷克、芬兰等	130	130
亚洲	印度尼西亚、印度	34	69
	日本、泰国	40	40
	中国	109.6	130.1
全球合计		788.1	843.6

注　表中所用产能数据来源于中纤网（www.ccfei.com.）。

（三）全球溶解浆市场变迁因素分析

1970～1989年，溶解浆需求由于产能过剩原因，在（420～530）万吨之间徘徊，总体需求相对稳定。

1989～1993年上半年，溶解浆的需求量，从460万吨直接下降到330万吨左右。其主要原因为："东欧剧变"和"苏联解体"；发达国家对环境保护的诉求日益高涨；联合国可持续发展委员会的成立。上述三种因素的叠加，黏胶纤维生产工厂因为"三高"出现大面积的倒闭与关停，致使溶解浆在这段时间内出现需求量直接下降。其中，1991～1992年，欧洲11家工厂关闭，减少82万吨产能；1992～1993年，中国台湾化纤和阿拉斯加浆粕公司从生产中退出，但理由稍有不同。中国台湾化纤是因为在中国台湾省的公害规定一直强化而不能够继续生产；阿拉斯加主要是因为阿拉斯加州的自然保护运动高涨引起的原木成本大幅度提高和公害规定的强化。

1993～2000年，属于上述阶段的延续。欧美、韩国关闭了其境内大多数黏胶纤维生产企业，仅留下4家工厂继续运作；该时间段内溶解浆需求出现历史低迷期，全球溶解浆市场在这段时间内完成了第一次生命周期蜕变。该生命周期从1940～2000年共持续60年。其中，1975年全球溶解浆需求量达到顶峰状态：530万吨/年；2000年，溶解浆全球需求量在320万吨/年，为自1960年以来的最低点。

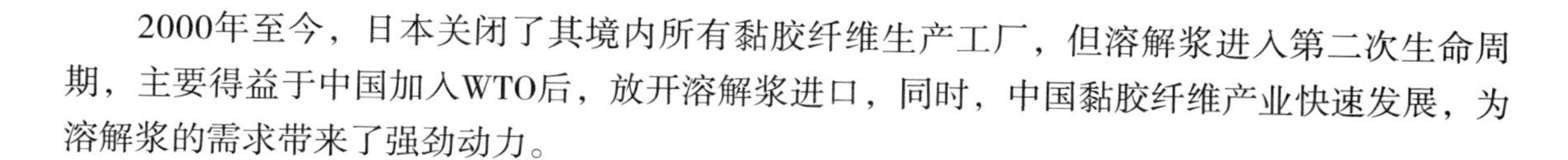

2000年至今，日本关闭了其境内所有黏胶纤维生产工厂，但溶解浆进入第二次生命周期，主要得益于中国加入WTO后，放开溶解浆进口，同时，中国黏胶纤维产业快速发展，为溶解浆的需求带来了强劲动力。

二、中国溶解浆产能及产量历史与现状分析

在国外，溶解浆与造纸属于同一个行业，而在中国，因为历史原因，其属于两个行业。1956年发展化学纤维时，国家明确黏胶产业归纺织工业部；造纸和溶解浆归轻工业部。之后纺织部与轻工业部为了溶解浆的质量长期意见不一致，在1960年国务院指定将溶解浆的生产归属纺织工业部，将吉林开山屯造纸厂划给纺织部，改名为开山屯化纤浆厂，自产自用。1964年，该厂引进瑞典设备，进行改造，将产能提高到3.5万吨。轻工业部只管纸浆和纸品，不管溶解浆。

2008年福建南纸才对其设备与工艺进行改造，生产溶解浆，该生产线目前已经关停，但它却是中国在纺织部与轻工业部撤销后的首条造纸厂的溶解浆生产线；而中国的首个溶解浆机构——中国造纸协会溶解浆工作委员会一直到2012年才成立。

（一）中国溶解浆需求量走势分析

溶解浆在中国的需求主要以纤维素纤维与纤维素醚为主，其中黏胶纤维占需求量的90%以上。在相当长的时间里，中国的黏胶纤维的原料主要以棉浆粕为主，2007年后，随着棉短绒在国内逐渐短缺以及国内造纸厂改造与新建溶解浆生产线，中国的黏胶纤维原料才逐步由棉浆粕转为木溶解浆。

1960～2012年中国与世界（除中国外）黏胶产量对比情况见图1–2。

2005～2010年中国的黏胶产能从96万吨突越至210万吨，2013年中国黏胶纤维产量约295万吨，产能332万吨。按照1吨黏胶耗浆1.04吨计算，2013年中国的溶解浆仅在黏胶纤维上就需要306.8万吨。受黏胶行业景气度影响，国内棉浆行业于2012年中后期，陆续转产精致棉，新上的溶解浆厂也因为市场原因，采用造纸浆与溶解浆间歇生产的运作方式，致使中国在2013年进口溶解浆量达178万吨（含纤维素纤维与纤维素醚用）。图1–2的数据表明，中国的纤维素纤维原料已经由原先的棉浆粕彻底转向为木溶解浆，同时表明中国溶解浆严重依赖进口，进口依存度达55%。

（二）当今中国溶解浆产能及现状

2014年起，我国环保治理力度加大，棉浆产量日趋减少，多数棉浆工厂转产精制棉。2017年春节后，国家环保总局进行了史上最严格的铁腕环保治理，加上2017年春节后棉短绒市场价格处于5500元/吨的高位，国内多数棉浆生产企业被迫停产。到2017年11月，国内仍在生产黏胶短纤用棉浆的企业所存不多，主要是山东恒联、河南海洋以及新疆泰昌等企业为主。2016年中国棉浆产能不超过80万吨/年。从下游黏胶短纤企业使用情况看，预计未来5年内，棉浆也许不会再出现在黏胶短纤的原料名单之中。

2017年8月16日，环保部发布《进口废物管理目录》（2017年），《进口废物管理目录》（2017）将4大类24个种类的固体废物从《限制进口类可用作原料的固体废物目录》调整列入《禁止进口固体废物目录》。《进口废物管理目录》（2017）出台后，纸浆进入景气度较高

周期。作为改性浆原料的针叶木浆由8月初的5200元/吨一路飙升至 11月下旬的7400元/吨，且仍无暂缓涨价或者调整的迹象。受此影响，改性浆因为原料价格高企，几乎在8月后销声匿迹，有些生产改性浆的企业甚至将原料针叶木浆直接卖出。

2017年，我国溶解浆产能增至为130.1万吨（不含棉浆及改性浆），这主要源于5月亚太森博（日照）的造纸浆生产线改产溶解浆，涉及产能20.5万吨/年。2017年6月后，造纸浆价格进入景气度较高周期，8月，亚太森博又将该生产线改为造纸浆。同时，山东太阳纸业新厂以及安徽华泰等厂的溶解浆生产线在8月进行检修。受造纸浆价格走高影响，业内很多溶解浆生产企业经常在是否改产造纸浆的问题上犹豫和徘徊。

2017年第四季度，从10月中旬开始，溶解浆下游的黏胶短纤价格出现暴跌，使得国内的溶解浆价格虽然有造纸浆的价格支撑，但是溶解浆想和造纸浆一样价格强势上涨的愿望就此破灭。进入12月后，黏胶短纤市场价格仍未出现好转迹象，而造纸浆利润仍比溶解浆利润丰厚，业内部分溶解浆生产企业选择了停产溶解浆，改产造纸浆。表2-2所示为2017年中国溶解浆产能分布情况。

表2-2　2017年中国溶解浆产能分布情况（不含棉浆及改性浆）

企业	所在地	产能（万吨/年）
石砚纸业	吉林延边	10
青山纸业	福建青州	9.6
太阳纸业（新）	山东邹城	20
太阳纸业（旧）	山东兖州	30
骏泰纸业	湖南怀化	30
安徽华泰	安徽安庆	10
亚太森博	山东日照	20.5
合计		130.1

三、国内溶解浆市场需求情况

2017年溶解浆需求结构中，进口溶解浆总量中，5%～10%用于纤维素醚、玻璃纸、醋酯纤维等领域；受环保以及成本双重制约，棉浆生产厂家经营难度较大，部分厂家在进行差别化生产以寻求突破，但技术改造存在较大的技术壁垒，国内特种浆依旧以“雪龙”和“银鹰”的造币浆为主；改性浆缘于8月之后针叶木浆行情上涨，而暂时退出了黏胶短纤的原料供应端。由于棉浆以及改性浆退出供应端，国产溶解浆以及进口溶解浆在2017年抢占了黏胶纤维原料市场的份额，并出现了供小于求的局面。

（1）生产情况。2010～2017年黏胶纤维生产量年均增速为11.8%，2013年增长率达到高位，超过20%；随后增速放缓，2014年出现负增长，增长率为-2.1%；2017年黏胶纤维行业产能利用率走高，同时，与2016年相比，2017年四季度黏胶短纤行业出现了约20万吨/年的产能扩张，产量增速升至12.1%。2017年产量重回高速增长态势，供需基本匹配。国产溶解浆、黏胶行业产能利用率得到很大程度提升。

（2）供应情况。2010～2013年，浆粕供应量年均增速约为17.6%，2014～2015年，供应量增速放缓；2016年，国产溶解浆、改性浆增量明显，浆粕供应增速重回21%的高位；2017年，浆粕供应格局发生了改变，生产过程污染较大的棉浆以及质量有瑕疵的改性浆逐步退出了黏胶纤维领域，而对环境影响较小的溶解浆的供应端出现了质的飞跃。2010～2017年国内浆粕生产及消耗情况见图2-2。

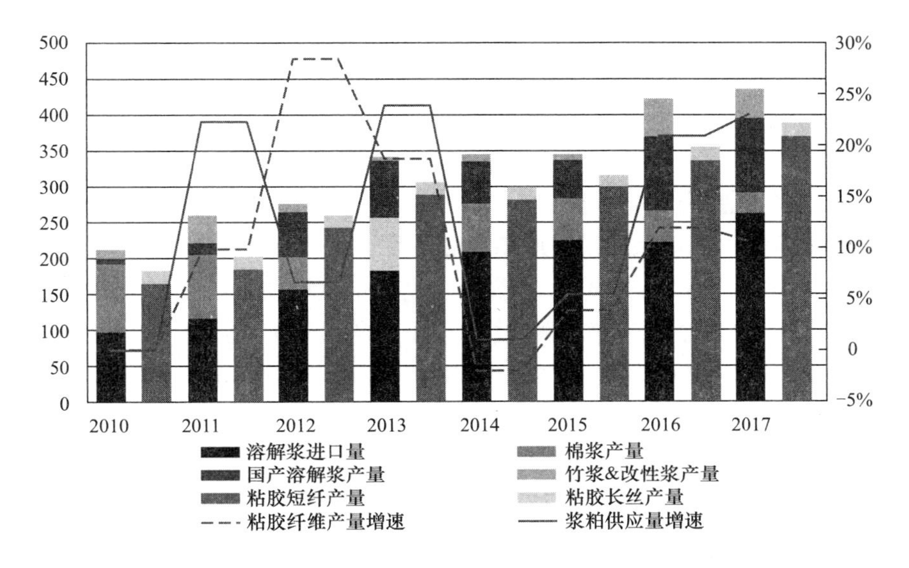

图2-2　2010～2017年国内浆粕生产及消耗情况

2015～2017年溶解浆进口分国别情况见表2-3。从分国别进口数据看，2017年我国溶解浆进口来源国排前5名的分别为：巴西、印度尼西亚、美国、南非、加拿大；其所占比例分别为：21%、15%、12%、11%、7%；五国合计占比为66%。这五国中，巴西、美国、加拿大连续两年保持基本稳定比例，南非浆依然呈现下滑趋势，印度尼西亚进口量所占比例提速较快，由2015年的8%直接跃升至2017年的15%。

表2-3　2015～2017年溶解浆进口分国别情况

国别	2015年		2016年		2017年	
	进口量（吨）	占比（%）	进口量（吨）	占比（%）	进口量（吨）	占比（%）
巴西	37	16	48	21	55	21
南非	36	16	29	13	29	11
美国	29	13	30	13	32	12
加拿大	23	10	17	8	19	7
印度尼西亚	18	8	23	10	39	15
奥地利	16	7	16	7	16	6
芬兰	14	6	15	7	16	6
瑞典	12	5	10	4	11	4

续表

国别	2015年		2016年		2017年	
	进口量（吨）	占比（%）	进口量（吨）	占比（%）	进口量（吨）	占比（%）
捷克	11	5	7	3	12	5
泰国	9	4	8	4	9	4
其他	20	9	23	10	23	9
合计	225		225		261	

数据来源：海关统计数据，中纤网。

四、我国溶解浆产业存在的问题

（一）发展时间短，应对大型经济周期经验不足

美国、欧洲、南非、巴西、加拿大等溶解浆生产企业均拥有40年以上的历史，多数企业经历过1973～1975年溶解浆的第一次辉煌时期，当时的世界溶解浆总需求量在530万吨附近；也经历过1987～2000年的溶解浆低迷时期，当时世界溶解浆总需求量在310万～330万吨。而我国现有的溶解浆产能130万吨，来源于2008年以后的立项，多数是在2010年之后才投产，没有经历过大的行业变迁带来的高峰期以及低迷期，也意味着我国的溶解浆企业缺乏应对大周期景气度高与低迷时的应对经验。

（二）木片进口依存度大，溶解浆生产成本无先天优势

从溶解浆的原料木片自给程度看，中国明确较其他生产国弱很多。由于我国森林资源有限，加上当前生态、环保等政策从紧，使得我国每年不得不从世界其他森林资源丰富的国家及地区进口大量木片，以供下游造纸行业、木片加工行业使用。由于木片是抛货，运输成本较高。而进口木片报关涉及人民币汇率问题，近两年，我国的汇率走势呈现非连续性的跳跃走势，升贬幅度虽然总体可控，但是趋势较2014年前复杂，如果结汇时间点不对，在进口木片最终价格结算时，容易因为汇率问题，再次提高木片的到厂成本。上述的美国、欧洲、南非等地方的溶解浆生产工厂均拥有丰富的森林资源，且工厂因地制宜，依靠森林资源附近而建，在整个生产原料环节中，减少了运输周转时间与空间，同时采用当地货币结算，不涉及货币兑换问题，故其木片成本不足我国的木片成本的一半。

（三）生产企业布局混乱，产品结构单一

从中国溶解浆产能分布情况看，目前山东省最为集中，拥有70.5万吨产能，主要以太阳纸业与亚太森博为主。这两家地理优势比较明显，到下游黏胶纤维生产企业距离较近。其余如安徽华泰、青山纸业也具备一定的地缘优势，但湖南骏泰地处怀化，地理优势不明显，所幸中国现在铁路运输以及水运比较发达，弥补了这一遗憾。

从产品结构来看，我国130万吨溶解浆的主要用户就是黏胶短纤维生产企业，除了石砚生产少部分黏胶长丝浆以及纤维素醚用浆外，其余企业的溶解浆均为黏胶短纤用浆。当然，因为目前我国仍需要大量进口黏胶短纤维用溶解浆，目前这一问题并没有暴露，但日后市场一旦饱和，创新不足，产品结构单一的问题将会显露无遗。

（四）我国溶解浆产业定价权较弱

由于我国的溶解浆生产成本较其他生产国要高出很多，客观上制约我国的溶解浆生产企业的定价权，在国际市场上受制于国外溶解浆生产企业。同时，由于我国的溶解浆产品结构单一，也制约了我国的溶解浆走向国际市场。目前国内的溶解浆定价系统中，主要是黏胶短纤工厂占据主动地位，这不仅仅表现在采购国内溶解浆时拥有定价权，也表现在采购进口浆的过程中拥有定价权。由于国外溶解浆生产成本低，某种程度上，国外企业给出的价格还有盈利的时候，国内的溶解浆生产企业已经出现亏损。2013～2014年，我国溶解浆产业曾经出现过这一现象。当时国内的溶解浆生产成本已经在6700元/吨附近，但因为进口浆价格较低，国内出现了6450～6500元/吨的价格，而且时间长达3个月。业内一些企业因为无法承担亏损，一度出现了转产纸浆或者干脆停产的现象。上述提及的福建南纸也就是在这种情况下才彻底关停其溶解浆生产线。尽管后来在2014年，我国发起了对原产于美国、加拿大、巴西等国的溶解浆反倾销制裁，但国内溶解浆产业也没有立即摆脱盈亏平衡点困境。

五、我国溶解浆产业安全应对对策

2017年12月25日全国商务工作会议上，商务部部长钟山明确提出，新时代商务改革发展的奋斗目标是，努力提前建成经贸强国。具体将分三步走，即：2020年前，进一步巩固经贸大国地位；2035年前，基本建成经贸强国；2050年前，全面建成经贸强国。结合溶解浆产业当前格局，溶解浆产业将有三年的时间来改变上述产业安全中存在的问题，在2020年将整个产业做到真正意义上的“大”。关于如何实现这一目标，笔者提出如下几点思路供业内参考。

（一）助力“一带一路”沿线国家，合作共赢

习近平总书记在2018年新年贺词中提及，中国坚定维护联合国权威和地位，积极履行应尽的国际义务和责任，信守应对全球气候变化的承诺，积极推动共建“一带一路”，始终做世界和平的建设者、全球发展的贡献者、国际秩序的维护者。这标志2018年我国政府将继续深化“一带一路”经贸合作。

我国溶解浆产业安全度较弱的核心是成本高企，生产成本高企的核心是因为我国缺少木片资源。而木片资源在“一带一路”沿途的多数国家中较为丰富，我们熟知的越南、柬埔寨、缅甸、老挝、泰国、印度尼西亚等东南亚国家拥有着丰富的热带雨林；而俄罗斯、白俄罗斯等国也拥有丰富的针叶林、针阔混叶林等可再生森林资源。国内溶解浆生产企业参与到这些国家建设中，为其提供溶解浆生产技术、设备及基础设施，而当地提供木片以及人工等。这样合作后，溶解浆的成本会得到有效降低。

太阳纸业在老挝30万吨溶解浆项目已经于2017年开建，并将于2018年投产，该30万吨项目填补了老挝现代化制浆造纸的空白，是太阳纸业第一个海外投资建设的实体项目。不仅为太阳纸业进一步做大做强注入新的强大动力，而且为我国造纸业的健康发展提供了有力的资源保障，更有助于老挝当地经济社会的发展。该项目可谓上述思路的典范案例。

（二）在工信部管理下，与黏胶纤维产业做好产业对接工作

上文已经提及，历史上溶解浆与黏胶纤维产业曾经分别属于轻工业部与纺织工业部；之后两者全部归纺织工业部管理。但20世纪90年代，轻工业部与纺织工业部均撤销后，黏胶纤维产业加入纺织协会行列，而溶解浆也在2012年加入中国造纸协会成立了溶解浆委员会。通过笔者从2012～2017年跟踪观察，两家联系比较少；甚至在2013年溶解浆反倾销事件中，曾经出现过一系列乌龙事件，出现同一集团公司旗下浆粕厂加入反倾销行列而黏胶工厂加入反对反倾销行列。这种“铁路警察，各管一段”现象，暴露出我国产业链间各个环节的协会以及企业之间对接不紧密，容易使得本来是优势的因素转化为劣势因素。

2017年工信部公布的《黏胶纤维规范文件》（2017版）文件中曾经提及，严格控制新建黏胶短纤维项目，新建项目必须具备通过自主开发替代传统棉浆、木浆等新型原料，并实现浆粕、纤维一体化，或拥有与新建生产能力相配套的原料基地等条件。这是工信部第一次明确提出，黏胶纤维与溶解浆在新建项目上需要互相配套，未来解决中国的溶解浆缺口问题，还是需要靠中国自己来解决。所以，国内溶解浆产业想要取得更多的话语权乃至定价权，需要做好与黏胶纤维产业的业务对接工作，在相关产业政策下，加速与下游黏胶短纤行业展开合作，使得溶解浆产业与黏胶纤维产业协调发展，共同进步。

（三）加强高纯度溶解浆生产技术研究，合理调整产业结构

在过去的产业经济发展中，发达国家以及中国均走过“先发展再治理”“先做大再做强”“先粗放型后集约型”的产业发展道路。前文已经提及，我国的溶解浆产能虽然是在国际上排行第二，但其仍处于发展阶段，因为其有很大的成长空间，且溶解浆产业内产品比较单一。因为有将近60%的进口量，故业内有人认为溶解浆需要先解决量的问题，而非质的问题。如果这种思想付诸实践，那么我国溶解浆产业不能走出其他产业发展的历史怪圈。要想跳出上述的三种发展怪圈，在2020年让我国成为真正意义上的溶解浆产业大国，就必须在未来的三年内，加强力度开发用于纤维素醚类的溶解浆，在做大的同时，提升溶解浆的产业用途，调整目前国产溶解浆产品单一的结构，这样溶解浆产业才能逐步进入产业安全较强的状态。

六、结论

目前我国溶解浆产业虽然位居世界第二，但因为发展时间短，成本高，品种单一等因素，致使其产业安全系数较弱。在目前国内生态环保从严政策，以及森林开采较为严格的情况下，建议溶解浆产业内的相关企业积极响应“一带一路”政策，乘此东风，与相关具备森林优势的资源国紧密合作，达到双赢的目的。同时建议溶解浆产业在做大的同时，加大高纯度溶解浆的开发，在做大产业的同时将产业做强，以期为我国2035年基本建成经贸强国做出产业贡献。

第三章　中国棉花政策简史：七十年栉风沐雨　砥砺前行

2018年5月15日开始，因为新疆天气进入降雨、大风、降温等模式，引发市场对于棉花期货爆炒的热情，棉花期货主力合约价格由16380元/吨一路高歌，中间经历三次涨停，至5月30日，棉花主力合约价格被爆炒至近期最高点19250元/吨。随后，郑交所开始发文对在涨跌停位置上频繁报单撤单的行为给予处理，以此作为抑制棉花期货被爆炒的开端。2018年6月2日，中国储备棉管理有限公司和全国棉花交易市场联合发布公告，出台政策限制贸易商参与抛出市场；同时文件中规定纺织用棉企业购买的储备棉，仅限于本企业自用，不得转卖。虽然该项政策的实际意义可能有限，但所含的政策导向非常明确，即棉花是用来作为纺织品使用的，而非作为金融投机工具来炒作的。自上述政策出台后，棉花期货市场应声回落，至6月8日，棉花期货主力合约收盘价在17625元/吨，与最高位19250元/吨相比下跌1625元/吨，下跌幅度8.44%。

由此，市场人士开始探讨棉花到底是政策市还是市场市。对于此，笔者认为，在1999年我国政府对棉花流通体制深化改革后，棉花作为大宗商品中的农产品定价就已经属于市场市。但由于棉花价格涉及三个统筹兼顾：棉农种植利益与纺织企业的合理利润；要保证市场机制对资源配置的基础作用与国家整体宏观发展秩序和有效调控；国内市场稳定有序的发展与国际市场的必要衔接。对于第一点与第三点，市场参与者比较好理解，但是对于第二点，很多参与者对此无意识或者不理解，从而出现每次资金准备爆炒棉花但政策出台后炒作之风得到平抑的时候，市场参与者就会提出棉花是政策市还是市场市的问题。

为了更好地理解“要保证市场机制对资源配置的基础作用与国家整体宏观发展秩序和有效调控”，笔者将新中国成立后的棉花政策按照时间顺序进行梳理，形成棉花政策简史，以供市场参与者在进行棉花价格博弈时参考。

一、第一阶段：自由购销阶段（1949～1954年）

很多读者看到第一阶段为“自由购销阶段”，认为这是不可能的事情，但是，在新中国成立初期，在物资极度紧张的环境下，的确实行过一段时间商品自由购销阶段。棉花作为“衣食住行”中的“衣”的主要原料，也是采取的自由购销阶段。新中国成立前后，在共产党和人民政府接管城市后，并没有对经济采取严厉管控，而是遵循市场规则进行监管。在历史上，新中国成立初期，曾经有两场著名的经济领域战斗，一场战争是被称为“银圆之战”的经济风波，另一场则是被称为“米棉之战”的物价风波。

“米棉之战”经过主要如下：1949年人民政府接管城市以后，面临着市场混乱、物价飞涨的局面，严重影响了劳动人民的生活，造成整个社会人心惶惶。中共中央对此十分关注，命中央财经委员会迅即查明原因，采取有效对策。一场同不法投机商的经济战由此拉开序幕。先是人民政府打击了大城市的金银投机商，稳定了金融秩序，接着“米棉之战”打响。不法投机商不甘心在金融领域里的失败，又在追逐暴利的心理驱使下，将投机目标转向粮食、棉纱、布匹和煤炭。上海、北京和天津等大城市的投机商人，相互联手，统一行动。在他们的哄抬下，全国物价三日一小涨、五日一大涨。上海从6月21日到7月21日，米价上涨4倍，纱价上涨1倍。从10月上旬到11月下旬，米价又上涨3倍，纱价上涨3.5倍，煤油火柴也上涨2倍。

在投机商闭目塞听，一门心思只顾吞进市场上的“两白一黑”的时候，他们不知道在共产党的领导下，全国的解放区已是一盘棋，及时调运华东五省和其他各省的粮煤来救急上海。同时，通过加强收购棉花，对商人自备外汇进口棉花予以免税的优惠政策，对存棉分配采取国营私营兼顾的方针，对船舶进出口采取扶助的政策，奖励绕道青岛、天津的出口进口等措施，使米、棉、煤三者源源不断地输入上海。

11月中旬，全国刮起了又一次涨价风。这次涨价风势头更猛，许多粮店、布店门前，人头攒动，拥挤不堪，价格一日三涨。资本家们不仅囤积大量货物不出售，而且拼命抢购，造成广大群众有钱买不着货，生计困难，怨声载道。

中央人民政府悄悄地采取了决定性的行动。11月15~30日，华中地区的棉花也在源源不断地向东部沿海地区输送；在陇海线上，成百吨的纱布夜以继日地向西安等大中城市流去。在这期间，上海、天津、北京、武汉、广州、西安、南京等大中城市都调集了大批的粮食、棉花、布匹和油料。11月25日，当市场物价达到高峰时，中央政府一声令下，全国各大城市一起行动，大量物资像潮水一样涌入市场。投机商们措手不及，无法吞食这么多的物资，11月26日市场物价立即下降。连续抛售10天后，粮、棉、布等商品的价格急剧跌落。投机商们见势不妙，便竞相抛售存货，但是，市场早已饱和，越抛越贱，越想抛越难以脱手。投机商们大都是借高利贷抢购囤积的，结果不仅所囤货物亏本，而且还要付很高的利息，于是纷纷亏本破产，不少私营钱庄也因贷款无法收回宣告倒闭。这场“米棉之战”后，投机商人元气大伤，再也形不成气候了。

打击投机资本、平抑物价的斗争，在党中央的精心指导和全国人民的支持下，取得了完全的胜利。从1950年3月开始，全国物价逐步回落，一举结束了物价猛烈上涨、市场混乱的局面。

事后，“米棉之战”被毛泽东评价为其意义不亚于拿下一场新的“淮海战役”。“米棉之战”有别于“银币之战”的动用暴力专政工具，它是中国共产党人遵循经济规律，施展市场、税收、信贷、管理等一系列“组合拳”，所取得的一场经济斗争的胜利。此战的胜利，基本终结了自抗战胜利以来一直蔓延恶化的恶性通货膨胀局面，不仅让投机的资本家输得心服口服，而且进一步赢得了上海及全国民众对共产党执政能力的信任。

在这场无硝烟的战争结束后，政府为了解决西方国家对我国实行物资禁运造成的棉花危机，尽快恢复棉花生产，中央政府确立了棉花实行公司企业“联购经营”的“自由贸易”式流通体制，允许私营资本主义工商业参与棉花经营，鼓励农民将棉花卖给国家，国家征收棉花实行预购、换购、包收、信托存实、订货单政策等；根据供求形势变化，通过国营商业在市场上收购棉花，并规定了国营商业收购棉花的挂牌价、系统内部的调拨价和零售价等。这些政策最大限度地鼓励棉农生产积极性，至1952年全国的棉花总产量已经在130.4万吨，这为我国棉纺织业和民用絮棉的需要提供了坚实的物资保障。

二、第二阶段：统购统销，行政定价（1954～1984年）

1953年10月16日，中共中央发出了《关于实行粮食的计划收购与计划供应的决议》。所谓“计划收购”被简称为“统购”；“计划供应”被简称为“统销”。1954年，统购统销的范围又继续扩大到棉花、纱布和食油。这一政策取消了原有的农业产品自由市场，初期有稳定粮价和保障供应的作用，后来变得僵化，严重地阻碍农业经济的发展。

在这段时期，尤其是1958～1962年，由于政策上的一些失误，再加上三年困难和自然灾害，整个农业生产力均遭到严重破坏，棉花生产也受到严重影响。棉花总产量由1957年的164万吨下降至1962年的75万吨。所幸，1963～1965年，党和政府采取了一系列行之有效的政策手段，使棉花生产得到迅速回升，至1965年，我国的棉花产量直线上升到209.8万吨。但1966～1976年，这段时期由于政策再次改变，棉花生产工作再次受阻，发展缓慢。由于当时农村基础建设实力雄厚，才没有导致棉花产量走过多的下坡路，至1976年，我国棉花总产量为205.5万吨。

在这一时期，我国实行高度集中的传统计划经济管理体制，棉花作为战略性物资，受到了政府的严格管理，国内棉花的收购及销售价格由国家制订，这种价格既不能反映市场供需情况，也不能实现资源的有效配置。

当时的主要做法是：国家统一制订棉花价格；统购，规定农民按照国家规定的收购价格，去除缴纳农业税和必要自用部分外，全部卖给国家，私营籽棉加工企业不得自购籽棉、加工自销；统销，国家将所收棉花按照规定的数量、价格有计划地供应给需求部门和企业。整个统购统销时期，国家对棉花生产、流通、经营以及消费均实行高度统一、计划管理，对收购价格实行国家定价的政策。这种高度统一的计划管理模式，尽管使国家掌握更多的棉花资源，确保了大中型纺织企业用棉和军需民用，使轻工业有了一个稳定的、成本低廉的原材料来源，获得了保护性发展，并推动了重工业的发展。但这种管理模式及定价机制不承认价值规律对农业经济的指导作用，不按照价值规律的客观要求来组织农业生产和经营，限制了生产积极性，其结果只能是棉花价格严重地背离市场价格，不能真实地反映其内在价值，最终导致棉花与纺织品比例失调，棉花生产受到抑制，导致产量不足，纺织业发展受限。

1978年，在安徽凤阳县凤梨公社小岗村，18位农民在一份不到100字的包干保证书上签字摁手印，决定分田到户，不再向国家要钱要粮；1979年，小岗村粮食总产量66吨。包干到户在小岗村的事实结果证明，其解放了农村生产力。1982年1月1日，中共中央批转《全国农村工作会议纪要》，对农村实行各种责任制，这一伟大创举，使得1984年棉花生产创造出新中国成立以来的最高水平，总量超过550万吨。

三、第三阶段：合同购销阶段（1985～1998年）

在20世纪70年代末～80年代初实行家庭联产承包责任制。其显著特点是"集体所有、分户经营"，将土地的所有权与经营权分离开来。家庭联产承包责任制的实施释放了农民长期被禁锢的巨大潜能，在以经济效益为生产追求目标的情况下，农民对于种植什么农作物有了自主选择权，可以结合自身实际，在实现利润最大化原则下，根据价格高低决定种不种棉花以及种多少棉花。在这种没有政府预测市场、调节市场的情况下，棉花市场出现了几年一轮回的现象，即市场价格在某年高了，下一年农民都扎堆种植棉花，导致下一年的棉花过剩，市场价格下跌。这种在没有宏观预测协调下的种植棉花方式，导致每年棉价涨跌不定，最终纺织厂与棉农均不能够形成各自所想的利益最大化。在这种情况下，政府开始重视依靠价格来调节棉花生产的预期目标。

1985 年，中共中央、国务院发布《关于进一步活跃农村经济的十项政策》，规定"棉花取消统购，改为合同定购。定购以外的棉花也允许农民上市自销""取消农产品统购派购以后，农产品不再受原来经营分工的限制，实行多渠道直线流通"。国务院于当年确定对纺织用棉纳入收购调拨计划。

国家以粮棉比价为依据，一般按1：8左右的比例统一制订棉花收购价格，每年的收购价格在播种期间公布，没有地区性与季节性差价。与统购统销时期相比，这一时期国家虽然没有放开价格，但是明确了合同定购以外的棉花可由农民上市自销，向下一时期的市场化改革迈出了一小步。此阶段的"双轨制"的棉花价格机制虽然一定程度提高了广大棉农的植棉积极性，但由于没有根本改变传统计划经济体制的定价机制本质，导致1986～1998年期间棉花价格政策调控多次反复被动，生产波动明显。

当棉花供过于求时，价格不能及时下降；当棉花供不应求时，国家又往往不能及时提高价格，"卖棉难"与"买棉难"交替出现，供不应求时收购环节抬级抬价，供过于求时压级压价，使棉农面临的价格风险非常大。

四、第四阶段：棉花价格市场化阶段（1998～2007年）

1998年12月，国务院发布《关于深化棉花流通体制改革的决定》，决定从1999年9月1日起，棉花的收购和销售价格均由市场形成。政府有关部门只根据棉花供求情况等提出棉花收购指导性价格和指导性种植面积。供销社及其棉花企业、农业部门所属的种棉加工厂和国有农场、经资格认定的纺织企业，都可以直接收购、加工和经营棉花。供销社棉花经营企业要与供销社彻底分开，成为独立的经济实体。这标志着我国棉花行业开始由计划经济向市场经济体制转变。

2001年7月31日国务院发布了《关于进一步深化棉花流通体制改革的意见》，提出了"一放，二分，三加强，走产业化经营的路子"的改革总思路，棉花流通体制改革进入实质性、深层次的操作阶段。

所谓“一放”，就是彻底放开棉花收购；“二分”是指供销合作社与其属下的棉花企业分开，棉花的储备与经营分开；“三加强”就是加强宏观调控、加强市场监督、加强质量管理；“走产业化经营的路子”，指鼓励棉纺企业和经营企业到棉区建立原料生产基地，与棉农建立利益共同体，建立从生产、收购、加工到销售的完整的棉花产业体系。

2004年6月1日，经过中国证监会批准，棉花期货在郑州商品交易所（简称“郑商所”或“郑交所”）上市交易。郑商所当时发布了《关于棉花期货上市交易有关事项的通知》，文中明确指出：鉴于棉花期货首次在我国推出，为确保棉花期货上市交易后平稳运行，按照积极稳妥、循序渐进的原则，先上市交易一号棉花期货合约。通过培育市场，规范运作，发挥棉花期货市场功能，积累市场运行经验后，择机推出二号棉花期货合约。这标志着棉花由普通大宗商品升级为带有金融属性的大宗商品。

2006年10月25日，经国务院批准，国家发改委、国家工商总局、国家质检总局对《棉花收购加工与市场管理暂行办法》进行了修订，并更名为《棉花加工资格认定和市场管理暂行办法》，同时发布实施。该办法彻底放开棉花收购，同时提高了棉花加工的市场准入门槛。

经过多年的努力，我国流通体制改革成效显著，打破了供销社企业一统天下的局面，多渠道竞争格局和多层次的棉花市场体系初步形成。一是我国棉花市场主体不断丰富，已形成了棉农、棉花购销企业、国内外棉商、纺织企业、参与期货市场的期货商等市场的多重供需主体；二是建成了多层次的棉花现货、期货市场体系；三是初步建立了棉花价格的调控体系：通过国家专项储备对市场进行调节，在棉花供大于求时吸储棉花，在棉花供不应求时抛售棉花，以此调节棉花价格，稳定棉花市场；通过进出口贸易手段，利用国际市场棉花资源调节国内市场供需。

五、第五阶段：以收储价格为主的价格调控阶段（2008年至今）

2008年全球金融危机爆发后，在各国政府联手救市的情况下，大宗商品在2009～2011年均出现了不同程度的暴涨暴跌。为应对国际棉花价格的剧烈波动，稳定国内棉花生产、经营者和用棉企业市场预期，保护棉农利益，保证市场供应，2011年3月由国家发改委、财政部、农业部、工业和信息化部、铁道部、国家质检总局、供销合作总社、中国农业发展银行联合发布《2011年度棉花临时收储预案》，开启了常态化的国家棉花临时收储政策，其特点是：一是收储价格的确定仍以棉粮比价为基础，按固定价格收储当年度国产新棉；二是规定了制度的启动点，即在市场价连续五个工作日低于收储价时启动临时收储；三是实行数量敞口收购。同时加强对棉花信息预警制度的完善，并运用进口配额与滑准税调节棉花进口，防止国际低棉价对国内的冲击，保护国内棉产业的发展。

整个收储预案，可以大致分为三个阶段：

（1）2010～2013年，收储阶段。当时的政策背景是我国棉花价格出现了大幅波动，棉纺企业因为成本高企而生存艰难，行业开工率不断下滑，但是成品库存却不断攀高，收储政策的本意是保护棉农与纺厂利益，稳定市场，但收储政策的结果不尽理想：确实使棉农的利益得到一定的保证，纺厂则因成本高而生产更艰难。

（2）2014年，由于阶段政策带来的结果弊端，实行棉花直补政策。即当市场价格低于目标价格时，国家根据目标价格与市场价格的差价以及产销、面积等其他综合因素给予生产者补贴，当市场价格高于目标价格时，不对生产者补贴而对终端消费者补贴；同时在对纺织企业征税上实行“高征抵扣”，即把皮棉、棉纱纳入农产品增值税进项税额核定扣除试点范围。在棉花直补政策与税收“高征抵扣”双政策并行改革的情况下，我国棉花市场初步形成以市场供需为基础的市场价格形成机制。至2014年底，我国棉花市场逐步进入企稳阶段。

（3）2015年开始，我国棉花政策进入抛储政策阶段，抛储政策目的在于让棉花价格彻底市场化，实现国内棉业“去库存、去产能”的战略目标；并且通过此手段将国内外棉花价格差进一步缩小，降低纺织企业的原材料成本，使中国的纺织业更具有竞争力。

六、结论与展望

从上述棉花政策简史中，不难发现，我国政府对于棉花生产工作的重视程度，也不难发现不管在什么时候，我国棉花市场始终存在“一收就死，一放就乱”的现象。这种现象的背后在于棉花不仅仅是“衣食住行”中的“衣”的主要原料之一，时至今日的棉花更具有金融属性，存在时间与空间不同方式的套利。在这个“利”的驱动下，展开了上述近70年的政策与市场的博弈。从政府管理者的角度看，政府希望物价平稳，人民安居乐业；但从市场的角度看，如何谋取利益最大化是市场参与者的根本动力。马克思说，物价遵循的是供需关系，才会出现有涨有跌的格局。笔者认为，市场价格有涨有跌才是遵循客观规律，但是不能出现暴涨暴跌，暴涨暴跌对于企业乃至国家均没有太多的好处，所以，棉花政策制定的出发点，在于如何防止棉花价格出现暴涨暴跌，而不是当暴涨暴跌格局出现后，亡羊补牢。

棉花价格出现暴涨暴跌的根源在于政策的延续性不能跟上市场变化的步伐。就如一群没有受过训练的人在一起齐步走一样，在齐步走指令下达的前5～10分钟，整个群体会整齐划一，但是在10分钟过后，因个人身体素质、脚步间距有大有小等因素，就会出现群体错步现象。这种现象一旦发生，整个群体就会给人错乱的感觉，如果是在战场，这就是漏洞，必须想办法弥补。而棉花价格之所以在管理者的眼皮底下出现暴涨暴跌，其根源在于左右棉花市场价格的因素每天均可能在变化，比如春季的播种面积，棉花生长过程中的天气因素，国外政府对于本国的棉花出口政策调整，我国政府对于进口棉花的政策调整等，均会使得市场对棉花未来的价格出现不同程度的解读，但政策需要延续性与稳定性，故多数时候，政策会滞后于市场，更为尴尬的是，如果市场逻辑已经出现变化，但政策并没有跟上调整，那就很容易引发棉花价格的暴涨暴跌。

回顾近70年我国棉花政策的历史，可以看出，在不同时期内，棉花政策难有连续性，历史上新中国成立初期，我们党和政府能够打赢没有政策压制的“粮棉之战”，保护住棉农、合规贸易商、纺织企业的参与市场积极性；在70年后的今天，笔者相信，我们的党和政府更有自信与魄力解决当下的棉花价格涨跌幅度较大的问题。纵观我国棉花政策发展史，在于管理者如果制定规则，弥补政策漏洞以防止市场被热炒；也在于市场博弈参与者，自我约束，不对棉花市场进行过度投机，同时发现政策漏洞后，不是利用政策漏洞进行恶意投机，而是主动与管理者进行沟通，将漏洞弥补上，为我国棉花市场的稳健运行保驾护航。

第二篇

黏胶短纤市场产业链运行规律研究

第四章　溶解浆行业对于黏胶短纤市场运行的影响

溶解浆作为黏胶短纤最为重要的原材料之一，其行情的走势直接影响黏胶短纤的生产成本。黏胶短纤现有的主要原料主要有三种：溶解浆、改性溶解浆、棉浆。近年来，随着棉短绒的用途增多，棉浆已经出现了急剧缩减趋势，由原先的80%在2012～2013年缩减为40%。2016～2018年，由于用于生产的棉短绒量剧减以及环保政策趋严，棉浆的使用量缩减为15%～25%。2017～2018年由于造纸行业景气度开始提升，造纸浆的价格逐步攀升，导致纸改浆的原料针叶浆价格上升速度较快，改性溶解浆产量也出现了萎缩，由2012～2015年的40%缩减为20%以下，故溶解浆目前在黏胶短纤行业内的使用量在60%～75%。溶解浆也正式成为黏胶短纤的主要使用原料。

溶解浆的来源主要分为两大部分，一部分是国产溶解浆，其量在70万~100万吨；另一部分是进口溶解浆，其量在220万～260万吨。从两者比例看，进口浆占据主导地位。

随着供应量的变化，其市场价格的主导因素也由2015年前棉浆价格变成了进口溶解浆价格。在2015年前，溶解浆行业的定价机制主要由棉浆价格现行制订，国产溶解浆次之，进口浆最后定价且价格最低，演变成现在的进口浆现行报价，国产溶解浆以及棉浆价格后报价；从价格高低看，目前进口浆价格与国产浆价格不分上下，而棉浆价格因为其使用量萎缩变成了最低报价。图4–1所示为2015～2018年黏胶短纤与溶解浆价格走势。

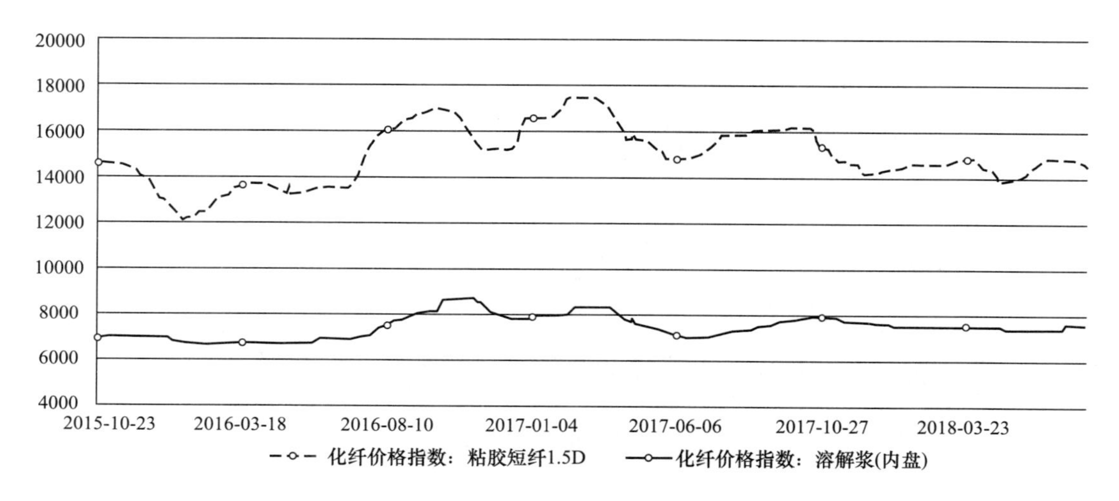

图4-1　2015～2018年黏胶短纤与溶解浆价格走势图（万吨）

从图4-1可以看出，溶解浆价格走势比起黏胶短纤，其波动幅度以及波动频率要小很多。例如，在2016年7月至2016年12月，黏胶短纤价格由原先的13800元/吨上升至16300元/吨，其价格上涨趋势比较明显，但是因为当时的棉浆以及纸改浆仍占据半壁江山，互相制约，致使溶解浆上涨幅度比较平缓且较为有限，在这一区间内，甚至在黏胶短纤已经出现明显回落的时候，溶解浆价格仍没有表现出回落，而是在进行顶部整理。而在之后的时间段内，黏胶短纤震荡运行，涨跌较为频繁，但是溶解浆价格却出现了平稳走势。

故在整个2017年，溶解浆作为黏胶短纤的主要原材料，因为其价格较为坚挺，变相地为黏胶短纤震荡运行提供了所谓的“成本支撑性”走势一说。这主要是因为，溶解浆收益与自身体系的地位改变；也得益于纸浆或者汇率支撑，以使其保持了自身价格坚挺的走势。

在同期内，黏胶短纤除了震荡运行，也出现了向下掉头的趋势。但是因为溶解浆价格的支撑，使得其价格走势出现了想向下变盘但是原材料价格坚挺，致使其成本未发生变化的情况下，出现了利润损失。这主要体现在两者之间的价差变小，最终出现了黏胶短纤价格长时间横盘的现象。

上述这种现象，在经济学领域中叫作“滞涨”或者“滞胀”，即“停滞性通货膨胀”。在经济学特别是宏观经济学中，特指经济停滞、失业及通货膨胀同时持续高涨的经济现象。通俗地说就是指物价上升，但经济停滞不前。它是通货膨胀长期发展的结果。

新凯恩斯学说区分两种不同的通胀：需求拉动型（总需求曲线位移所致）及成本推动型（总供应曲线位移所致）。在这个观点中，滞胀是由成本推动型通胀引致。成本推动型通胀在某种压力或情况以致成本上升发生；而因素可以是政府政策（例如加税）或单纯的外在因素如天然资源短缺或战争行为。

目前，黏胶短纤与溶解浆之间发生的滞胀，可以认为是成本推动型通胀所造成的结果。在2015年末至2016年初，中国政府提出了“供给侧结构性改革”以及加强环保政策的制定与执行，最终引发了原先占据国民经济中的主导地位的煤炭、钢铁、水泥、石油化工等行业产能缩减，从而导致了基础物资的价格上涨。棉浆与改性浆就是在这一背景之下，才逐步减少其在黏胶短纤原料中的份额。

在这种情况下，过多强调溶解浆价格稳定，得出黏胶短纤价格稳定极有可能会在实际业务操作中发生亏损。因为市场的主导因素，取决于供应与需求两个方面，目前仅仅是因为供给端发生了减少，会在一段时间内使得工业品上游的物资紧张或者价格出现上涨；但是工业品本身价格是否上涨，仍然取决于下游客户的需求。

故在2018年或者未来几年间，如果中国国策不发生本质性的改变，从业者不能轻易地下结论说：溶解浆价格上涨，黏胶短纤价格一定上涨！

第五章　人棉纱行业对于黏胶短纤市场运行的影响

第一节　人棉纱分布地域格局及产业评述

我国人棉纱生产大省，主要有福建、浙江、江苏、山东、新疆、河南等。其中新疆、福建近几年呈现生产基地集群的现象，目前有山东高密、福建长乐以及江苏沛县三个地方被中国纺织协会授予过“中国黏胶纱生产基地”的称号。

一、江苏省沛县人棉纱产业评述

早在20世纪60～70年代，沛县环锭纺纺织业起步，全县建设了一家国营纱厂和一家国营毛纺厂，以及鹿湾纱厂和敬安纱厂。四个纺织厂的建立为沛县纺织业奠定了人才、技术、管理、市场等全方位的基础。

沛县气流纺企业起步于20世纪90年代，主要是在杨屯镇。20世纪80年代末90年代初，杨屯镇棉花市场曾名噪一时，是全国最大的自发棉花交易市场，棉花经营积累了大量资金，为以后纺织业的发展奠定了坚实的基础。经过十几年来的发展，沛县纺织产业进入了快速发展时期，初步形成了纱线、织布、服装制造的产业链条。

1998年，沛县成立第1家纺织企业，经过近20年裂变式发展，截至2017年底，全县有纺织企业550余家，集聚了江苏鹏翔新材料、江苏鑫福纤维、徐州华晟纺织、徐州华奥纺织等龙头企业。纺织设备持续更新，全面引进了赐来福、苏拉、立达、泰坦、淳瑞等国际国内知名品牌的全自动半自动先进设备，纺织业装备已达到国内先进水平。工艺上采用紧密赛络纺、涡流纺等先进工艺，生产黏胶纱、纯棉纱、彩棉纱、氨纶、棉锦混纺纱等产品，产品档次不断提升，迈向高端。

2017年4月，中国棉纺织行业协会授予沛县“中国黏胶纱生产基地县”荣誉称号，沛县成为江苏省第一家以纱线生产命名的国家级基地。以此为契机，沛县开始实现“人棉纱产业链生产集群基地”。

目前，沛县已成为国内三个黏胶纱生产基地之一，在江苏盛泽市场占有率达1/3以上，年产各种规格的纱线60多万吨，占全市60%以上，2017年规模以上纺织企业实现开票销售收入

70余亿元，增长近13%。

近年来，沛县通过“突出规划引领、优化发展环境、促进资源整合、淘汰落后产能、发挥协会作用”等措施，纺织产业链完整、技术先进、产业集群地优势明显，纺织产业发展呈井喷态势。

徐州汉润纺织科技有限公司生产车间，最直观的感受就是工人很少，机器的运转效率很高。无论是厂房的仓库还是偌大的车间都干净整洁、宽敞明亮，一个员工即可以有条不紊地看管着10台机器。

说起企业的喜人变化，汉润纺织科技有限公司就得益于产业转型升级。由于引进了先进的纺纱和传输设备，采用自动化的流水线生产，在汉润纺织科技有限公司的生产车间内，需要手工完成的地方并不多。

同样是“另辟蹊径”，徐州华奥纺织有限公司把技改扩能、增强发展后劲作为发展目标，通过淘汰落后设备，扩建新厂房，增添新技术、新设备，促进了产品“量”与“质”的大幅提升。技改扩能后，企业实现了能耗更低、产量更高、质量更好和用工更少。

加大技术装备投资力度，引进核心技术和高精尖装备，推动纺织业向产业高端攀升……转型升级下的沛县纺织业实现了华丽转身。眼下，沛县纺织业升级步伐加快，设备持续更新，工艺水平大幅提升，产品档次不断提高。在以6～100S纱线为主的基础上，新增了布料和服装等产品，产业链不断延伸。

2017年中国国际纺织纱线（秋冬）展览会在上海国家会展中心盛大开幕，沛县以“中国黏胶纱生产基地县”为主体，组织鹏翔新材料、鑫福纤维、华晟纺织、振兴纺织、新思路纺织、锦丰纺织等17家具有代表性的优秀纺织企业，带着最具特色的纺织产品联合参展，向全国乃至世界展示纺织产业优势和聚力发展的成果。在100平方米的展厅面积上展示了12～60支不同规格、不同品类的纱线，种类包括黏胶纱、纯棉纱、彩纱、氨纶等系列纱线。这是沛县在获得“中国黏胶纱生产基地县”命名后，受中国棉纺织行业协会特邀首次参加的综合性、大规模国际展览会。

此次展会是一次行业的盛宴，更是一次收获之旅，200多家行业内企业均有意向与沛县纺织企业合作；更有俄罗斯、意大利、匈牙利、比利时、土耳其、孟加拉、巴基斯坦、印度、中国台湾等国家和地区的采购商对沛县的彩色棉纱感兴趣。

纺织产业是沛县的特色支柱产业之一。截至2016年底，沛县全县已拥有纺织企业539家，年产各种纱线60多万吨，生产总量居徐州市第一。2017年实现工业总产值340.45亿元，开票销售收入近70亿元。其中黏胶纱线近40万吨，占全市产量的70%以上。以黏胶纱线为主导，目前沛县已初步形成了较为完整的纺织产业链工业体系，涌现了鹏翔纺织、华晟纺织等一批龙头企业，带动10余万人从业。装备水平和产品档次不断提升。

2017年，沛县环锭纺规模在220万锭以上，气流纺550余台（套），年产各种规格的纱线近100万吨，其中各种规格类黏胶纱线有60多万吨，占全年的60%以上。设备主要有清梳联、自动络筒、赐来福、苏拉、立达、泰坦、淳瑞等全自动半自动先进设备。采用紧密赛络纺、涡流纺、低扭矩环锭纺、喷气纺、嵌入纺等新型纺纱织造技术，发展彩棉纺纱、锦纶、氨纶等产品，工艺水平大幅提升，产品档次不断提高。

沛县纱厂的产品主要对接市场：盛泽80%，高密10%，其他地区10%。

沛县生产纱线的优势主要来源于其电费比较便宜，生产人员以本地人为主。从2017年全年发展看，沛县属于坚定的人棉纱生产群体以及研发群体，后发力量比较强劲。属于三个基地中发展比较稳定、扩张步伐也较为稳健的产业集群。

沛县弱势：本地区缺乏下游坯布以及印染服装产业链，纱线开发方面实力偏弱，纱线产品基本以跟进市场流行趋势为主；出口工作在政府部门的推动下正在进行，但从2016～2017年跟踪观察看，出口增长速度偏慢。

二、山东高密人棉纱产业评述

山东高密地区属于成熟型的人棉纱以及人棉坯布生产基地。与沛县相比较，该地区人棉纱企业以中小型为主体，规模性纱厂纱锭数基本在10万锭以下，5万锭以下的占60%以上。纺纱设备主要偏老式纺机，主要以环锭纺纱线为主体。从2016～2017年跟踪调查发现，纱线规格主要以30～45S为主。该市场黏胶短纤企业设立的办事处较多。但从2017年初开始，赛得利的强势介入后，市场唛头呈现高端以赛得利为主，中高端以雅美、海龙、高密以及澳洋的新疆产品为主的格局。

高密优势：产业链较沛县丰富，高密剑杆织机以及其他一些织机较多，高密的人棉布主要以销往柯桥为主，出口为辅。通过青岛的外贸公司，坯布的出口有较大优势；用工以本地人为主，2018年用工荒在高密发生率较其他地区少。

高密弱势：纱线品种单一，主要以棉与人棉为主；电费较沛县要高，造成其纱线成本较高；小规模企业占多数，纱线厂之间相互压价现象较为严重。

三、河南人棉纱产业评述

河南作为老的人棉纱生产基地，曾经在2010年以前有过辉煌的历史，但2015年以后，新疆人棉纱板块的崛起，河南市场环锭纺系列的人棉纱被边缘化。目前河南纱厂主要集中于新乡、焦作等地。但因为当地的电费高企（平均0.78元左右），导致当地纱厂的加工成本成为全国最高，从而使得河南人棉纱产业在全国的竞争中，处于劣势地位。

目前，河南地区生存状态较好的纱厂比较少，能够生存的企业基本以人棉强捻纱等差别化类纱线为主，普通环锭纺30～45S的人棉纱为辅。企业经营难度在某种意义上比起山东高密市场更为严峻。

河南地区黏胶短纤供应市场主要有新疆富丽达、丝丽雅（包含丽雅）、山东雅美、河南新乡。其中河南新乡本地的供应量受制于近年来纺纱厂对于品质的追求，新乡白鹭的供应量出现了一定程度的萎缩。但是新乡白鹭与中纺院共同开发的绿纤纤维（莱赛尔纤维）已经开始填补其黏胶短纤萎缩的量。

四、江苏人棉纱市场评述

江苏人棉纱市场格局，主要分为苏南、苏中、苏北三部分。沛县属于苏北部分，苏中部分主要有南通、盐城、泰州等；这部分有代表性且较为集中的为南通。南通市场，终端看，主要有叠石桥家纺市场以及三星市场，这两个互相挨着的市场，这组成了南通家纺城市场。这个市场主要以终端产品生产为主，从而带动了当地的纺纱、织布、印染等行业的发展。2010年后，南通地区出现了一些成熟的纺纱工厂，包括海安双虹、南通大生等纱厂均朝着全球一流纱线生产企业发展。

南通这种终端带动中上游企业需求的市场，还有盛泽东方市场、绍兴钱清原料市场，均属于成熟的纱线或者坯布或者成品交易市场，而这种成熟的交易市场的主要优点是：全国各地生产企业到市场里面设立办事处；产业链各个环节之间的衔接比较方便；为了方便交易，各个市场周边均有大型或者权威检测部门进行服务；由于市场体量大，产品丰富，为一些花式纱的创新提供了硬件与软件支持。

苏南市场，较上述市场开始出现新的结构性变化。苏南纱线市场，一方面也有成熟的织造产业；另一方面，有些地方有一些小型的交易市场。苏南的人棉纱企业优势在于：可选择的黏胶短纤唛头丰富，同时合成纤维在市场上也可以方便地得到；企业的创新意识强，比如包芯纱就是从张家港一些纺织厂开始新兴起来的；有创新的先天性优势，这种优势来源“黏胶短纤+合成纤维—纺纱—织布—印染—服装”整个产业链各环节的生产工厂集中度较高。同时，长江以南，圆机市场开始增多，因为圆机较大，对于不同规格的纱线需求偏好也较大，从而为纱线的开发提供了庞大的市场。

五、浙江人棉纱市场评述

浙江人棉纱市场主要以钱清原料市场、中纺城市场以及桐乡市场为主体。产业基地主要集中在嘉兴与江苏交界处的盛泽、王家泾，萧山，浙南的温州、义乌一带。其中江苏盛泽、王家泾一带以涡流纺、环锭纺、赛络纺等为主体；萧山地区主要以环锭纺为主体；浙南的衢州龙游以涡流纺、环锭纺、赛络纺为主体，温州、义乌一带主要以低端的环锭纺为主体。

萧山地区的纱厂主要集中在衙前、党山、所前等地区。近年来，随着杭州市政府战略朝着大城市方向迈进，纺织行业作为传统型行业正在进行一系列的结构性调整。2014～2017年，绍兴因为被定位为杭州卫星城市的功能，其纺织厂、印染厂关停较多，在60%以上。而萧山区因为是杭州的一个区级别行政定位，其城市功能需要服从杭州发展大战略，进行一些产业结构调整。加上萧山区的一些企业在金融方面所做工作较多，在2015年股灾后，一些企业受损情况较为严重。2016～2017年，萧山部分人棉纱企业进行过一次兼并或者破产，有些纱厂在这一轮洗牌中，遭到了市场的淘汰。而随着2022年杭州亚运会的申请成功，萧山对于传统型行业的转型升级战略肯定会进一步升级，所以出现了一些运行还算好的人棉纱或者织布企业搬迁至中部或者新疆等地，在此情况下，萧山人棉纱生产企业将会一步步搬迁，整个人棉纱盘子呈现收缩状态。

六、福建长乐人棉纱产业评述

20个世纪90年代，市场经济持续深化的改革让长乐人彻底放开手脚，开始摆脱草根工业产品单一、附加值小、技术水平低等困境，巧妙避开原料难题转为投产化纤行业。

2014年，长乐纺织从20世纪80年代的“草根”之初进入“而立”之年，纺织企业数量达到1053家，从业人员12万人，2013年实现产值1140亿元，占长乐市工业总产值的65%。那些坚守纺织行业、坚持转型升级、持续技术创新的纺织企业纷纷昂起“龙头”，成为行业的标杆，更形成省内第一个超千亿元的产业集群。

（一）1994：第一家现代工业纺织企业诞生

1994年，长乐纺织企业家的代表林梅燕、林梅灼兄弟试水化纤腈纶产品大获成功，组建了长乐第一家现代工业意义上的纺织企业——经纬集团。

1997年，经纬集团获得了出口权。

“当时家庭小作坊的情况还是比较盛行，还没有长乐纺织工业公司，而是乡镇企业局。规模以下企业属于乡镇企业局管辖，规模以上企业属于经纬集团管辖。”与长乐纺织打交道多年的郑航告诉记者，当时长乐纺织业技术水平并不高，很多购买的二手设备开始严重老化，企业的经营管理能力欠缺，产品差别化率低，大量低价竞争，市场相对比较混乱。

据了解，1994年底，长乐共有纺织企业758家，其中镇办10家、村办150家、联户办144家、个体办454家，从业10795人，总产值91937万元，纳税2112万元。

随着棉花控制性调整政策的出台，许多纺织企业的经营陷入困境。林梅灼经营的长乐棉纺厂，也因为棉花采购被骗损失300多万元而被迫暂时关闭企业。

20世纪90年代中后期，面对棉花价格飙升，国家想对这一现状进行整理，于是决定压锭，力促纺织厂进行产业升级，不过同时也造成了大量纺织厂的倒闭，以及大量纺织员工下岗。

“那是长乐纺织业的一个寒冬，但敢拼会赢的长乐人更善于在市场经济中把握住机会。”时任经纬集团董事长的林梅灼说。

短暂关闭后重新崛起的经纬集团即是“破茧成蝶”的生动例子，林梅灼把多年从事乡镇企业积累的资金全部投入技改，扩大再生产，全面更新设备，厂区占地面积扩大到2.8万平方米，纱锭由4000枚增至2.3万枚，“宝圈”牌系列腈纶纱年产量由300吨提高到3000吨，固定资产原值由180万元增至2438万元，一举成为长乐当时的核心企业。

同时，金峰镇六林村的林文增引进意大利产剑杆织机20台，使长乐机织业更新换代，开始复苏。原漳港提花织造厂厂长程长华投入大笔资金，进行异地技术改造，新辟厂区1.1万平方米，新建标准厂房3500平方米，成立榕港针纺织有限公司，引进西安航空发动机厂生产的ZE731剑杆织机20台，技改被列入省、市科委“星火计划”项目。

不过，业内人士也指出，当时的纺织业还显得相对脆弱，病根在于本质上棉纺企业占了绝大多数，而且它们仅仅是下游织造业的棉纱加工厂而已。虽然在我国同类产品市场叱咤风云，但也由于这种产品技术工艺简单、管理省事，成本低，许多企业依赖于“短、平、快”思想，大干快上，“仿”织生产，以量取胜。据了解，当时长乐仅有极少数棉纺企业生产黏胶、涤/棉、腈纶等品种，且总量所占比重不大，其实这些产品以目前长乐棉纺业所拥有的设备来说，稍加改造皆能投入生产，在技术工艺上也没有特别要求之处，而且市场前景相对看好。

（二）2004：技改和创新成为长乐纺织代名词

2004年底，在全市花边生产蓬勃发展的时候，郑依福却“剑走偏锋”，成立了鑫港纺织机械有限公司，致力于高档经编设备的研发和制造。

鑫港纺机很快在制造业异军突起，其生产的纺机不但填补了国内行业空白，更是达到了国际一流技术水平，打破了德国卡尔迈耶在中国市场的垄断地位。

董事长郑依福的故事颇富传奇。2000年，郑依福创办了航港针织品有限公司，并花70多万元购进了两套德国产的二手经编设备。

“为了买机器，我们投入了全部家当，但机器买回来后却动不了，父亲急得吃不下饭。”当时的情形，郑依福的儿子、鑫港纺织机械有限公司总经理郑春华记忆犹新。

因为请不到专业技术人员，郑依福决定自己动手，连续几个月时间，郑依福几乎都猫在车间里琢磨研究。到最后，这两台机器只有架子还是原来的，其他的零配件都重新打造过。八个月后，两套设备终于开始运转，半年时间就收回了当初的购机成本。

“德国卡尔迈耶”曾是高端经编机的代名词，几乎垄断了中国经编机市场。但鑫港纺机研制出运行速度比卡尔迈耶产品还快15%的全电脑多梳栉高端经编机，并一举突破梳栉材料热胀冷缩的难题，成为目前世界上唯一可在常温下运行的经编机。目前，鑫港纺机的经编机占据了国内市场90%以上的份额。

据统计，2010年以来，长乐市每年纺织行业技改资金投入都超过40亿元，年引进国内外先进设备1500多台（套）以上，长乐市纺织行业装备水平基本达到了国内同行的先进水平，现有1个院士工作站，5个国家级产品开发基地（研发中心），7个省级企业技术中心，14个福州市级企业技术中心，形成了梯度提升的创新体系。在纺织行业外部运行环境得到改善的情况下，长乐市依靠技术创新显著提升了企业发展实力。

（三）2014：福建省第一个超千亿元的产业集群

有人说，这是一个最坏的时代，也是一个最好的时代。

作为国家重点调整对象的纺织业，在长乐企业家手中不但没有沦落成落后产能，在环保和技术升级压力下反倒日益壮大并加速奔跑。以金纶高纤、恒申合纤、锦江科技和经纬集团等百亿或目标百亿级纺企为龙头，长乐提出“十二五”期间打造纺织业“千亿集群”的目标，而这一目标已经提前，2013年长乐规模以上纺织业产值已达1093亿元。

也因此，吸引巴斯夫、美孚、帝斯曼、塔塔、卡尔迈耶和住友化工等国际巨头竞相前往长乐这个沿海小城合作。

近些年，品牌、管理、上市、社会责任……这些词汇成了长乐众多企业家口中的热词。随着国际市场环境变化及内部因素的变化，纺织工业低成本优势正在失去，产业发展开始由“成本导向”向“价值导向”转变，长乐纺织开始品牌化生长。

“切片、锦纶丝产量在全国甚至亚洲都是最大的，体量大了，还必须要强，只大不强根基不稳，无法持续发展。”陈木珠说，此前长乐纺织走的是低成本生产、低价销售的成本竞争型发展战略。近年来，长乐纺织企业家们认识到，随着国际市场环境变化以及内部因素的变化，纺织工业低成本优势正在失去，想要继续发展，就必须在提高附加值，在品牌培育和品牌创新上下功夫。

政府方面也致力于鼓励引导一批纺织龙头企业通过增资裂变、股份改造、联合兼并等方式迅速做大体量。针对长乐纺织业优势主要集中于棉纺、化纤、经编等中间链条的特点，重点向锦纶长丝、锦纶聚合、PTA等产业链前端延伸。

据了解，目前长乐的棉纺业拥有350万锭的生产规模，纱线产量占全国同类产品的1/3；化纤纺织产业链比较完整，年产化纤原材料短纤、长丝、混纺纱近120万吨，锦纶民用丝产能达20万吨，位居亚洲同类产品前列；经编产品年产量约20万吨，占全国市场份额的1/5。无论是原料供应、设备采购、人才技术还是市场主导权，长乐纺织产业集群内的企业都具有较大的优势和较强的竞争力。

长久以来，“长乐纱”一直左右着全国乃至国际涤纶纱市场的价格。从去年下半年开始，纯涤纱不再是长乐棉纺唯一的主打产品。在激烈的市场竞争中，长乐棉纺企业加快产品结构调整，实行差别化生产，增加了黏胶、涤/黏、涤/棉等多种主导产品，并在市场上取得了主导权。正隆、华源等企业还开发了竹纤维、新型纤维、功能性纤维纱线，金磊纺织也计划建立新产品研发生产线。

提升企业研发设计和市场开发能力，增加经编产品品种，建立花边产品品牌，已成为长乐经编行业调整的趋势。目前长乐年产值最大的17家经编企业都设立了设计研发部门，通过购买专业设计软件和聘请著名院校的优秀人才，开发差别化经编产品和自主工艺花型产品，取得了良好的市场效益。

长乐纺织工业局局长郑航告诉记者，2008年长乐纺织行业实现总产值367.8亿元，约占长乐市工业总产值的56.8%，2009年预计突破400亿元。

2009年对全球加工业而言，并不是一个好年景，但长乐棉纺企业却跌跌撞撞地从2008年的阴霾里走出，见到了温暖的阳光。

岁末之际，长乐航空港工业区开发建设指挥部办公室里，一群一群的棉纺企业家来到这里，准备在该工业区启动区里征地，建设新的棉纺企业。目前，已经登记的棉纺项目近十个，总纺锭规模超过200万锭。

纵观长乐棉纺业，发展的历程好似点火发动后的汽车，从慢到快，加速度发展。从1985年金峰凤洋村村民集资53万元创办的凤洋纱厂4台细纱机1664纱锭开始，到2000年总纺锭规模不到100万锭，但2005年上了200万锭，2007年上了300万锭，2009年上了400万锭。第一个百万锭花了15年时间，第二个百万锭仅花了5年时间，而第三个第四个百万锭都仅仅花了2年时间，现在看来，第五、第六个百万锭也只要2年时间就够了。

长乐棉纺业之机车靠什么燃料产生这么大的助推力？一是抓住了机遇，1992年邓小平南方谈话带来的思想解放，1998年国营棉纺压锭，国退民进，以及2001年中国加入世界贸易组织后带来的加工业大发展。长乐棉纺业抓住了每一次发展机遇，迅速地发展壮大，一个没有错过。二是营造了环境。长乐是民营经济的起锚地，各级党委、政府对棉纺业发展倾心支持，财税、金融、工商等经济管理部门因势利导，顺境引导技改创新、逆境联手雪中送炭，同时设备采购、原料供应、技术保障、管理提升、物流配送、人才培训等一系列生产要素和公共服务都向这个洼地集聚，为棉纺业发展营造了良好氛围。三是找对了路子。初期少数企业吃了棉花的亏，整个棉纺业的原料就迅速从棉花改成了适合长乐气候温湿度的涤纶，占据了成本优势，成就了“长乐纱”的美名。涤纶纱产量多了，不好卖了，长乐棉纺就增加了黏胶、涤粘、涤棉、纯棉等多种主导产品，并迅速在市场上取得了主导权。劳动力紧缺了，棉纺企业加大技改力度，大量引进节省劳力、提高质量的先进设备，基本实现络筒自动化，劳动力使用从每万锭120人降低到60人，同时提高了优质无结头纱比重。

有人质疑，一个仅有658平方千米的县级市能不能发展如此规模的棉纺业？答案应该从市场经济规律里面寻找。首先，市场是一体化的，不是658平方千米自产自销，能够在无棉之地铸百亿纺织城，就能够把百万吨的纱线送到各地市场，送到海内外织布厂。其次，市场竞争优胜劣汰，规模大小的决定权在于市场，20世纪90年代当中国棉纺规模不到5000万锭的时候，舆论一片压锭之声，现在中国棉纺规模已经过亿锭，纺织行业依然是国家产业振兴规划的重点行业。这说明，要淘汰的是落后的产能和低效的生产方式，而只有竞争才能保持区域产业的活力，长乐棉纺从小到大、从弱到强、从粗到精就是在民营经济活跃的竞争氛围里锻炼出来的。再次，市场准入机制的重要法则就是公平、透明。只要政策法规允许，具备了资金、技术、管理和人才条件，建设的大门就应该向投资者敞开。

我们应该引导棉纺业向何处走？先行者指的路子是：严格控制低水平产能延伸，淘汰落后工艺设备，加大“三无一精”（无卷加工、无接头纱、无梭布、精梳纱）的技改力度，带动“三高三低”（质量高、档次高、利润高、用料低、成本低、能耗低）纱线品种开发。这是传统产业迈向创新升级的必由之路，新增的纺锭必定将带来全新的概念！

七、新疆人棉纱产业评述

2016年新疆对于人棉纱企业投资的各项优惠政策包括资金、税收、低电价、运费、用棉、培训、社保、印染污水处理、南疆支持、金融支持的十大政策；2016年八项新优惠措施；目前正在讨论中的其他三项发展意见及政策，企业在新疆的生产运营成本要节省10%以上。

2011～2017年，因为棉花收储政策，很多纺织企业放弃了纺棉，以其他的非棉纤维作为原料，这些原料中，以黏胶短纤与涤纶短纤为主。近年来，下游产业对非棉产品的要求逐渐增多，应用非棉产品降低生产成本、提高产品性能已取得较好的效果。实际生产中非棉纤维及纱线的应用有以下需求元素：降低面料生产成本的需求；面料新颖性需求；牛仔面料功能性的需求；提高纱线可纺性、面料可织性的需求；环保的需求。

因为这些元素，最终导致了2015年黏胶短纤的市场爆发，以下介绍新疆地区由棉花大产地到非棉大产地的变革过程。

随着近几年消费市场的变化，下游订单对原料的要求也在变化，2011～2016年纺织企业使用化纤替代棉花比例高达30%～60%。以2011年国内棉花消费量1100万吨为基数，2011～2015年纺织用棉尤其是国产棉年均减少25%～30%，为150万～200万吨，而化纤替代量每年增量正好在150万~200万吨。

新疆黏胶纤维生产量占全国的26%左右，按照黏胶纤维原料资源和新疆规划，新疆最终黏胶纤维总产量达到120万吨/年左右。黏胶纤维产能还有40%左右的发展空间。新疆生产建设兵团第一师在阿拉尔和浙江富丽达合作，恢复原海龙10万吨的黏胶纤维生产能力，并且新上20万吨黏胶短纤项目。

目前，新疆只有少数几家纺织厂在生产黏胶纱，现日产量在300吨，年用量约11万吨。

新疆现有黏胶生产能力在68万吨/年左右，如果生产气流纺黏胶纱，可新增气流纺32万锭。生产环锭纺可增加320万锭左右，生产涡流纺可增加1480台（14.2万锭）。发展黏胶纱的潜力还有很大拓展空间。

但从2017年新疆项目规划上看，未来新疆将会出现黏胶纱线聚集地，届时，可能新疆本地的黏胶纤维将不够本地使用，极有可能需要从内地调配部分黏胶纤维，从而会在2016～2018年拉动黏胶纤维的新需求。

综合评价

（1）明确收缩的市场：河南人棉纱产业、萧山人棉纱产业。

（2）正在收缩以及转型的市场：高密人棉纱产业以及德州人棉纱产业（主要是资金制约）。

（3）目前发展较为健康的市场：南通人棉纱产业、盛泽人棉纱产业、嘉兴人棉纱产业、沛县人棉纱产业。

（4）有潜力可挖市场：新疆人棉纱产业、东北人棉纱产业、高密人棉纱产业、福建人棉纱产业。

第二节　人棉纱价格波动对于黏胶短纤市场的影响

一、选用环纺30S人棉纱做标的的理由

黏胶短纤的下游，主要可以分为三大类，第一类是纱线制品；第二类是水刺非织造布制品；第三类主要为一些玩具或者被子的填充物。这三大类中，纱线类制品占据黏胶短纤使用量的80%左右；水刺类非织造布占据黏胶短纤使用量的15%～18%；填充物占据黏胶短纤使用量的2%～5%。虽然水刺非织造布用的黏胶短纤需要使用差别化的高白度黏胶短纤，但因为差别化黏胶短纤除了莱赛尔、莫代尔等产品价格与黏胶价格有所不一致，高白、高强类黏胶短纤的价格基本与1.67dtex×38mm的普通纤维趋势一致。故在黏胶短纤市场未来走势研判中，使用纱线类市场作为黏胶短纤下游产品标的进行研究分析。

纱线类市场中，黏胶短纤的主力军为黏胶短纤纱线，黏胶短纤纱线也就是人们常说的人棉纱。近几年，由于我国社会主要矛盾已经转化为人民日益增长的美好生活需要和不平衡不充分的发展之间的矛盾。黏胶短纤不再是单一的黏胶短纤纺纱，而出现了很多混纺纱线，例如，黏胶短纤与涤纶混纺纱，被称为T/R纱，就是常见的黏胶短纤混纺纱。黏胶短纤与棉混纺，即C/R纱。一般在纱线交易市场或者网纱纱线平台，会见到“T/R 65/35 30S”，其意思就是涤纶与黏胶短纤的混纺纱线，是涤纶占65%，黏胶短纤占35%的30支涤纶黏胶短纤混纺纱线。除了这种简单双组分纱线，近年来，为了追求产品风格的多样性，出现了所谓的“包芯纱”，比如2015～2017年28S仿兔毛包芯纱在这几年火爆异常。这种所谓的仿兔毛包芯纱，主要成分为黏胶短纤、锦纶、改性涤纶PBT。三者之间的比例可以根据客户的不同要求进行合理调配。

尽管黏胶短纤的下游具备多样性的市场基础，但是在研究黏胶短纤价格运行规律时，将

每个行业的价格搜集得面面俱到，显然是不可能的。故需要从黏胶短纤众多的下游品种中，挑选出具有代表性的产品，分析其与原料黏胶短纤的相关性。

在十多年的从业过程中，笔者发现人棉纱中的环锭纺30S是研究黏胶短纤价格波动的天然标的。虽然环锭纺45S在某种层面上也可以作为参考，但是其价格波动的紧密度并没有30S的价格变化来得频繁。其他的诸如涡流纺、赛络纺、紧密赛络纺、气流纺等不同规格的纱线，在某种程度上也可以作为黏胶短纤市场价格判定的依据，但是因为其生产量、消耗量以及使用用途较为单一，加上这些纱线品种多在2000年以后才陆续被研发出来。而环锭纺是在英国第一次工业革命后，就被发明出来，最早应用在纺棉方面。这也就意味着，如果数据保存完好，人棉纱环锭纺的纱线价格或者产品可以追溯到黏胶短纤被研发出来的1905年。这一方面的优势，很显然是其他新型纱线所不具备的优势。故笔者认为，环锭纺30S人棉纱是判断黏胶短纤价格走势以及下游景气度是否较好的天然标的。

二、环锭纺30S人棉纱与黏胶短纤价格走势对比

以2016年至2018年5月的环锭纺30S人棉纱与黏胶短纤1.67dtex × 38mm价格作图，形成两者的走势相关图（图5–1）。

（1）从图5–1可以清楚地看到，两者之间的走势存在一定的相关性。其表现出来以下几点：

①在大多数时间内，两者表现出同涨同跌，或者同时平稳的迹象。

②上升通道中，人棉纱走势比黏胶短纤稍显迟滞；下降通道中，人棉纱走势快于黏胶短纤。

③下降通道中，人棉纱价格的盘整时间比黏胶短纤价格盘整时间要来得长。

④两者之间的价差在一般情况下，均保持在4400 ~ 4600元/吨。

⑤一旦价差区间小于4400 ~ 4600元/吨，需要考虑市场突变的可能性。

（2）上述5点，仅仅停留在看图分析的水准，实际上，每次价差出现突变，都有其内在的市场逻辑，笔者将上述内在逻辑归纳如下：

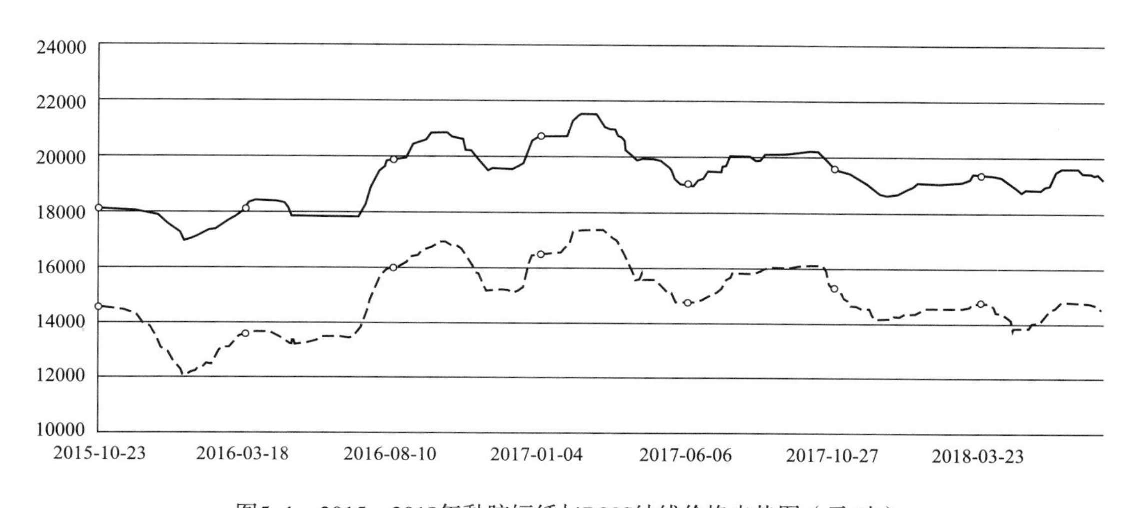

图5–1　2015 ~ 2018年黏胶短纤与R30S纱线价格走势图（元/吨）

①黏胶短纤作为人棉纱的唯一成本来源，黏胶短纤的价格决定了人棉纱的生产成本以及销售价格。

②在上文中，曾经提及人棉纱是消耗黏胶短纤的主力军，两者是紧密的上下游合作关系；因为黏胶短纤有将近80%的量是用于纺纱，故纱线的价格走势在某种意义上，决定了黏胶短纤的价格走势。

③价格上涨过程中，主要因素有两个，一种因素是因为某种因素，黏胶短纤出现了供应量上的不平衡；另一种因素是下游人棉纱市场的确好转。价格下跌过程中，主要因素也是两个，一是因为某种因素，黏胶短纤出现了供过于求，下游可以随时随地采购到黏胶短纤，另一种因素是下游人棉纱滞销，出现资金周转困难，从而表现出人棉纱在某个平台上盘整，但随后会出现下跌。

④上涨通道中引起黏胶短纤出现供应量不足的因素主要有如下几点：

a．因为市场在实际操作过程中，不能明确地感觉下降通道向上升通道中的转变，从而致使黏胶短纤工厂在风格转换后，继续将黏胶短纤超卖，引发黏胶短纤供应量不足。

b．贸易商在上升通道过程中，疯狂囤货，或者人棉纱工厂在上升通道中，害怕拿不到货而疯狂囤货。

c．天气因素或者季节性因素诱发部分黏胶短纤工厂不能将货源交付。比如进入冬季，因为大雪封路，新疆的黏胶短纤工厂很难顺利将货源交付给内地人棉纱工厂；在秋季瓜果丰收的时候，新疆的黏胶短纤工厂也会因为运输问题很难将货源交付给内地人棉纱工厂；2016年7月，由于大雨不断，全国中西部地区出现洪涝灾害，致使中西部地区很难将货源及时交付给东部地区的人棉纱工厂等。

d．黏胶短纤工厂在行情上升通道中，不得不对设备进行例行停产检修，诱发黏胶短纤供应不足。

e．2015年开始，环保、安全等从业政策改变，引发黏胶短纤工厂停产或者限产，致使黏胶短纤供应量不足。

⑤下降通道中引发黏胶短纤出现供大于求的因素主要有以下几点：

a．价格下跌的时候，人棉纱厂出于自身的利益考虑，由上涨通道中的囤货风格改变为下降通道中的随用随拿风格，以规避黏胶短纤价格下跌带来的成本变化。

b．黏胶短纤市场实际操作中，多使用款到发货的方式提货，下游人棉纱厂打款速度慢，引发黏胶短纤工厂出货速度慢，造成黏胶短纤的库存积压。

c．在上涨通道变成下降通道的过程中，双方均不能明显感知市场风格已经变化，黏胶短纤工厂采取上升通道中的安全库存做法，人为造成了黏胶短纤的库存积压。

d．贸易商觉得在下降通道中无利可图，操作风格由上涨通道中的囤货思路转化为快进快出思路，但是一旦出现黏胶短纤价格下跌速度过快的现象，则会引发其亏损，造成贸易商不再积极主动拿货黏胶短纤，反而缩减黏胶短纤的拿货量，导致黏胶短纤工厂库存积压。

三、黏胶短纤与人棉纱价格走势图的实际运用

黏胶短纤与人棉纱价格走势图的实际运用主要体现在可以通过黏胶短纤与人棉纱价格走

势，大致测算黏胶短纤的未来走势。这种测算方法，主要以价差的方式进行测算。在一般情况下，黏胶短纤与人棉纱价格走势表现出一致，中间的差值在4400～4600元/吨一线徘徊。但如果黏胶短纤现行出现上涨，人棉纱价格平稳的时候，中间的差值就会出现缩减，比如2016年其差值曾经一度缩减至4000元/吨左右，这个时候就需要考虑黏胶短纤出现突变的可能性。在经济学中，这种由成本引发的价格上涨或者支撑，在宏观经济中的GDP、CPI、PPI数据变化可以体现出，杜绝这些数据的变化，推断未来宏观经济是否进入通胀阶段，如果确定进入通胀阶段，那么则意味着黏胶短纤价格上涨能够引发人棉纱价格上涨，否则不能进行上述推断。2016年2～10月，我国的宏观经济数据的确出现了通胀势头，同时由于股市的熔断机制不成功，最终引发央行放水，使得市场上的资金表现出较为充足。故在进入3月后，黏胶短纤的价格上涨在宏观经济出现通胀的可能性加大时，则可以判断黏胶短纤价格上涨能够维持一段时间，并最终会转嫁给下游人棉纱线。尽管在2～6月，黏胶短纤价格上涨，人棉纱表现出来的是价格阴跌；但进入7月后，黏胶短纤价格上涨则明显地带动了人棉纱价格向上发力。在发力之前，两者表现出来的是两种截然不同的风格走势，但是最终进入7月后，两者回归到一致性上涨的态势。

同样在2017年7～9月，黏胶短纤与人棉纱市场价格均出现了两个月的盘整，但是，此时的宏观经济并没有与2016年一样，出现多种行业价格上涨，仅仅表现在受环保政策从严的基础化工品、钢铁、煤炭等物资的价格出现上涨；同时，这一时间段内，央行对于资金层面进行从严把控，故最终以黏胶短纤先承受不住自身的资金压力，出现价格下跌，人棉纱紧随其后，出现价格下跌的结局而终结了2015～2017年4月的上涨通道，在2017年9月后，两者进入下跌通道。但是在2017年9月，两者之间的价差一度跌破4000元/吨，在3950～3970元/吨。

综上所述，从黏胶短纤与人棉纱价格走势图，不难得出如下结论：

（1）当黏胶短纤与人棉纱价格差在同一时间段内，出现低于4400～4600元/吨时，需要警惕市场变盘的可能性，当然，在4000元/吨以下的价差时，尤其要注意市场风格变化的可能性。

（2）当黏胶短纤与人棉纱市场价格价差高于4600元/吨时，则可以推断人棉纱工厂盈利较为客观，市场有继续向上的可能性。或者这种情况有可能出现在下跌过程中，那么则意味着黏胶短纤市场价格下跌速度过快，人棉纱市场价格保持平稳，那么此时需要考虑黏胶短纤市场价格的回调性反弹状态出现。

（3）价差小于4000元/吨时，需要结合宏观经济的实际情况，以及黏胶短纤与人棉纱行业的基本面进行分析，得出价格是向上还是向下的可能性。

第六章 棉花、黏胶短纤、涤纶短纤三者运行规律探讨

第一节 棉花、黏胶短纤、涤纶短纤三者运行相互影响关系

一、棉花、黏胶短纤、涤纶短纤三者生产应用关系

棉花、黏胶短纤、涤纶短纤作为纺纱厂最重要的三种原料，在下游产品结构上，经常出现交叉，常见的交叉品种有黏棉混纺纱（C/V）、涤黏混纺纱（T/R）、涤棉混纺纱（T/C、CVC）等。其产品的使用量主要根据每年的服装流行趋势，由品牌服装公司或者服装厂下单至纱厂，纱厂再进行统筹安排生产。同时，纱厂也会根据其资金流现状、三大原料之间的价差以及客户群体，进行每年的产品推介。目前，一般纱厂均可以纺织三种原料的单一纱线或者混纺纱线。人棉纱厂为了避免产品调节过程中容易出现三丝、异纤等问题造成印染过程中出现染色不均或者横纹而导致客户索赔，多数企业只做单一的人棉纱品种，另外还有一种目的是便于生产管理。

黏胶短纤作为较早的替棉纤维，早期的黏胶短纤原料为棉短绒，来源于棉籽上附着的一层棉纤维，经过一系列的物理化学反应后，提取出来的纤维即黏胶纤维。从其被研发出来的那一刻起，就注定了其价格与棉花价格走势存在着某种关联性。在历史上，黏胶短纤与棉花价格在某些特定的时间内，存在着一定的相关性走势，但是，自2010～2011年黏胶短纤与棉花价格出现了30000元/吨以上的价格后，棉花作为战略储备物资，由政府给出指导价格后，棉花与黏胶短纤的价格相关性开始走弱，但是随着2016年棉花收储政策与抛储政策出现改变后，两者又开始出现了一些相关性。

由于2013年以后，黏胶短纤的原料由棉短绒制的棉浆粕为主变成了溶解浆，黏胶短纤不再以替棉纤维为主要属性，加上纺纱工艺的变革，比如涡流纺的出现，以及黏胶短纤在水刺非织造布上的应用，使得其下游应用比棉花要广泛得多，从而使得棉花与黏胶短纤价格虽然在一定程度上出现了相关性的回归，但其走势的一致性已经不如2010年以前来得紧密。

涤纶短纤是由聚酯（即聚对苯二甲酸乙二醇酯，简称PET，由PTA和MEG聚合而成）再纺成丝束切断后得到的纤维。由于聚酯纤维工艺流程较黏胶短纤简单，且生产过程中的吨能耗要远低于黏胶短纤，其产能扩张速度较快。加上聚酯纤维比黏胶短纤易于改性，故其差别化纤维的量远大于黏胶短纤。涤纶短纤的耐磨性仅次于锦纶，在合成纤维中居第二位；吸水

回潮率低，绝缘性能好，但由于吸水性低，摩擦产生的静电大，染色性能较差。因为这些特性，涤纶短纤被纺纱厂作为主要的纺纱原料之一；同时涤纶短纤因为其本身的耐磨性、吸水回潮率低等特性，也被广泛用于填充物或者水刺非织造布产业。故其下游产品在某些领域与黏胶短纤有着重叠性。

从上述论断中可以看出，棉花、黏胶短纤、涤纶短纤在实际生产中存在着一定的替代关系，这种替代关系主要来源于：当年的服装流行趋势；一段时间内三者之间的价差；纱厂能够采购到原料的难易程度；纱厂自身的现金流状况。

二、2006～2017年棉花供需及价格走势探讨

棉花价格的走势，主要受制于五点：棉花全球产量以及中国产量；中储棉的收储与轮储政策；纱厂的使用量；进口棉花的价格与量；国际棉花市场价格走势。当然，棉花作为纺织品中最传统的原料之一，还有其他因素如人民币汇率、国家宏观调控、纺织品出口景气度等影响棉花价格走势，但这些因素与前四种因素相比，随机性较强，不具备框架分析的稳定性，故不做探讨，有兴趣可以参考本书后面对于黏胶短纤相关分析。

（一）2006～2017年中国棉花供需现状

纵观2006～2017年我国棉花的国内消费量，不难看出，在2006～2011年，我国棉花消耗量基本保持在800万吨以上；在2012～2017年，我国棉花的消费量在600～800万吨。前5年与后6年相比，两者之间的棉花消耗量约减少150万吨。这150万吨的消耗减少，主要是由于黏胶短纤与涤纶短纤产能扩容导致产量上升所致。同时也表明，化纤的产能发展对棉花的消耗替代性比较大。

从2006～2017年的期末库存情况看，在2013～2015年，我国的棉花库存量相对来说较大，超过1000万吨，这主要是受当年的收储政策影响，以及当年的纺织行业不景气所致。由于纺织市场的不景气，导致棉花价格在这三年由于收储价格偏高，脱离市场供需体系的价格原理，致使纺织企业在这三年的生产中，在原料采购过程中，主动回避价格较高的棉花。这一点可以从这三年的棉花消耗量看出，在整个2006～2017年中国棉花总消费量数据中，只有2013～2015年这三年棉花的总消费量在650万吨以下，即607万～642万吨。

上述数据充分体现了棉花本身仍是市场市的供需体系。如果棉花走的是政策市，那么即使价格再高的棉花，因为政策的影响，下游纺织企业也得接受高价位的棉花，从而保持棉花的消耗量。但从数据来看，市场显然没有接受高价位的棉花，而是在这几年棉花价位较高的时候，在原料选择上，转向了价格相对低廉的黏胶纤维以及其他合成纤维类产品。表6-1所示为2006～2017年中国棉花供需现状。

表6-1　2006～2017年中国棉花供需现状

年份	期初库存（万吨）	期末库存（万吨）	总消费量（万吨）	国内消费量（万吨）	总供给量（万吨）	年末库存/消费量（万吨）
2006	399.10	347.20	991.20	987.70	1338.40	35.00
2007	365.30	356.00	987.00	984.90	1343.00	36.10

续表

年份	期初库存（万吨）	期末库存（万吨）	总消费量（万吨）	国内消费量（万吨）	总供给量（万吨）	年末库存/消费量（万吨）
2008	332.10	454.20	801.00	799.50	1255.20	56.70
2009	358.50	378.00	902.00	901.00	1280.00	41.90
2010	268.80	260.70	890.00	889.00	1150.70	29.30
2011	208.70	549.00	840.00	839.00	1389.00	65.40
2012	681.10	815.60	734.00	742.00	1558.60	109.80
2013	960.70	1033.30	606.60	625.60	1659.90	164.90
2014	1210.90	1073.40	642.00	641.00	1715.40	167.20
2015	1292.00	978.00	616.90	615.40	1594.90	158.50
2016	1127.00	715.40	769.20	768.00	1484.70	93.00
2017	1063.00	533.70	711.50	710.00	1245.40	75.00

从2006～2017年我国棉花总供给量看，我国每年的棉花供给量相对来说，均比较充足，不存在实际操作中，部分媒体以及市场人士所说的棉花不够用的现象。但是，由于棉花属于农产品，有生产周期，且周期较长。而纺织企业对于棉花的需求也存在淡季与旺季的现象。棉花基本在每年的9～11月进行采收，但纺织企业对于棉花的需求，则是常年存在的。这就引出了棉花如何进行存储的问题。

在棉花存储问题上，我国以中储棉为主，纺织企业以及贸易商存储为辅。纺织企业以及贸易商，基本属于企业法人性质，而且现在的纺织企业以及贸易商多以民营企业为主体，资金链相对来说有限，故我国的棉花存储主要落在中储棉公司。2016年，经过改制后，中储棉公司并入中粮集团。随着央企改革的步伐加快，中储棉对于棉花的收储政策也在不断调整。由之前独立央企时期的一味收储政策调整为根据市场的需求，将棉花的收储与抛储根据市场的实际需求，对棉花的储备量进行有机调节。从表6–1的数据可以看出，2015年后，中储棉对收储政策进行一系列调节后，我国棉花的总供给量处于不断降库存过程。而在这一过程中，棉花的价格也随着其供给量的变化起伏不定。

（二）2006～2017年我国棉花价格走势

2006～2017年我国棉花价格走势大致分为三个阶段，第一阶段为2006～2008年，属于前一周期的右半侧行情；2008～2016年，为一个完整的棉花价格变化周期（谷底—峰顶—谷底）；2016年之后，棉花价格进入新周期的左半侧上涨阶段行情。

以15000元/吨为牛熊两市的分水岭，则可以明显看出，2006～2008年棉花价格处于熊市状态。对应于上述的当年我国的国内棉花消费量以及总供给量不难发现，这三年间，我国的棉花处于出库存状态，棉花的消费量以及总供给量均处于相对高位。2008年，受全球金融危机影响，我国的棉花使用量由2007年的984.9万吨下降至799.5万吨，下降幅度为18.83%。导致在使用量下降的过程中，由于供给量没有明显减少，造成了供大于求的局面，最终致使2008年我国的棉花价格在10300元/吨左右。

2008年后期至2009年第一季度，我国政府为了应对金融危机对我国经济的不良影响，推行了一系列促进经济发展的政策，比如进一步扩大内需，促进经济平稳较快增长等十项措施，当时匡算的资金约在4万亿元人民币，这也就是后来被世人以讹传讹的“4万亿计划”。由于短时间内发行货币较多，致使许多大宗商品在2009～2010年出现了价格上涨。棉花就在这段时间内创造了历史上的高位价格，约33000元/吨；期货主力合约价格一度到达过36000元/吨以上。由于棉花价格上涨速度过快，市场上的投机氛围越发浓重，严重影响了市场运行秩序。在这种情况下，中储棉公司以及中国棉花协会联合发文，并开始抛储，以平抑已经疯狂的市场。

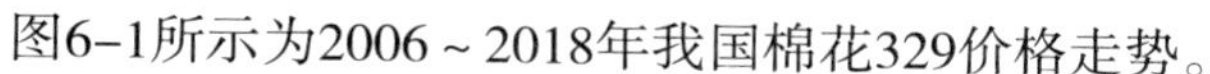
图6-1所示为2006～2018年我国棉花329价格走势。

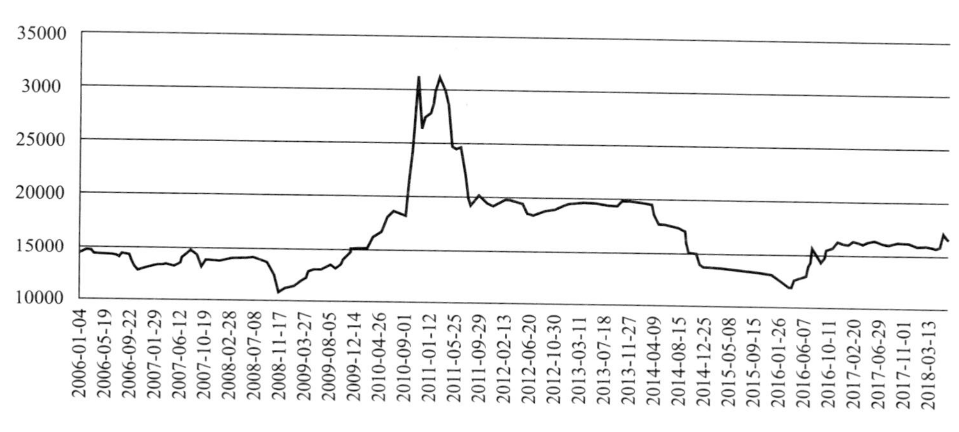

图6-1　2006～2018年我国棉花329价格走势（元/吨）

在一系列的政策组合拳之下，棉花的投机氛围开始衰减，市场价格在2011年下半年基本由原先33000元/吨的高价位跌到20000元/吨附近。暴涨暴跌，让很多棉农、贸易商以及纺织企业老板对棉花产业开始绝望，市场上的投机者也逐步退出棉花市场，棉花价格开始朝20000元/吨以下运行。在这个时候，中储棉公司开始进行收储，2011年，中储棉公司的收储价格为19800元/吨，由于这一政策一直持续至2014年，故在这段时间内，从棉花价格的走势看，棉花市场价格由于收储政策的影响，价格基本保持在这一水平附近。虽然价格维持相对高位，但是整个棉花市场人气较为低迷。以致当时有人用“有价无市”四个字来形容这一阶段的棉花市场。

2014年，在中储棉公司收储的基础之上，棉花政策加入了直补政策。这个政策出台的初衷在于棉花市场人气涣散，所以，必须要让棉花价格逐步与国际棉花价格靠拢，如果与国际棉花价格靠拢，也就意味着我国的棉花将出现一次较大的跌幅，棉花价格下跌，势必会影响棉农种植棉花的积极性，最终，发改委出台了直接补贴棉农的政策，以兼顾市场与棉农的双重利益。贴补政策出台之初，市场开始有所反应，价格曾经一度出现过小幅回升的现象。但当年的国际棉花价格相对低迷，最终棉花价格在当年的9月上市后，出现了价格下跌，直接由19000元/吨附近跌至13600元/吨附近。随后整个2015年，价格一直在13000元/吨附近徘徊。

2016年，中储棉开始对前期收储的棉花进行轮储，而这一年，也是供给侧结构性改革的元年，由于市场对于供给侧结构性改革的误读以及误解，只关注了供给侧改革、去落后产能等关键词，忘却了结构性，使得市场在年初的时候出现了误判，棉花价格一度在期货上被打压至9800元/吨附近。但随后随着大家对于供给侧结构性改革的感悟逐渐深刻，并且看到了下游纺织厂对于棉花价格的认同度增加，加上抛储的过程中由于执行的是“一包一检”政策导致了棉花在抛储过程中量的供应不足，市场上对于棉花的博弈热情度开始上升，同时投机商再次盯上棉花，棉花开始由9800元/吨逐步抬升，从2016年下半年开始，棉花的市场价格基本稳定在14000～15500元/吨，这种价格区间，一直持续至2018年。

三、涤纶短纤市场格局简介

近几年，涤纶短纤产能增速较为缓慢，2017 年无新增产能释放。但2018年在恒逸装置搬迁之后又新增18万吨生产线。不过2018年涤纶短纤市场需求提升，特别是下半年，涤纶短纤需求更是表现强劲，令部分工厂在 2018 年以及之后有新增投产的意向。

图6-2所示为2007～2017年中国涤纶短纤产能增长情况。

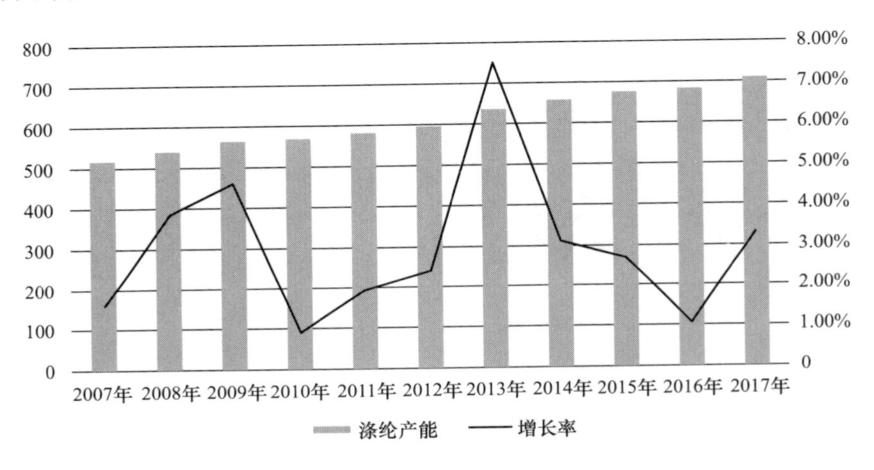

图6-2　2007～2017年中国涤纶短纤产能增长情况（万吨）

2017年，上海恒逸原处于上海的60万吨老切片装置搬迁至萧山，加上原先后配的短纤生产线（12万吨），另新增18万吨短纤后纺线。全年涤纶短纤行业产能697万吨，较2016年的679万吨产能增加18万吨。其中较长时间停车但计算在总产能内的装置包括翔盛20万吨（2014年9月中旬停车）、远东 20 万吨（2015年3月末停车）、山东华鸿12万吨（2016年3月末停车）、山东万杰20万吨（2017年6月初停车），其余长时间停车装置暂不算在总产能内。近年中国涤纶短纤产能变化情况如表6-2所示。

表6-2　中国主要涤纶短纤生产厂家产能

地区	公司名称	产能（万吨/年）
江苏	三房巷	80
江苏	华西村	30
江苏	华宏	50

续表

地区	公司名称	产能（万吨/年）
江苏	常盛（倪家巷）	12
江苏	仪征	80
江苏	江南（新苏）	20
江苏	德赛	20
江苏	翔盛集团（宿迁）	20
江苏	南京午和	4
江苏	天富龙	8
浙江	恒逸上海	30
浙江	远东	30
浙江	康鑫	16
浙江	振亚东华	6
浙江	宁波大发	6
浙江	华星	5
福建	金纶	45
福建	翔鹭	20
福建	经纬	25
福建	锦兴	21
福建	山力	20
上海	上海远纺	12
上海	上海石化	15
四川	四川汇维仕	15
安徽	滁州安邦	20
河南	洛阳石化	10
河南	洛阳实华	15
天津	天津石化	10
山东	华鸿化纤	12
山东	淄博万杰	20
其他		20
总计		697

2006～2017年，我国涤纶短纤市场价格运行区间在6000～19600元/吨。其中2009～2016年，涤纶短纤市场经历过一次完整的运行周期（谷—峰—谷），其价格运行区间为6000～19600元/吨。在这个完整运行周期内，涤纶短纤的产能产量均处于扩张状态，市场的动因基本与棉花运行周期保持一致。唯一不同点在于：2012～2014年运行趋势不一样。这主要是因为2013～2014年，原油的市场变化较大，PTA、PX等价格波动也较大，最终导致涤纶短纤原料价格波动加大，影响其成本。尽管在同期内，整个纺织品市场景气度不高，但涤纶短纤仍走出一波独特的价格运行。其具体表现为，2012～2014年棉花价格处于横盘状态，但涤纶短纤价格仍在相对高位进行震动运行。2015年后，随着供给侧结构性改革的政策推广，下游纱厂落后产能遭到淘汰，或者一些纱厂由纺制涤纶短纤纱转变为纺棉纱或者人棉纱。涤纶短纤因为供给端出现供大于求的格局，价格开始回落至8000元/吨以下，最低谷价格出现在2015年底2016年初。随后，供给侧结构性改革政策在涤纶短纤领域也开始推行。涤纶短纤市场价格开始由低谷逐步震荡企稳，并开始发力上行。

总体来说，涤纶短纤的市场价格走势，主要取决于以下几点：原油价格走势；行业内的开工率；下游纺纱企业的开工情况；涤纶行业的库存情况。

图6-3所示为2006～2017年涤纶短纤价格走势。

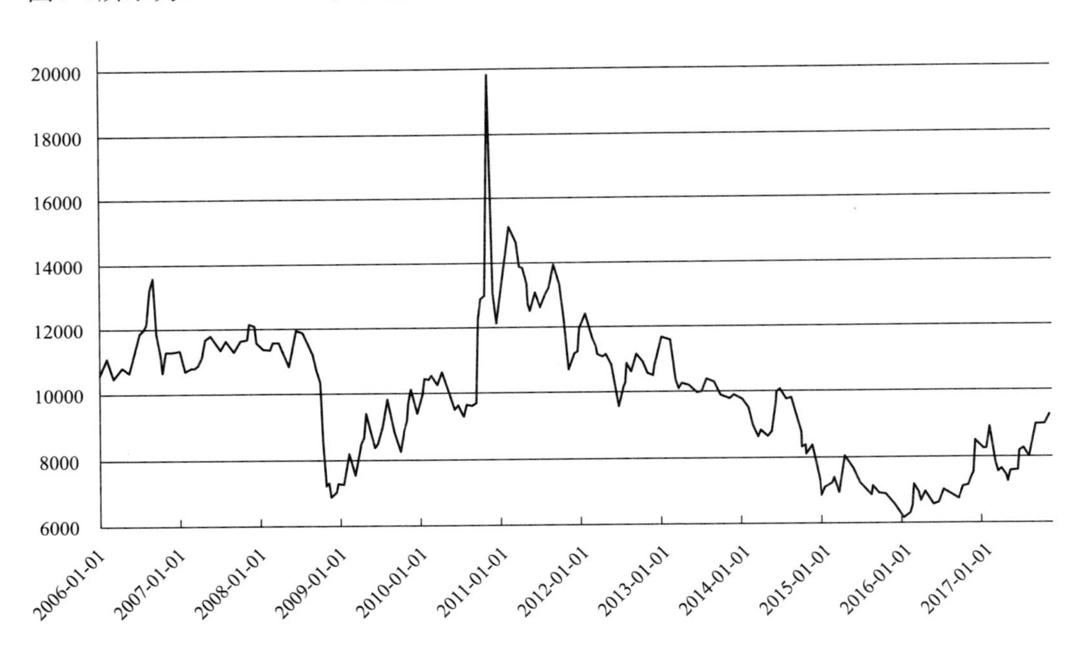

图6-3　2006～2017年涤纶短纤价格走势图（元/吨）

四、黏胶短纤、棉花及涤纶短纤三者市场价格互动关系

因黏胶短纤、棉花、涤纶短纤的下游应用领域有一定的重叠性，因此，黏胶短纤与其有着一定的产品替代性，终端消费市场会根据各类产品的优势与价格等因素来考虑其使用的比例。黏胶短纤的价格对棉花与涤纶短纤价格也有着一定的影响。表6-3所示为2013～2017年棉花、涤纶短纤和黏胶短纤价格关系。

表6-3　2013～2017年棉花、涤纶短纤、黏胶短纤价格关系表

年份	棉花均价（元/吨）	涤纶短纤均价（元/吨）	黏胶短纤均价（元/吨）	棉涤系数	棉黏系数	涤黏系数
2013年	19362	10316	13415	0.47	0.31	0.23
2014年	17100	9020	11966	0.47	0.30	0.25
2015年	13232	7128	12888	0.46	0.03	0.45
2016年	13716	6912	14558	0.50	−0.06	0.53
2017年	15927	8283	15766	0.48	0.01	0.47

2017年黏胶短纤与涤纶短纤的价差在5450～9550元/吨，平均价差在7483元/吨，较去年略微增大。两者相关系数为0.47，较 2016年相关性有所降低。

从整体上看，2017年涤纶短纤与棉花、黏胶短纤的相关性方面：棉花价格在2017年内的变化幅度非常微小，由于近几年期货商品整体价格上扬，而棉花价格跟随上涨并维持在16000元/吨附近徘徊，并且棉花与涤纶短纤之间存在着一定的替代性因素，也是支撑了涤纶短纤价格具有一定抗跌性的原因之一；黏胶短纤受环保因素与强劲需求的影响价格一度超过棉花，但其过高的价格令其后期在终端的占有率有所降低，也是助推涤纶短纤需求与价格上升的其中一个因素；再生涤纶短纤年内差价波动较大，特别是在2017年下半年国家环境保护部、商务部、发展改革委、海关总署、质检总局对现行的《禁止进口固体废物目录》《限制进口类可用作原料的固体废物目录》和《非限制进口类可用作原料的固体废物目录》进行了调整和修订：将来自生活源的废塑料（8个品种）、未经分拣的废纸（1个品种）、废纺织原料（11个品种）、钒渣（4个品种）4类24种固体废物，从《限制进口类可用作原料的固体废物目录》调整列入《禁止进口固体废物目录》，其中废PET被列入其中，加之各类环保因素的影响，令再生涤纶短纤价格大幅拉涨并且价高货少，与原生涤纶短纤价差拉近至最低 200 元/吨附近，下游部分原本生产放大化产品的厂家转向采取原生涤纶短纤为原料生产产品，令原生涤纶短纤的需求大幅上抬，价格也同样大幅拉涨。因此在 2017 年间，原生涤纶短纤一度成为聚酯产品中利润极高的产品之一，无论是在价格或者是数量上都占有一定的优势。

第二节　2009～2010年棉花、涤纶短纤、黏胶短纤价格联动始末

从事纺织行业的人都知道，2009年下半年至2010年，这一年半时间属于纺织原料市场的“大年”。至今，在2000年以后入行的人，基本对这轮行情记忆犹新。主要是因为这一年半的时间，纺织原料市场走出了历年价格的新高，棉花价格最高涨至33000～36000元/吨；黏胶短纤价格最高涨至32500元/吨；涤纶短纤价格最高涨至19800元/吨。在这一轮行情中，棉花、涤纶短纤、黏胶短纤表现出较好的价格联动性，故将这段经典案例整理出来以作为今后市场再有相似情况之时的参考。

一、2009年山东老王致富史

2009年，仅一个多月的时间，棉花市场成交价格就从9月初的18000元/吨上升至10月的25000元/吨，暴涨近四成。即使是如此高价的棉花，也未必有钱就能买到。

山东的一位“炒客”老王表示：“每家棉纺厂都知道，今年的棉花很难搞到，而且价格高，棉花的品质也很难达到质量要求，纺纱成本肯定会受影响。企业会重新考虑出路。怎么生存？纺什么品种更赚钱？很多人会想到涤纶短纤。当大家蜂拥进入涤纶短纤市场的时候，涤纶短纤原料就会紧缺，价格自然会涨上来。”

2009年上半年，山东老王以13800元/吨的价格入手了5000吨新疆棉。后来棉价不断走高，超过20000元/吨，他赚了个盆满钵满。积累了大量的“炒客”经验后，他估计今年的棉花将经历暴涨、平稳到最后下跌的过程。

“今年的自然灾害造成棉花减产了 20%~30%，国储棉花不足，而且棉花质量不好，再炒棉花风险重重、危机多多，反而是涤纶短纤有良机。”山东老王盘算着。

涤纶短纤在一个月前，价格到达低点，是个前所未有的机会，山东老王趁机进入。他以每吨8900～9000元的价格分批购进2000吨涤纶短纤。“我是在低位购进的，是个机会。”近一个月来，涤纶短纤价格不断走高。目前每吨涤纶短纤已经涨了2000多元。囤积2000吨涤纶短纤不是山东老王的最终目标，他的目标是存储4000吨，因此他还在不断进货。

“现在已涨到11000元/吨，涨到12500元/吨我就开仓。到那时，我每吨可以赚3000多元。”山东老王说。

眼下，山东老王进购了大量涤纶短纤原料后，除了卖掉部分原料赚取差价，还决定自己开工生产涤纶短纤产品。山东老王可以生产4万锭涤纶短纤产品CVC纱和T/C纱。改造之后，产能将达到6万～7万锭。

“大部分人还在炒棉花，目前大资金并没有关注涤纶短纤这个品种。参与炒涤纶短纤的人还是少数。我比别人先走了一步。”山东老王如是说，他对自己2009年的投资行动很满意：“今年会有一个不错的收成，至少能赚上 1000 万元。仅涤纶短纤一项，目前就已赚到400 万元。”

二、2010年纺织原料与期货、证券市场联动

因气候及种植面积减少引发减产预期，进入 2010 棉花年度，棉花价格大幅快速上涨，籽棉收购价格、抛储成交价格、期现货价格、棉纱价格等在短短一个半月时间内，上涨幅度达到20%～40%，屡创历史新高。

棉花价格暴涨，推动棉花替代品涤纶短纤需求提升、价格上涨，受此因素影响，10月11日实施中期每10股送7股分红后，作为两市涤纶短纤上市公司中最为主要受益公司之一的华西村展开了强劲的填权行情，11～20日，连续 8 个交易日上涨，20日仍低开高走，8日累计最大涨幅达39.30%。

不过，业内人士指出，当前虽有供给不足作为基本面因素，但不足以支撑棉价如此暴涨，投机炒作亦占很大比重，随着气候的好转以及国家的调控，棉花价格上涨的基础正在弱化。19日晚间，央行时隔三年后再次宣布加息，这一流动性紧缩信号或对游资的动向产生较

大影响，一旦游资撤离，配合化解减产预期的政策调控，则棉花价格上涨或暂缓。

而在下游产业层面，用棉大户主要为产品售价较高的家纺行业，棉花供给减少对服装行业的影响不大，因此，单纯从产业角度来看，涤纶短纤等棉花替代品享受的替代收益或低于预期。

2008年金融危机以来，棉花价格起伏剧烈。2008年11月，郑州期货交易所的棉花期货最低跌至10180元/吨；其后，随着全球经济的逐渐复苏，攀升到13000元/吨的平台位置；2009年9月需求进一步明确后，棉花期货价格上涨至16000元/吨以上水平，并维持至2009年8月。

整个7月，棉花价格还只是缓慢往上走，到7月底8月初，国内棉花减产的预期渐趋强烈，价格上涨速度加快，不过，现货价格仍高于期货价格。受累于2008年的棉价低迷等原因，国内棉农种植信心受挫，种植面积减少。年种植面积8000万亩是国内用棉安全警戒线，但2010年国内种植面积只有7000万～7400万亩，比起2009年没有增长，而国内目前的单产水平已经处于全球前列，单产提升空间十分有限，这造成了棉花减产的预期。资料显示，2009年我国的棉花产量是640万吨，比2008年减产110万吨，下降幅度近15%。

进入2010年9月，国内棉花主要产区提前入冬，雨雪较多。秋高气爽时节收获的棉花质量有保证，而雨雪天气不仅直接影响了棉花的品质，也极大地影响了棉花的收获，进度向后推，部分棉花可能烂在地里。与此同时，国内棉花用量有30%依赖进口，但今年国际棉花产量也未见明显增长。

在减产预期较为明确，而需求不会下降的背景下，江浙等地区的游资开始涌入新疆等棉花主产区。供求失衡预期及资金推动直接催生了2009年9月以来棉花期货及现货价格的暴涨。郑交所棉花期货报价由9月1日的17550元/吨的最低价上涨至10月14日最高的26425 元/吨，最大涨幅达50.56%，每吨价格超过2008年最高点近万元。10月18日，中国棉花1 级到厂价为25577元/吨，2级为24946元/吨，3级为24256元/吨，4级为23724元/吨，5级22335元/吨，较9月1日价格涨幅均接近 40%。

“我们前期看到26000元/吨，由于家纺等行业刚性需求的存在以及资金的推动，我们认为棉花价格仍将维持高位，年内可能难以回落，”当时股票与期货市场均存在这种言论，基于棉花供不足需，尽管国家政策调控的预期在逐渐增强，但国家的政策远水解不了近渴，棉花上涨动能暂未衰竭。

棉花价格上涨导致相关棉花上市公司表现抢眼。皮棉收入占比超过 50%的新赛股份（600540.SH）是目前业绩受棉花价格波动影响最大的棉花生产上市公司，该公司股价受棉花涨价带动，9月底以来的最大涨幅超过了 30%。而皮棉收入占比均在 20%左右的新农开发（600359.SH）、冠农股份（600251.SH）、敦煌种业（00354.SH）国庆节后也曾出现连续拉升，连棉花收入占比只有3.74%的鲁泰 A（000726.SZ）也涨势喜人。但有券商研究表示，由于气候等原因造成棉花质量的下降是本次棉价减产预期中暴露的最主要问题，这将在一定程度上对棉花种植企业造成不利影响。

随着棉花价格的上涨，当前棉花企业收购谨慎，停收观望企业数量不断增加。纺织企业则对价格居高不下且回潮率较大的新加工皮棉难以接受，市场成交不旺。尽管纱线价格跟涨，但销售形势并未跟上，越来越多的中小型纺织企业出现减、停产现象。

棉花价格暴涨对纺织企业造成的冲击，使得业内开始把目光转向替代品。棉花、黏胶和涤纶短纤通过混纺生产混纺纱，在一定范围内可相互替代，纺织企业根据客户需求及性价比优势调整使用比例，因而三者之间具有一定的替代关系。棉花价格的上涨，将会推动涤纶短纤、黏胶短纤产品用量的增长。

但黏胶短纤原料来自于棉籽提取棉花后剩下的那部分棉籽上黏附着的短绒，即棉短绒，因此黏胶价格受到棉花的影响较大，黏胶短纤企业面临成本上涨压力；而涤纶短纤生产主要原料 PTA、乙二醇产品为石油化工产品，价格受原油价格影响较大，在目前原油价格相对稳定、不出现大幅上涨条件下，涤纶短纤成本压力不大。因此，本次棉价上涨受益最明显的替代者是涤纶短纤，且其具备明显的价格优势。自2008年下半年以来，伴随着棉花价格的持续上涨，黏胶短纤价格也随着上涨，涤纶短纤和棉花、黏胶短纤之间的价差扩大。目前棉花与涤纶短纤的价差已超过10000元/吨，达到2002年以来的高点。

2003～2009年国内涤纶短纤/棉花表观消费量与棉花涤纶短纤价差呈现正相关关系，数据印证了替代关系。当时有人预测“保守预计涤纶短纤替代比例上浮5%，涤纶短纤产量将同比增长18%”。

而事实上，棉价上涨已经推动了涤纶短纤价格上涨，华西村在一次报告中，曾经提出：“2010年7、8月份公司涤纶短纤价格在7000～8000元/吨，受棉价上涨的推动，9月开始缓慢上涨，到10月15日，已经上涨到12000元/吨左右，而公司原材料成本在此期间相对稳定。”“如果棉花价格继续强势，将继续推动涤纶短纤价格上涨。”

此外，涤纶开工率一路上行。涤纶2009年1月产量在130万吨左右，而2010年8月产量在225万吨，单月产量创出历史新高，涤纶短纤迎来量价齐升。

值得注意的是，此次黏胶短纤也迎来量价齐升，但与涤纶短纤不同的是，黏胶短纤的成本上升同样明显。当时有证券公司公告称，棉价上涨对公司“好处有，但产品售价上涨的同时原料也在涨价，两者对冲，影响偏一般化。”

“华西村是受益棉花涨价弹性最大的品种，”在其当年的中报（即公司半年报）显示，华西村合计拥有20万吨涤纶短纤、10万吨聚酯切片产能。今年上半年，纺织涤纶短纤业营业收入占据华西村主营业务收入的74.75%，其中涤纶短纤实现营业收入4.87亿元，占比38.29%。

受近期棉花价格大幅上涨影响，部分棉纱企业开始提高涤纶短纤使用比例，华西村涤纶短纤单吨毛利从此前的500元上涨至2000～2500元/吨，聚酯切片单吨毛利也在1200～1500元/吨，年化公司涤纶短纤及聚酯切片业务毛利为5.5亿～6亿元。华西村涤纶短纤开工率已经由上半年的75%提升至100%，近期涤纶短纤上涨2000元/吨，对应吨毛利2100元，产品每上涨1000元/吨，EPS增厚0.15元，预计公司2010～2012年的EPS分别为0.21、0.41和0.43元。

除了华西村，国内最大的现代化涤纶短纤和涤纶短纤原料生产基地之一的S仪化（600871.SH）同样获益匪浅，公司9月30日以来的最大涨幅达23.62%。涤纶产品收入占比不足20%的江南高纤（600527.SH）表现稍显逊色，股价短期冲高后即回落。

而黏胶短纤上市公司澳洋科技、新乡涤纶短纤、山东海龙、吉林涤纶短纤、南京涤纶短纤等，虽然也有上涨，且部分券商也将其作为受益个股推荐，但黏胶短纤与涤纶短纤各自不同的替代作用仍未能混淆过关，市场在短暂的追涨后迅速冷静，股价相应大幅回落到上涨前水平。

至此，不难看出，当年的棉花价格上涨，导致了涤纶短纤以及黏胶短纤价格上涨，同时因为价格上涨使得涉及这些产业的相关上市公司的股票也被证券公司热推。最终出现了“棉花—涤纶短纤—黏胶短纤”价格与相关上市公司的股票价格联动，从而引发纺织原料开始逐步走向金融化的步伐。同时，由于棉花价格的暴涨，政府相关部门开始介入其中，而且当年的棉花产量数据公报也比往年来得早。政府相关部门的介入，目的在于稳住棉花价格，抑制其暴涨。

从政策上看，国储棉在新棉上市后，仍进行了多轮的轮储，同时，在10月中旬，中国棉花协会也召开形势会商会，提醒业内骨干企业绝不要参与恶意炒作、哄抬价格。

2010年10月14 日，国家发改委召开棉花宏观调控联席会议，强调各部门联合出手，整顿市场秩序，严厉打击恶意炒作等扰乱市场秩序的行为。最终在2010年10月19日晚间的加息开始吹响游资退潮的号角，市场投机氛围才开始逐步减低。

但是，由于当年调控过于偏激，市场投机氛围出现了坍塌式的降温，并且，引发2011年纺织原料价格崩塌，形成了长达3～4年的纺织原料价格下跌周期。

第三篇

宏观经济对黏胶短纤市场运行的影响

第七章 宏观政策简介

第一节 央行货币政策简介

一、货币政策简介

货币政策（Monetary Policy）由中央银行执行，它影响货币供给。通过中央银行调节货币供应量，影响利息率及经济中的信贷供应程度来间接影响总需求，以达到总需求与总供给趋于理想的均衡的一系列措施。

货币政策调节的对象是货币供应量，即全社会总的购买力，具体表现形式为：流通中的现金和个人、企事业单位在银行的存款。流通中的现金与消费物价水平变动密切相关，是最活跃的货币，一直是中央银行关注和调节的重要目标。

货币政策的实质是国家对货币的供应根据不同时期的经济发展情况而采取“紧”“松”或“适度”等不同的政策趋向。运用各种工具调节货币供应量来调节市场利率，通过市场利率的变化来影响民间的资本投资，影响总需求来影响宏观经济运行的各种方针措施。调节总需求的货币政策的三大工具为法定准备金率、公开市场业务和贴现政策。

货币政策工具是由央行掌控的，用以调节基础货币、银行储备、货币供给量、利率、汇率以及金融机构的信贷活动，以实现其政策目标的各种经济和行政手段。主要措施有七个方面：控制货币发行；控制和调节对政府的贷款；推行公开市场业务；改变存款准备金率；调整再贴现率；选择性信用管制；直接信用管制。

二、货币政策工具

央行可用货币政策工具不是唯一的，而是多种工具综合组成的工具体系，每一种工具各有其优点和局限，央行通过货币政策工具的选择和组合使用来实现其宏观调控的目标。货币政策工具体系可以分为主要的一般性政策工具、选择性政策工具和补充性政策工具等。

（一）一般性政策

1. **法定存款准备金率政策**（reserve requirement ratio）

法定存款准备金率是指存款货币银行按法律规定存放在中央银行的存款与其吸收存款的比率。法定存款准备金率政策的真实效用体现在它对存款货币银行的信用扩张能力、对货币乘数的调节。由于存款货币银行的信用扩张能力与中央银行投放的基础货币存在乘数关系，而乘数的大小与法定存款准备金率成反比。因此，若中央银行采取紧缩政策，中央银行提高法定存款准备金率，则限制了存款货币银行的信用扩张能力，降低了货币乘数，最终起到收缩货币供应量和信贷量的效果，反之亦然。

但是，法定存款准备金率政策存在三个缺陷：当中央银行调整法定存款准备金率时，存款货币银行可以变动其在中央银行的超额存款准备金，从反方向抵消法定存款准备金率政策的作用；法定存款准备金率对货币乘数的影响很大，作用力度很强，往往被当作一剂“猛药”；调整法定存款准备金率对货币供应量和信贷量的影响要通过存款货币银行的辗转存、贷，逐级递推而实现，成效较慢、时滞较长。因此，法定存款准备金率政策往往是作为货币政策的一种自动稳定机制，而不将其当作适时调整的经常性政策工具来使用。

2. **再贴现政策**（rediscount rate）

再贴现是指存款货币银行持客户贴现的商业票据向中央银行请求贴现，以取得中央银行的信用支持。就广义而言，再贴现政策并不单纯指中央银行的再贴现业务，也包括中央银行向存款货币银行提供的其他放款业务。

再贴现政策的基本内容是中央银行根据政策需要调整再贴现率（包括中央银行掌握的其他基准利率，如其对存款货币银行的贷款利率等），当中央银行提高再贴现率时，存款货币银行借入资金的成本上升，基础货币得到收缩，反之亦然。与法定存款准备金率工具相比，再贴现工具的弹性相对要大一些、作用力度相对要缓和一些。但是，再贴现政策的主动权却操纵在存款货币银行手中，因为向中央银行请求贴现票据以取得信用支持，仅是存款货币银行融通资金的途径之一，存款货币银行还有其他的诸如出售证券、发行存单等融资方式。因此，中央银行的再贴现政策是否能够获得预期效果，还取决于存款货币银行是否采取主动配合的态度。

3. **公开市场业务**（open market operation）

中央银行公开买卖债券等的业务活动即为中央银行的公开市场业务。中央银行在公开市场开展证券交易活动，其目的在于调控基础货币，进而影响货币供应量和市场利率。公开市场业务是比较灵活的金融调控工具。

（二）选择性货币政策工具

传统的三大货币政策都属于对货币总量的调节，以影响整个宏观经济。在这些一般性政策工具以外，还可以有选择地对某些特殊领域的信用加以调节和影响。其中包括消费者信用控制、证券市场信用控制等。

消费者信用控制是指中央银行对不动产以外的各种耐用消费品的销售融资予以控制。主要内容包括规定分期付款购买耐用消费品的首付最低金额、还款最长期限、使用的耐用消费品种类等。

证券市场信用控制是中央银行对有关证券交易的各种贷款进行限制，目的在于限制过度投机。比如，可以规定一定比例的证券保证金，并随时根据证券市场状况进行调整。

（三）补充性货币政策

直接信用控制是指中央银行以行政命令或其他方式，从质和量两个方面，直接对金融机构尤其是存款货币银行的信用活动进行控制。其手段包括利率最高和最低限制、信用配额、流动比率和直接干预等。其中，规定存贷款最高和最低利率限制，是最常使用的直接信用管制工具，如1980年以前美国的Q条例。

间接信用指导是指中央银行通过道义劝告、窗口指导等办法间接影响存款货币银行的信用创造。

道义劝告是指中央银行利用其声望和地位，对存款货币银行及其他金融机构经常发出通告或指示，或与各金融机构负责人面谈，劝告其遵守政府政策并自动采取贯彻政策的相应措施。

窗口指导是指中央银行根据产业行情、物价趋势和金融市场动向等经济运行中出现的新情况和新问题，对存款货币银行提出信贷的增减建议。若存款货币银行不接受，中央银行将采取必要的措施，如可以减少其贷款的额度，甚至采取停止提供信用等制裁措施。窗口指导虽然没有法律约束力，但影响力往往比较大。

间接信用指导的优点是较为灵活，但是要起作用，必须是中央银行在金融体系中有较高的地位，并拥有控制信用的足够的法律权利和手段。

三、货币政策目标

货币政策目标，并非一个孤立的目标，而是由操作目标、中介目标和最终目标这三个渐进层次组成的相互联系的有机整体。

（一）操作目标

各国中央银行通常采用的操作目标主要有短期利率、商业银行的存款准备金、基础货币等。

1. 短期利率

短期利率通常指市场利率，即能够反映市场资金供求状况、变动灵活的利率。它是影响社会的货币需求与货币供给、银行信贷总量的一个重要指标，也是中央银行用以控制货币供应量、调节市场货币供求、实现货币政策目标的一个重要的政策性指标。作为操作目标，中央银行通常只能选用其中一种利率。

过去美国联储主要采用国库券利率、银行同业拆借利率。英国的情况较特殊，英格兰银行的长、短期利率均以一组利率为标准，其用作操作目标的短期利率有：隔夜拆借利率、三个月期的银行拆借利率、三个月期的国库券利率；用作中间目标的长期利率有：五年公债利率、十年公债利率、二十年公债利率。

2. 商业银行的存款准备金

中央银行以准备金作为货币政策的操作目标，其主要原因是，无论中央银行运用何种政策工具，都会先行改变商业银行的准备金，然后对中间目标和最终目标产生影响。

因此可以说变动准备金是货币政策传导的必经之路，由于商业银行准备金越少，银行贷款与投资的能力就越大，从而派生存款和货币供应量也就越多。因此，银行准备金减少被认为是货币市场银根放松，准备金增多则意味着市场银根紧缩。

但准备金在准确性方面的缺点有如利率。作为内生变量，准备金与需求负值相关。借贷需求上升，银行体系便减少准备金以扩张信贷；反之，则增加准备金而缩减信贷。作为政策变量，准备金与需求正值相关。中央银行要抑制需求，一定会设法减少商业银行的准备金。因而准备金作为金融指标也有误导中央银行的缺点。

3. 基础货币

基础货币是中央银行经常使用的一个操作指标，也常被称为“强力货币”或“高能货币”。从基础货币的计量范围来看，它是商业银行准备金和流通中通货的总和，包括商业银行在中央银行的存款、银行库存现金、向中央银行借款、社会公众持有的现金等。通货与准备金之间的转换不改变基础货币总量，基础货币的变化来自那些提高或降低基础货币的因素。

中央银行有时还运用“已调整基础货币”这一指标，或者称为扩张的基础货币，它是针对法定准备的变化调整后的基础货币。单凭基础货币总量的变化还无法说明和衡量货币政策，必须对基础货币的内部构成加以考虑。其原因如下。

（1）在基础货币总量不变的条件下，如果法定准备金率下降，银行法定准备减少而超额准备增加，这时的货币政策仍呈扩张性。

（2）若存款从准备比率高的存款机构转到准备比率较低的存款机构，即使中央银行没有降低准备比率，但平均准备比率也会有某种程度的降低，这就必须对基础货币进行调整。

多数学者公认基础货币是较理想的操作目标。因为基础货币是中央银行的负债，中央银行对已发行的现金和它持有的存款准备金都掌握着相当及时的信息，因此，中央银行对基础货币是能够直接控制的。基础货币比银行准备金更为有利，因为它考虑到社会公众的通货持有量，而准备金却忽略了这一重要因素。

（二）中介目标

中央银行在实施货币政策中所运用的政策工具无法直接作用于最终目标，此时需要有一些中间环节来完成政策传导的任务。因此，中央银行在其工具和最终目标之间，插进了两组金融变量，一组叫作操作目标，一组叫作中介目标。

操作目标是央行货币政策工具能直接作用，又与中介目标联系紧密的金融变量，其对货币政策工具反应较为灵敏，有利于央行及时跟踪货币政策效果。

中间目标作为最终目标的监测器，能被央行较为精确地控制，又能较好地预告最终目标可能发生的变动。

建立货币政策的中间目标和操作目标，总的来说，是为了及时测定和控制货币政策的实施程度，使之朝着正确的方向发展，以保证货币政策最终目标的实现。

1. **中介目标的特点**

（1）可测性。指中央银行能够迅速获得中介目标相关指标变化状况和准确的数据资料，并能够对这些数据进行有效分析和作出相应判断。显然，如果没有中介目标，中央银行直接去收集和判断最终目标数据（如价格上涨率和经济增长率）是十分困难的，短期内（如一周或一旬）是不可能有这些数据的。

（2）可控性。指中央银行通过各种货币政策工具的运用，能对中介目标变量进行有效的控制，能在较短时间内（如1～3个月）控制中介目标变量的变动状况及其变动趋势。

（3）相关性。指中央银行所选择的中介目标，必须与货币政策最终目标有密切的相关性，中央银行运用货币政策工具对中介目标进行调控，能够促使货币政策最终目标的实现。

2. **中介目标的主要金融指标**

（1）长期利率。西方传统的货币政策均以利率为中介目标。利率能够作为中央银行货币政策的中间目标，是因为以下三点：

①利率不但能够反映货币与信用的供给状态，而且能够表现供给与需求的相对变化。利率水平趋高被认为是银根紧缩，利率水平趋低则被认为是银根松弛。

②利率属于中央银行影响可及的范围，中央银行能够运用政策工具设法提高或降低利率。

③利率资料易于获得并能够经常汇集。

（2）货币供应量。以弗里德曼为代表的现代货币数量论者认为宜以货币供应量或其变动率为主要中介目标。他们的主要理由是：

①货币供应量的变动能直接影响经济活动。

②货币供应量及其增减变动能够为中央银行所直接控制。

③与货币政策联系最为直接。货币供应量增加，表示货币政策松弛，反之，则表示货币政策紧缩。

④货币供应量作为指标不易将政策性效果与非政策性效果相混淆，因而具有准确性的优点。

但以货币供应量为指标也有几个问题需要考虑：第一，中央银行对货币供应量的控制能力。货币供应量的变动主要取决于基础货币的改变，但还要受其他种种非政策性因素的影响，如现金漏损率、商业银行超额准备比率、定期存款比率等，非中央银行所能完全控制。第二，货币供应量传导的时滞问题。中央银行通过变动准备金以期达到一定的货币量变动率，但此间却存在着较长的时滞。第三，货币供应量与最终目标的关系。对此有些学者尚持怀疑态度。但从衡量的结果来看，货币供应量仍不失为一个性能较为良好的指标。

（3）贷款量。以贷款量作为中间目标，其优点如下：一是与最终目标有密切相关性。流通中现金与存款货币均由贷款引起，中央银行控制了贷款量，也就控制了货币供应量。二

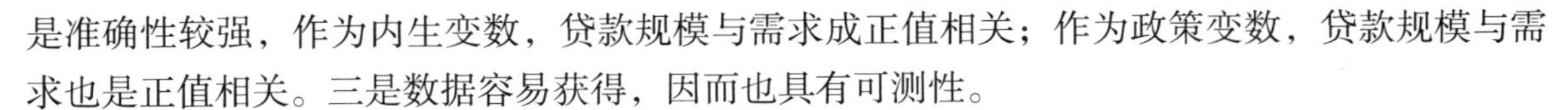

是准确性较强，作为内生变数，贷款规模与需求成正值相关；作为政策变数，贷款规模与需求也是正值相关。三是数据容易获得，因而也具有可测性。

（三）最终目标

1. 稳定物价

稳定物价目标是中央银行货币政策的首要目标，而物价稳定的实质是币值的稳定。稳定物价是一个相对概念，就是要控制通货膨胀，使一般物价水平在短期内不发生急剧的波动。衡量物价稳定与否，从各国的情况看，通常使用的指标有三个：

（1）GNP（国民生产总值）平均指数，它以构成国民生产总值的最终产品和劳务为对象，反映最终产品和劳务的价格变化情况。

（2）消费物价指数，它以消费者日常生活支出为对象，能较准确地反映消费物价水平的变化情况。

（3）批发物价指数，它以批发交易为对象，能较准确地反映大宗批发交易的物价变动情况。需要注意的是，除了通货膨胀以外，还有一些属于正常范围内的因素。

这个限度的确定，各个国家不尽相同，主要取决于各国经济发展情况。另外，传统习惯也有很大的影响。

2. 充分就业

所谓充分就业目标，就是要保持一个较高的、稳定的水平。在充分就业的情况下，凡是有能力并自愿参加工作者，都能在较合理的条件下随时找到适当的工作。

充分就业，是针对所有可利用资源的利用程度而言的。但要测定各种经济资源的利用程度是非常困难的，一般以劳动力的就业程度为基准，即以失业率指标来衡量劳动力的就业程度。

所谓失业率，指社会的失业人数与愿意就业的劳动力之比，失业率的大小，也就代表了社会的充分就业程度。失业，理论上讲，表示了生产资源的一种浪费，失业率越高，对社会经济增长越是不利，因此，各国都力图把失业率降到最低的水平，以实现其经济增长的目标。造成失业的原因主要有：

（1）总需求不足。由于社会总供给大于总需求，使经济社会的各种经济资源（包括劳动力资源）无法得到正常与充分的利用。主要表现为：一是周期性的失业，这是在经济周期中的经济危机与萧条阶段，由于需求不足所造成的失业；二是持续的普遍性的失业，这是真正的失业，它是由一个长期的经济周期或一系列的周期所导致的劳动力需求长期不足的失业。

（2）摩擦性失业。当一个国家某个地区的某一类职业的工人找不到工作，而在另外一些地区却又缺乏这种类型的工人时，就产生了摩擦性失业。

（3）季节性失业。有些行业的工作季节性很强，而各种季节性工作所需要的技术工作又不能相互替代，季节性失业可以设法减少，但无法完全避免。

（4）结构性失业。在动态的经济社会中，平时总有一些人要变换他们的工作，或者换一个职业，或者换一个雇主，有的可能调到其他地区工作，当某项合同到期时也会出现劳动力多余。这些情况中，未找到另一项工作之前，常常会有短暂的失业。

西方经济学认为，除需求不足造成的失业外，其他种种原因造成的失业是不可避免的现象。从经济效率的角度看，保持一定的失业水平是适当的，充分就业目标不意味着失业率等于零。美国多数学者认为4%的失业率即为充分就业，而一些较为保守的学者则认为应将失业率压低到2%～3%。

3．经济增长

所谓经济增长就是指国民生产总值的增长必须保持合理的、较高的速度。各国衡量经济增长的指标一般采用人均实际国民生产总值的年增长率，即用人均名义国民生产总值年增长率剔除物价上涨率后的人均实际国民生产总值年增长率来衡量。政府一般对计划期的实际GNP增长幅度定出指标，用百分比表示，中央银行即以此作为货币政策的目标。

当然，经济的合理增长需要多种因素的配合，最重要的是要增加各种经济资源，如人力、财力、物力，并且要求各种经济资源实现最佳配置。中央银行作为国民经济中的货币主管部门，直接影响其中的财力部分，对资本的供给与配置产生巨大作用。

因此，中央银行以经济增长为目标，指的是中央银行在接受既定目标的前提下，通过其所能操纵的工具对资源的运用加以组合和协调。一般地说，中央银行可以用增加货币供给或降低实际利率水平的办法来促进投资增加；或者通过控制通货膨胀率，以消除其所产生的不确定性和预期效应对投资的影响。

虽然世界上大多数国家的中央银行普遍将经济增长列为货币政策目标之一，但由于它在各国货币政策目标中所处的地位不同，其重要程度不尽相同，就一国而言，在各个历史时期也并不一样。

从美国来看，高度重视经济增长是在20世纪30～50年代，因为当时美国面临第二次世界大战之后的生产严重下降，以及随后出现的50年代初的经济衰退。而自70年代以来，尤其是1981年里根担任总统之后，货币政策目标则以反通货膨胀为重点。

日本在第二次世界大战后也同样提出了发展经济的目标，但那是基于战后的生产极度衰退而言，实际上，在经济增长与稳定物价这两个目标的重点选择上，日本始终以稳定物价为主。

联邦德国由于吸取了两次世界大战之后爆发恶性通货膨胀的惨痛教训，因而虽把经济增长也列入政策目标之一，但在实际执行中宁愿牺牲经济增长来换取货币马克的稳定。不过也有例外，如韩国的货币政策目标曾一度是经济增长为主，稳定物价被置于次要位置。

4．平衡国际收支

根据国际货币基金组织的定义，国际收支是某一时期一国对外经济往来的统计表，它表明：

（1）某一经济体同世界其他地方之间在商品、劳务和收入方面的交易。

（2）该经济体的货币性黄金，特别提款权以及对世界其他地方的债权、债务的所有权等的变化。

（3）从会计意义上讲，为平衡不能相互抵消的上述交易和变化的任何账目所需的无偿转让和对应项目。

就国际收支平衡表上经济交易的性质而言，主要可分为两种：一种是自主性交易，或叫事前交易，它是出于经济上的目的、政治上的考虑以及道义上的动机而自动进行的经济交易，如贸易、援助、赠予、汇兑等；另一种是调节性交易，或叫事后交易，它是为弥补自主性交易的差额而进行的，如获得国际金融机构的短期资金融通、动用本国黄金储备、外汇储备以弥补差额等。

若一国国际收支中的自主性交易收支自动相等，说明该国国际收支平衡；若自主性交易收入大于支出，称之为顺差；若自主性交易支出大于收入，则称之为逆差。

判断一国的国际收支平衡与否，就是看自主性交易平衡与否，是否需要调节性交易来弥补。如果不需要调节性交易来弥补，则称之为国际收支平衡；反之，如果需要调节性交易来弥补，则称之为国际收支失衡。

所谓平衡国际收支目标，简言之，就是采取各种措施纠正国际收支差额，使其趋于平衡。

因为一国国际收支出现失衡，无论是顺差或逆差，都会对本国经济造成不利影响，长时期的巨额逆差会使本国外汇储备急剧下降，并承受沉重的债务和利息负担；而长时期的巨额顺差，又会造成本国资源使用上的浪费，使一部分外汇闲置，特别是如果因大量购进外汇而增发本国货币，则可能引起或加剧国内通货膨胀。当然，相比之下，逆差的危害尤甚，因此各国调节国际收支失衡一般着力于减少以致消除逆差。

从各国平衡国际收支目标的建立来看，一般都与该国国际收支出现问题有关。美国开始并未将平衡国际收支列入政策目标，直到20世纪60年代初，美国国际收支出现长期逆差。1969～1971年三年期间，国际收支逆差累计达到400亿美元，黄金储备大量流失，这时平衡国际收支才成为货币政策的第四个目标。

日本的情况与美国类似。20世纪50年代以后，日本对外贸易和国际收支经常出现逆差，严重影响国内经济的发展，因此才将平衡国际收支列为政策目标。1965 年以前，日本银行在国际收支方面主要解决逆差问题，此后日本国际收支呈现出完全顺差的趋势。当时日本因致力于国内物价稳定而忽视了对顺差的关注，结果导致顺差的进一步扩大，并由此引起了1971年12 月的日元升值，之后，日本银行转而解决国际收支顺差长期化问题。

英国的情况有所不同，因其国内资源比较缺乏，对外经济在整个国民经济中占有较大的比重，所以国际收支状况对国内经济发展影响很大，特别是国际收支失衡会使国内经济和货币流通产生较大的波动，因此，“二战”后，英国一直把国际收支平衡列为货币政策的重要目标。

5. **最终目标关系**

货币政策最终目标一般有四个，但要同时实现，则是非常困难的事。在具体实施中，以某项货币政策工具来实现某一货币政策目标，经常会干扰其他货币政策目标的实现，因此，除了研究货币政策目标的一致性以外，还必须研究货币政策目标之间的矛盾性及其缓解矛盾的措施。

（1）稳定物价与充分就业。事实证明，稳定物价与充分就业两个目标之间经常发生冲突。若要降低失业率，增加就业人数，就必须增加货币工资。若货币工资增加过少，对充分就业目标就无明显促进作用；若货币工资增加过多，致使其上涨率超过劳动生产率的增长，这种成本推进型通货膨胀，必然造成物价与就业两项目标的冲突。如西方国家在20世纪70年代以前推行的扩张政策，不仅无助于实现充分就业和刺激经济增长，反而造成“滞胀”局面。

物价稳定与充分就业之间的矛盾关系可用菲利普斯曲线来说明。

1958年，英国经济学家菲利普斯（A.w.phillips）根据英国1861～1957年失业率和货币工资变动率的经验统计资料，勾划出一条用以表示失业率和货币工资变动率之间交替关系的曲线。这条曲线表明，当失业率较低时，货币工资增长率较高；反之，当失业率较高时，货币工资增长率较低。由于货币工资增长与通货膨胀之间的联系，这条曲线又被西方经济学家用来表示失业率与通货膨胀率此消彼长、相互交替的关系。

这条曲线表明，失业率与物价变动率之间存在着一种非此即彼的相互替换关系。也就是说，多一点失业，物价上涨率就低；相反，少一点失业，物价上涨率就高。因此，失业率和物价上涨率之间只可能有以下几种选择：

①失业率较高的物价稳定。

②通货膨胀率较高的充分就业。

③在物价上涨率和失业率的两极之间实行组合，即所谓的相机抉择，根据具体的社会经济条件作出正确的组合。

（2）稳定物价与经济增长。稳定物价与促进经济增长之间是否存在着矛盾，理论界对此看法不一，主要有以下几种观点：

①物价稳定才能维持经济增长。这种观点认为，只有物价稳定，才能维持经济的长期增长势头。一般而言，劳动力增加，资本形成并增加，加上技术进步等因素促进生产的发展和产量的增加，随之而来的是货币总支出的增加。由于生产率是随时间的进程而不断发展的，货币工资和实际工资也是随生产率而增加的。只要物价稳定，整个经济就能正常运转，维持其长期增长的势头。这实际上是供给决定论的古典学派经济思想在现代经济中的反映。

②轻微物价上涨刺激经济增长。这种观点认为，只有轻微的物价上涨，才能维持经济的长期稳定与发展。因为，通货膨胀是经济的刺激剂。这是凯恩斯学派的观点，凯恩斯学派认为，在充分就业没有达到之前增加货币供应，增加社会总需求主要是促进生产发展和经济增长，而物价上涨比较缓慢。并认定资本主义经济只能在非充分就业的均衡中运行，因此，轻微的物价上涨会促进整个经济的发展。美国的凯恩斯学者也认为：价格的上涨，通常可以带来高度的就业，在轻微的通货膨胀之中，工业之轮开始得到良好的润滑，产量接近于最高水平，私人投资活跃，就业机会增多。

③经济增长能使物价稳定。这种观点则认为，随着经济的增长，价格应趋于下降，或趋于稳定。因为，经济的增长主要取决于劳动生产率的提高和新生产要素的投入，在劳动生产率提高的前提下，生产的增长，一方面意味着产品的增加；另一方面则意味着单位产品生产成本的降低。所以，稳定物价目标与经济增长目标并不矛盾。这种观点实际上是马克思在100多年以前，分析金本位制度下资本主义经济的情况时所论述的观点。

实际上，就现代社会而言，经济的增长总是伴随着物价的上涨。这在上述分析物价上涨的原因时，曾予以说明，近100年的经济史也说明了这一点。有人曾做过这样的分析，即把世界上许多国家近100 年中经济增长时期的物价资料进行了分析，发现除经济危机和衰退外，凡是经济正常增长时期，物价水平都呈上升趋势，特别是第二次世界大战以后，情况更是如此。没有哪一个国家在经济增长时期，物价水平不是呈上涨趋势的。就我国而言，几十年的社会主义经济建设的现实也说明了这一点。20世纪70年代资本主义经济进入滞胀阶段以后，有的国家甚至在经济衰退或停滞阶段，物价水平也呈现上涨的趋势。

从西方货币政策实践的结果来看，要使稳定物价与经济增长齐头并进并不容易。主要原因在于，政府往往较多地考虑经济发展，刻意追求经济增长的高速度。譬如采用扩张信用和增加投资的办法，其结果必然造成货币发行量增加和物价上涨，使物价稳定与经济增长之间出现矛盾。

（3）经济增长与平衡国际收支。在一个开放型的经济中，国家为了促进本国经济发展，会遇到两个问题。

①经济增长引起进口增加。随着国内经济的增长，国民收入增加及支付能力的增加，通常会增加对进口商品的需要。如果该国的出口贸易不能随进口贸易的增加而相应增加，必然会使得贸易收支状况变坏。

②引进外资可能形成资本项目逆差。要促进国内经济增长，就要增加投资，提高投资率。在国内储蓄不足的情况下，必须借助于外资，引进外国的先进技术，以此促进本国经济。这种外资的流入，必然带来国际收支中资本项目的差额。尽管这种外资的流入可以在一定程度上弥补贸易逆差而造成的国际收支失衡，但并不一定就能确保经济增长与国际收支平衡的齐头并进。其原因在于两方面。

第一，任何一个国家，在特定的社会经济环境中，能够引进技术、设备、管理方法等，一方面，决定于一国的吸收、掌握和创新能力；另一方面，还决定于国产商品的出口竞争能力和外汇还款能力。

所以，在一定条件下，一国所能引进和利用的外资是有限的。如果把外资的引进完全置于平衡贸易收支上，那么外资对经济的增长就不能发挥应有的作用。此外，如果只是追求利用外资促进经济增长，而忽视国内资金的配置能力和外汇还款能力，那么必然会导致国际收支状况的严重恶化，最终会使经济失衡，不可能维持长久的经济增长。

第二，在其他因素引起的国际收支失衡或国内经济衰退的条件下，用于矫正这种失衡经济形态的货币政策，通常是在平衡国际收支和促进经济增长两个目标之间做合理的选择。国际收支出现逆差，通常要压缩国内的总需求，随着总需求的下降，国际收支逆差可能被消除，但同时会带来经济的衰退。而国内经济衰退，通常采用扩张性的货币政策。随着货币供应量的增加，社会总需求增加，可能刺激经济的增长，但也可能由于输入的增加及通货膨胀而导致国际收支失衡。

（4）充分就业与经济增长。一般而言，经济增长能够创造更多的就业机会，但在某些情况下两者也会出现不一致，例如，以内涵型扩大再生产所实现的高经济增长，不可能实现高就业。再如，片面强调高就业，硬性分配劳动力到企业单位就业，造成人浮于事，效益下降，产出减少，导致经济增长速度放慢，等等。

第二节 新常态下的中国央行货币工具创新

2013年之后，我国进入新常态经济模式，在新常态下央行货币政策操作也进行了一系列创新，2013年初，央行创设常备借贷便利（SLF）；2014年1月引入短期流动性调节工具（SLO）；2014年4月创设抵押补充贷款（PSL）；2014年9月创设中期借贷便利（MLF），2015年10月，又扩大信贷资产质押再贷款扩围。

一、常备借贷便利（SLF，Standing Lending Facility）

借鉴国际经验，中国人民银行于2013年初创设了常备借贷便利（SFL）。它是中国人民银行正常的流动性供给渠道，主要功能是满足金融机构期限较长的大额流动性需求。对象主要为政策性银行和全国性商业银行。期限为1～3个月。利率水平根据货币政策调控、引导市场利率的需要等综合确定。常备借贷便利以抵押方式发放，合格抵押品包括高信用评级的债券类资产及优质信贷资产等。2015年11月20日央行下调分支行常备借贷便利利率，隔夜，7天利率分别调整为2.75%、3.25%。主要特点：由金融机构主动发起，金融机构可根据自身流动性需求申请常备借贷便利；常备借贷便利是中央银行与金融机构“一对一”交易，针对性强；常备借贷便利的交易对手覆盖面广，通常覆盖存款金融机构（图7–1）。

图7–1 SLF流程图

二、抵押补充贷款（PSL，Pledged Supplementary Lending）

央行2014年研究创立了抵押补充贷款（PSL）。PSL是基础货币投放的新渠道，商业银行通过抵押资产从央行获得融资。截至目前，央行仅对国家开发银行、中国农业发展银行和中国进出口银行进行过PSL操作。央行通过PSL为这些银行提供一部分低成本资金，引导投入到盈利能力弱或有政府担保但商业定价不能满足的基础设施和民生支出等领域，可以起到降低这部分社会融资成本的作用。PSL作为一种新的储备政策工具，有两层含义，首先，量的层面，是基础货币投放的新渠道；其次，价的层面，通过商业银行抵押资产从央行获得融资的利率，引导中期利率。

PSL这一工具和再贷款非常类似，再贷款是一种无抵押的信用贷款，不过市场往往将再贷款赋予某种金融稳定含义，即一家机构出了问题才会被投放再贷款。出于各种原因，央行可能是将再贷款工具升级为PSL，未来PSL有可能将很大程度上取代再贷款工具，但再贷款依然在央行的政策工具篮子当中。

在我国，有很多信用投放，比如基础设施建设、民生支出类的信贷投放，往往具有政府一定程度担保但获利能力差的特点，如果商业银行基于市场利率水平自主定价、完全商业定价，对信贷较高的定价将不能满足这类信贷需求。央行PSL所谓引导中期政策利率水平，很大程度上是为了直接为商业银行提供一部分低成本资金，引导投入到这些领域。这也可以起到降低这部分社会融资成本的作用。

三、中期借贷便利（MLF，Medium-term Lending Facility）

M是Mid-term的意思。即虽然期限是3个月，临近到期可能会重新约定利率并展期。各行可以通过质押利率债和信用债获取借贷便利工具的投放。MLF要求各行投放三农和小微贷款。目前来看，央行放水是希望推动贷款回升，并对三农和小微贷款有所倾斜。

它跟人们比较熟悉的SLF也就是常备借贷便利是很类似的，都是让商业银行提交一部分的金融资产作为抵押，并且给这个商业银行发放贷款。最大的区别是MLF借款的期限要比短期的稍微长一些，这次三个月，而且临近到期的时候可能会重新约定一个利率，就是说获得MLF这个商业银行可以从央行那里获得一笔借款，期限是3个月，利率是央行规定的利率，获得这个借款之后，商业银行就可以拿这笔钱以发放贷款，而且三个月到期之后，商业银行还可以根据新的利率来获得同样额度的贷款。MLF的目的就是，刺激商业银行向特定的行业和产业发放贷款。通常情况下，商业银行是通过借用短期的资金来发放长期的贷款，也就是所谓的借短放长。短期的资金到期之后，商业银行就得重新借用资金，所以，为了维持一笔期限比较长的贷款，商业银行需要频繁借用短期的资金，这样做存在一定的短期利率风险和成本，由于MLF的期限是比较长的，所以商业银行如果是用MLF得到这个资金来发放贷款，就不需要频繁借短放长了，就可以比较放心地发放长期贷款。所以通过MLF的操作，央行的目标其实是很明确的，就是鼓励商业银行继续发放贷款，并且对贷款发放的对象有一定的要求，就是给三农企业、小微企业发放，以此来激活经济中的毛细血管，改善经营的状况。

市场人士认为，由SLF向MLF转变，标志着央行货币政策正从以数量型为主向以价格型为主转变。

四、短期流动性调节工具（SLO，Short-term Liquidity Operations）

要理清短期流动性调节工具需先回顾一下逆回购（图7-2）。

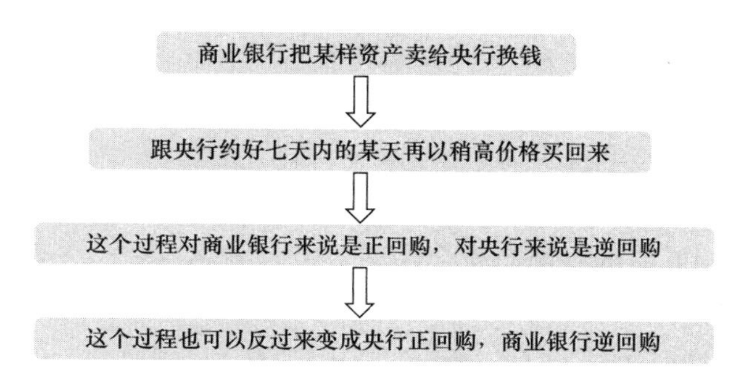

图7-2　正回购和逆回购的逻辑图

每周二、周四，央行一般都会进行公开市场操作，目前最主要的是回购操作。回购操作又分成两种，正回购和逆回购。正回购即中国人民银行向一级交易商卖出有价证券，并约定在未来特定日期买回有价证券的交易行为。正回购为央行从市场收回流动性的操作，正回购到期则为央行向市场投放流动性的操作。而逆回购即中国人民银行向一级交易商购买有价证券，并约定在未来特定日期将有价证券卖给一级交易商的交易行为，逆回购为央行向市场上投放流动性的操作，逆回购到期则为央行从市场收回流动性的操作。一言以蔽之，逆回购就是央行主动借钱给银行；正回购则是央行把钱从银行那里抽走。

知道逆回购后SLO就很好解释了，简单说就是超短期的逆回购。这是央行2014年1月引入的新工具。对于SLO，央行如此介绍：以7天期以内短期回购为主，遇节假日可适当延长操作期限，采用市场化利率招标方式开展操作。人民银行根据货币调控需要，综合考虑银行体系流动性供求状况、货币市场利率水平等多种因素，灵活决定该工具的操作时机、操作规模及期限品种等。该工具原则上在公开市场常规操作的间歇期使用。

五、四种创新工具的区别

上述四种创新工具，其不同点主要体现在以下3点。

（1）工具使用时间跨度长短不同。图7–3直观地显示了各类工具的贷款期限长度（图中圆点表示主要操作期限，三角形是辅助操作期限）。

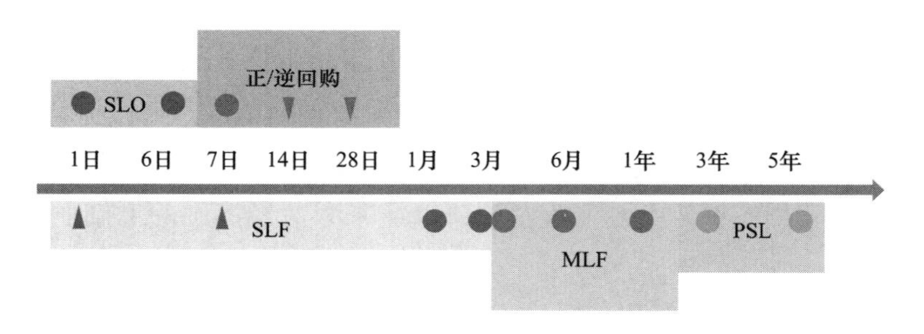

图7–3　四种工具使用时间长短示意图

（2）工具作用不同。不同时间跨度长短的工具用来引导相应不同期限的利率，对应的，SLO引导超短期利率；逆回购引导短期利率，必要时用SLF调整；MLF引导中期利率。但有时央行也会连续通过期限短的工具解决稍长期的利率问题。此外，央行也会通过调节不同工具的使用量，来调整市场上资金的平均利率高低。

（3）使用范围不同，从窄到宽依次是PSL（政策性银行）、MLF（政策性银行、商业银行）、SLF与SLO（大中型金融机构）。

表7–1所示为四种工具使用情景对比。

根据四种工具的不同时间期限和资金用途，结合实际需求，央行就可以做出不同的选择。四种工具的时间期限和资金用途总结如下：

时间由短到长：SLO（7天以内），SLF（1～3个月），MLF（3个月、6个月、一年），PSL（3～5年）。

表7-1　SLF、MLF、SLO、PSL使用情景对比

名称	含义	期限	资金用途	利率决定方
SLF	常备借贷便利工具	1～3个月	无特定	央行
MLF	中期借贷便利工具	3个月、6个月、一年	“三农”、小微企业	利率招标
SLO	短期流动性调节工具	7天内	无特定	利率招标
PSL	抵押补充贷款工具	3～5年	特定政策或项目建设	央行

资金用途：SLF和SLO（大中型金融机构的长期和短期流动性），PSL（特定项目建设），MLF（三农、小微企业）。

第三节　GDP、CPI、PPI与黏胶短纤市场传导关系

一、GDP与黏胶短纤市场运行机理研究

（一）第二产业GDP增长率与黏胶短纤总产值增长率内在关系

GDP（国内生产总值）是指一个国家（或地区）所有常驻单位在一定时期内生产的全部最终产品和服务价值的总和，常被认为是衡量国家（或地区）经济状况的指标。

GDP是国民经济核算的核心指标，也是衡量一个国家的总体经济状况的重要指标，但不适合衡量一个地区或城市的经济状况，因为每个城市的生产总值上缴上级或国家的量都不同，所以在每个城市留下的财富就不一样。

这里引入GDP的概念来计算黏胶短纤整个行业的生产总值，并计算出逐年的GDP增长率。以黏胶短纤逐年的年平均价格以及年度产量，得出大致的黏胶短纤全年总产值，并以此为基础数据，计算出黏胶短纤总产量的逐量增长率。详细结果见表7-2。

表7-2　2007～2017年黏胶短纤总产值增长率变化

时间	黏胶短纤产能（万吨）	黏胶短纤产量（万吨）	黏胶短纤均价（元/吨）	黏胶短纤总产值（万元）	增长率（%）	第二产业增产率（%）
2007年	130	126	19290	2430540	75.21	15.10
2008年	130	110	17195	1891450	-22.18	9.80
2009年	185	140	15330	2146200	13.47	10.30
2010年	218	165.5	20641	3416086	59.17	12.70
2011年	293	184	21237	3907608	14.39	10.70
2012年	319	242	15425	3732850	-4.47	8.40
2013年	332	288	13465	3877920	3.89	8.00
2014年	353	283	11979	3390057	-12.58	7.40

续表

时间	黏胶短纤产能（万吨）	黏胶短纤产量（万吨）	黏胶短纤均价（元/吨）	黏胶短纤总产值（万元）	增长率（%）	第二产业增产率（%）
2015年	372	295	12839	3787505	11.72	6.20
2016年	377	336	14513	4876368	28.75	6.30
2017年	406	360	15789	5684040	16.56	6.10

将2007～2017年黏胶短纤总产值增长率与第二产业（即加工制造业为主体的产业）增长率对比发现，2007～2017年11年间，黏胶短纤在2008年、2012年、2014年出现了负增长。2008年与2014年的负增长出现的原因，主要是因为当年的黏胶短纤均价以及黏胶短纤产量均出现了下降所致，而2012年出现负增长的原因则是：虽然生产量有所增长，但当年的黏胶短纤销售均价与2011年相比，出现了5812元/吨的下降，从而致使当年的增产率出现了–4.47%的情形。但是2008年与2014年量价均出现下降时，黏胶短纤当年的总产值增长率则分别为–22.18%与–12.58%，这两年的负增长均明显大于10%。

2008年，我国黏胶短纤产能与2007年基本持平，生产量则出现了16万吨的萎缩。这主要是因为2008年美国次贷危机引发了全球金融危机，最终导致我国纺织品出口减少所致。由于当年我国黏胶短纤的产能仅在130万吨，行业的整体体量比较低，在当时，出现了量价起跌的情形，则表现出整体产值波动比较大。

2012年，我国黏胶短纤产能突破300万吨至319万吨，与2011年前相比，我国的黏胶短纤行业整体产值开始呈现比较均衡稳定的增长。2007年与2010年这两年时间，我国的黏胶短纤总产值增长率曾经达到75.21%与59.17%，这是2012年以后，黏胶短纤再也没有出现过的增长速度。这也标志着，当黏胶短纤产能越大，整个行业的增长速度则开始逐步趋于稳定。

而从2007年与2010年的第二产业增长率15.10%与12.70%看，当年我国的制造业呈现出整体向上增长，并且增长速度较快的格局；而2008年、2012年、2014年这三年黏胶短纤总产值负增长的年份中，第二产业增长率则在9.80%、8.4%、7.4%，其增长速度与上一年相比，均出现了下降的格局，这也充分说明，虽然黏胶短纤总产值有限，但是在第二产业的构成中，也或多或少地占据一席之地，影响着整个生产制造业的增长速度。

（二）应用第二产业增长率估算黏胶短纤未来一年价格

在了解第二产业增长率与黏胶短纤增长率的内在关系后，可以以黏胶短纤产业的产能与产量、黏胶短纤年度均价、黏胶短纤当年总产值、第二产业增长率为基础数据，大致测算未来一年内，黏胶短纤的价格走势，以此来判断未来一年的黏胶短纤行情是好还是差（表7–3）。

以2013～2017年数据作为基础，推演2018年的黏胶短纤市场年度均价。当年年度价格的基础关键数据主要是确定黏胶短纤当年的产量以及当年的黏胶短纤总产值。在计算黏胶短纤当年量的时候，以上一年度的行业开工率为基础，同时对当年的产能进行确定，这样计算出本年度可能的短纤产量。在实际运用中，需要根据当年新产能的投放时间，对计算出来的当年产量进行一定的修正，这就是表7-3中给出的修正系数。而当年的黏胶短纤总产值，则可以根据央行或者相关部门包括国家统计局给出的当年宏观数据GPD的预测值计算得出当年黏胶短纤的总产值。根据上述思路推演，可以大致计算出当年的黏胶短纤价格。在实际运用中，如表7-3所示，其计算值与当年的均价存在一定程度的偏差，但是在趋势上，存在一定的同步性。故通过GDP数据来计算当年的黏胶短纤大致价格，表7-3所示方法在一定程度上是可行的，但通过GDP计算当年黏胶短纤均价会与实际产生偏差，这种偏差，来源于理论产量与实际产量之间的不对应。所以，引入了产量修正系数这一概念。产量修正系数的计算，主要是通过对黏胶工厂、溶解浆以及人棉纱等行业近5年的平均开工率、扩张速度综合计算出的。

表7-3　2013~2018年黏胶短纤预测价格与实际价格对比表

年份	黏胶短纤产能（万吨）	黏胶短纤产量（万吨）	黏胶短纤均价（元/吨）	黏胶短纤总产值（万元）	产量修正系数	理论产量	计算得出的历年结果（元/吨）
2013年	332	288	13465	3877920	—	—	—
2014年	353	283	11979	3390057	0.95	306.22	12030.77
2015年	372	295	12839	3787505	1.13	298.23	12844.9
2016年	377	336	14513	4876368	1.13	298.97	14315.66
2017年	406	360	15789	5684040	1.13	361.85	15228.28
2018年	470	—	—	—	0.95	416.75	12957.06

由此，虽然不知道每年政府推算当年GDP增长率的过程，但是每年的两会报告里，或者国务院经济发展报告或者央行的一些报告中，会大致给出当年GPD增长率的预测值。在知道这个预测值后，基本可以通过上述演算，来得出当年的黏胶短纤均价，以此在具体经营工作上，做到有的放矢。例如，2017年，黏胶短纤均价通过计算在15228元/吨，那么价格在15228元/吨之上的时候，就应该执行卖空思路，而2018年计算的值在12957元/吨，那么价格在此值之上时，思路上还是做空为主。在实际操作中，黏胶短纤并没有期货一说，但是可以在采购时，实行随用随拿的采购方式进行采购；在销售时，则应该做到尽量不留库存的卖空思路。这样才能将工厂经营得盈利或者少亏。这或者就是当年政府预测的GDP增长率最基本的意义所在，用其预测值，可以知道各个行业当年的发展状况。

二、CPI与黏胶短纤价格传导关系

CPI是居民消费价格指数（Consumer Price Index）的简称。居民消费价格指数，是一个反映居民家庭一般所购买的消费品和服务项目价格水平变动情况的宏观经济指标。它是在特定时段内度量一组代表性消费商品及服务项目的价格水平随时间而变动的相对数，是用来反映居民家庭购买消费商品及服务的价格水平的变动情况。

居民消费价格统计调查的是社会产品和服务项目的最终价格，一方面同人民群众的生活密切相关，另一方面在整个国民经济价格体系中也具有重要的地位。它是进行经济分析和决策、价格总水平监测和调控及国民经济核算的重要指标。其变动率在一定程度上反映了通货膨胀或紧缩的程度。一般来讲，物价全面地、持续地上涨就被认为发生了通货膨胀。

图7-4所示为2007～2018年农村CPI同比增长率与黏胶短纤价格走势对比图。

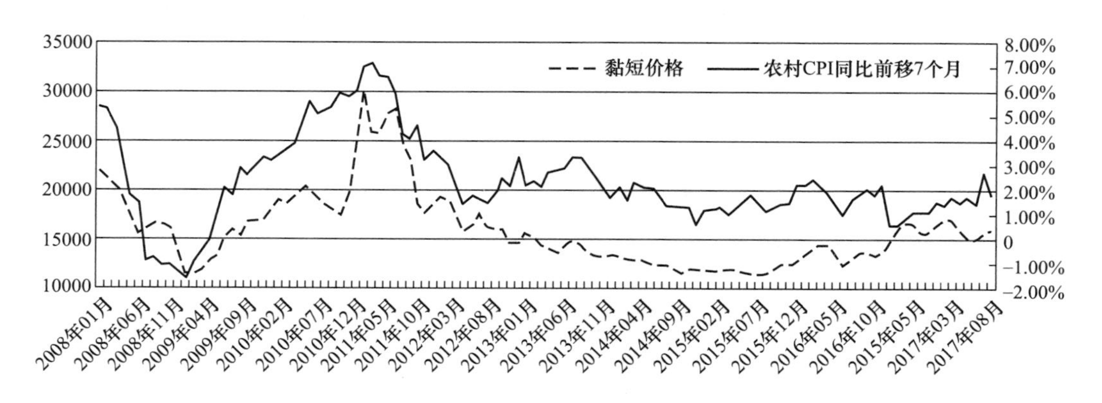

图7-4　2007～2018年农村CPI同比增长率与黏胶短纤价格走势对比图（元/吨）

中国的CPI指数一般可以分为全国CPI指数、城市CPI指数、农村CPI指数。因为黏胶短纤以及纺织工厂现在主要集中在城市的郊区以及乡村，故在多次对比筛选后，笔者采用农村CPI同比增长率指数作为参考，与黏胶短纤价格对比，最终发现，如果将农村CPI指数迁移7个月后，会发现农村CPI同比增长率与黏胶短纤价格走势间存在如下关系：

（1）黏胶短纤价格走势优先农村CPI指数6～8个月，这主要是因为农村是纺织品的生产原料产地之一，而CPI指数作为消费指数，产生的途径上肯定存在滞后。故合乎数据产生过程中的先后逻辑关系。因为黏胶短纤需要生产出来，之后加工成人棉纱，人棉纱需要加工成人棉布，人棉布需要印染后加工成制作服装的面料，这个周期下来，一般需要5～9个月的时间。故黏胶短纤价格走势优于CPI指数属于正常现象，且符合逻辑，侧面说明，我国统计局公布的CPI指数存在一定的准确性。

（2）将农村CPI同比增长率迁移7个月后，会发现黏胶短纤的价格高低点与农村CPI增长率存在着惊人的一致性，这种一致性主要呈现在大趋势的一致性。而且CPI的波动紊乱度较黏胶短纤频繁，但细化到逐月的数据上，就会发现，CPI增长率的波动会指引黏胶短纤下一阶段的发展。这主要是因为CPI数据为综合数据，采集的样本数据比单一的黏胶短纤价格数据体量来得大。黏胶短纤属于纺织品原材料，纺织品基本属于消耗品，但是这种消耗品存在消耗时间的问题，而CPI作为居民消费价格指数，已经囊括了所有的价格指数，也同样包含了黏胶短纤以及下游产品的价格指数。

（3）CPI指数与黏胶短纤价格之间的关系，就好比与股市里的上证指数与个股股价之间的关系。不能说大盘跌某个个股一定跌，但可以说，一旦股市里权重股票下跌严重时，上证指数下跌的概率在99.99%。故在图7-4中表现出，两者互为因果，尽管两者之间可能会在某个时间点出现走势偏差，但不会偏差太远，因为既然黏胶短纤价格也是被包含在CPI指数中的一个很小的部分，就注定了一旦走势出现偏差的时候，其会在某个时间段内经过修正后，两者再次趋于一致。

（4）通过此图或者10年的CPI数据与黏胶短纤市场价格走势追踪，可以这样定义CPI对于黏胶短纤价格的意义：农村CPI同比增长率就是黏胶短纤价格走势的一面宏观镜子，或者宏观风向标指数，这个指数的作用，在于提前了半年至8个月，给出了下一阶段黏胶短纤价格如何运动的趋势。

三、PPI与黏胶短纤价格传导关系

生产价格指数（Producer Price Index，PPI）是衡量工业企业产品出厂价格变动趋势和变动程度的指数，是反映某一时期生产领域价格变动情况的重要经济指标，也是制定有关经济政策和国民经济核算的重要依据。生产价格指数与CPI不同，主要的目的是衡量企业购买的一篮子物品和劳务的总费用。由于企业最终要把它们的费用以更高的消费价格的形式转移给消费者，所以，通常认为生产价格指数的变动对预测消费物价指数的变动是有用的。

笔者将2008～2018年当月PPI与黏胶短纤价格走势（图7-5）进行对比后发现，其波动的敏感度不如CPI指数，如果根据PPI进行预测行情，在某个阶段中会起到作用，但是实际操作中，按照PPI走势来买卖黏胶短纤，将可能出现严重的亏损局面。因为PPI与黏胶短纤价格走势表现出一种非趋势型相关，有的时候黏胶短纤市场已经出现了明显的下跌趋势，但如果寄希望于PPI在上升通道间，就预测黏胶短纤市场价格会上涨，那么在2013～2018年将近6年间的黏胶短纤市场操作中，将会造成较为严重的亏损。尽管在2015～2016年9月运用这种趋势性操作会有些许盈利，但是在2016年9月后，如果因为看到PPI仍在攀高，就认为黏胶短纤价格也会攀高，则可能出现将之前获利的资金全部还给市场的局面。

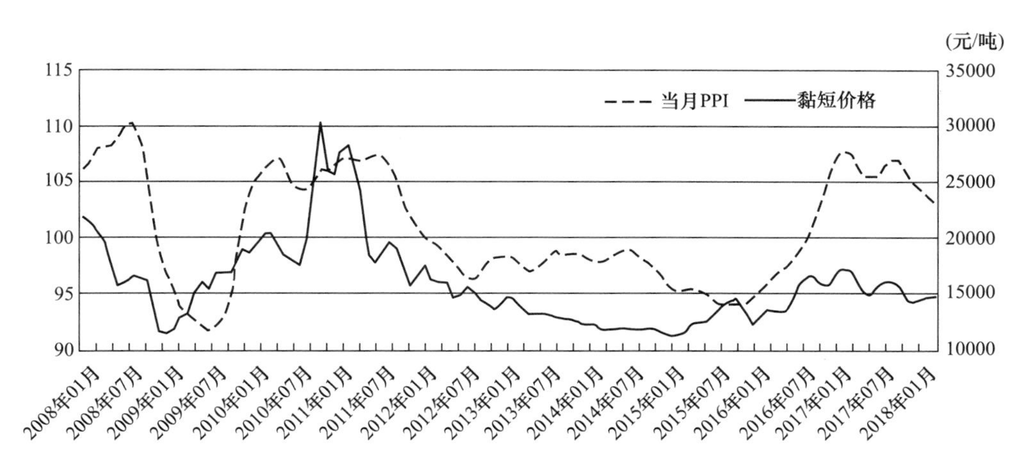

图7-5　2008～2018年当月PPI与黏胶短纤价格走势关系

四、总结

GDP、CPI、PPI作为与黏胶短纤市场价格走势较为相关的三个宏观指数，在实际参与市场操作中，有着比较明确的指导性作用。因为这三个宏观基础指数，每年发改委或者相关部门均会对此数据做出当年的预判，而根据多年的跟踪观察，中国在GDP、CPI、PPI三个数据预测方面，较为准确。所以，在操作黏胶短纤这个商品的时候，可以将三个数据作为参与市场的一个重要指标，如果三个指数在当年的相关部门发布的预测比较稳健或者向好，可以确定黏胶短纤基本呈现上升趋势，基本面较好，参与人员多；但如果三个数据在当年的相关部门发布时较差，那么意味着当年的黏胶短纤基本面较差，可能呈现向下的趋势，实际贸易操作，或者销售过程中较为困难，就需要少操作，或者操作思路上以“短、平、快”为主要思想。

三个数据中，以GDP为量价基础，计算当年的预估平均值，由于篇幅有限，笔者没有分月或者分季度来进行推演，但是读者可以参考年度黏胶短纤均价推演思路进行推演；CPI主要结合两者的走势情况，来推演下个月或者未来3～6个月的运行趋势，PPI数据因为与黏胶短纤市场走势稍有偏离，可以在前两者推演与现实出现严重不符合时，引入PPI指数作为最后的参考依据。

在宏观经济学中，一般的指数传递链条为：原材料价格指数（RMPI）月率变动引发PPI变动，PPI变动引发CPI变动；CPI的变动还取决于另一条线，就是基础货币的发行状况，即广义货币（M2）的增减引发狭义货币（M1）的增减，M1的变化引发CPI变化。这两条推演路线，表面不一样，其实内在机理是一个硬币的两个面，互为对立，因为M2或者M1均为央行的基础货币发行的指数；而RMPI、PPI、CPI为价格指数，即需要花费多少钱的指数；两者最终均在PPI这一指数表现出统一。即大致可以理解为，一般情况下，如果基础货币超发，那么在物价上就表现为物价上涨，最终表现为PPI上涨；反之亦然。

黏胶短纤仅仅是众多商品中的一个小分支，但是因为其特性与棉花有一定的相似性，并且优于棉花，故其价格走势具备一定的代表性，这主要是因为棉花在中国作为一种战略物资，价格体系的形成，既有市场化因素，又有政府维稳因素。故黏胶短纤价格走势在一定程度上，才能够从宏观数据的GDP、PPI、CPI三个指数通过数学方式处理后，表现出一定的关联性。

但2018年开始，黏胶短纤行业正在面临世界黏胶短纤行业发展上第二轮周期的高速发展期，其产能或者市值与宏观数据相比，预计在2018～2025年可能表现出一定的无序性，可能会在某些时间点上，找不出上述的相关性，这主要是因为宏观经济构成为若干个行业或者产业的集合表现，黏胶短纤产业因为自身发展速度比如产能发展过于迅速，会改变其现有的地位或者宏观数据中的份额，但是，一旦黏胶短纤再次进入发展稳定期后，相信这种相关性，会再次回来；当然，如果黏胶短纤产业能够合理分配自身的产能扩张时间点，那么上述的相关性，仍然会存在。

从笔者的经验看，不论是黏胶短纤市场，还是其他市场，市场希望表现出来的是随机性，但是随着大数据的发展，智能制造的产业发展，这种随机性会逐步减弱，变得有章可循。但作为市场的贸易商或者黏胶短纤工厂，并不希望看到市场有章可循，因为市场一旦进入有章可循的阶段，意味着工厂的产值或者利润均为固定的，这样就可能出现产业固化效应。一旦产业出现固化效应，也就是市场被几个大企业垄断时，那么市场的活力将会减弱，最终导致行业的衰退。故2018年以来的黏胶短纤产能释放，笔者认为不宜过于悲观，虽然这种产能释放增加了市场紊乱度，但是却增加了市场活力，也侧面反应黏胶短纤行业仍然处在其第二周期内的发展期。在此期间内，GDP、CPI、PPI三个宏观数据可以作为参考，但是市场又不能够仅仅以此来参考，这可能就是宏观经济走向对于黏胶短纤行业或者其他行业发展趋势的最不完美的最好指导性作用。

第八章　央行货币政策对黏胶短纤市场的影响

近几年，市场对于央行政策的关注度主要来源于三点：基准利率的调整；存款准备金率的调整；美元对人民币汇率的波动。

当基准利率出现调整的时候，基准利率进行上浮，市场认为市场上的资金会变少，从而引发市场上流动资金的紧张，最终造成市场价格的下跌；当基准利率进行下浮，市场认为市场上的资金会变多，从而引发市场上流动资金的宽松，最终造成市场价格上涨。

存款准备金率的调整，主要表现在银行的钱多还是钱少，存款准备金率上调，市场认为银行的钱会变少，从而引发借贷的困难度，最终表现为市场上资金的紧张，市场价格下跌；存款准备金率下调，市场认为银行的钱会变多，从而引发借贷容易度上升，最终表现为市场上资金的宽松，市场价格上涨。

关于美元对人民币汇率，中国已经开始市场上操作。当人民币贬值的时候，市场上认为出口会变好，从而引发货物流通速度增加，最终造成整个行业的产品流通速度增加，表现在价格和利润上都是向好；当人民币升值的时候，市场上认为出口会变差，引发货物流通速度减慢，最终造成整个行业的产品流通速度减慢，表现在市场上则会出现库存增加，产品积压，最终引发产品的市场价格下跌。因为黏胶短纤直接出口目前所占我国总产量有限，故本部分不进行探讨。

一、M2同比增长率与黏胶短纤市场价格走势分析

在分析央行货币政策对黏胶短纤市场的影响时，引入M2指数概念，M2是指广义货币量。2011年11月15日，据央行透露，考虑到非存款类金融机构在存款类金融机构的存款和住房公积金存款规模已较大，对货币供应量的影响较大，从2011年10月起，央行将上述两类存款纳入广义货币供应量（M2）统计范围。央行称，货币供应量是全社会的货币存量，是某一时点承担流通和支付手段的金融工具总和。随着金融市场发展和金融工具创新，各国对货币供应量统计口径会进行修订和完善。当日对M2扩大口径一事进行了沟通，但M2+概念至今没有明确说法，但后续引出了央行政策新工具，比如第七章第二节提及的MLF等操作。

我国对货币层次的划分是：

M0=流通中的现金；

狭义货币（M1）=M0+企业活期存款；

广义货币（M2）=M1+准货币（定期存款+居民储蓄存款+其他存款）。

另外还有M3=M2+金融债券+商业票据+大额可转让定期存单等。

其中，（M2-M1）是准货币，M3是根据金融工具的不断创新而设置的。

广义货币是一个金融学概念，和狭义货币相对应，是货币供给的一种形式或口径，以M2来表示，其计算方法是交易货币以及定期存款与储蓄存款。

利用M2同比增长指数作为参考，来分析黏胶短纤市场价格指数的波动，在实际操作中存在一定的指导意义。以2005～2018年黏胶短纤市场运行数据与M2同比增长指数进行分析，得到图8-1中两者的运行趋势。

从图8-1可以看出，M2同比增长率与黏胶短纤价格指数走势，在2005～2007年1月，没有太多的相关性，这主要是因为，在2005～2007年间，黏胶短纤处于上升周期，且国内出现了一轮通胀行情，所有的大宗物资价格均呈现上涨态势，但央行政策层面已经通过少发货币来控制物价的上涨。所以，出现了M2同比增长率开始减少，但黏胶短纤价格出现了一轮较大的上浮。2009～2010年初，M2同比增长率与黏胶短纤价格关联度较强。这主要是因为，2008年全球金融危机发生后，市场上存量资金比较少，此时央行放开货币发行，当年有“4万亿救市计划”之说。由于央行货币政策由收紧转变为宽松，从而导致市场上不缺钱，最终引发了当年的棉花、黏胶短纤以及其他合成纤维类纺织原料的价格普涨，故在这段时间内，黏胶短纤市场价格走势与M2的同比增长表现为一致。

但2010年中后期，央行政策出现调整，表现为M2同比增长率下降，也就是说央行在收紧市场上的现金流。但由于市场的惯性使然，这段时间内，M2同比增长率虽然下降，但是市场并没有明显感觉到流动资金的紧张，从而出现了又一轮价格上涨。这种不同步，主要是因为黏胶短纤市场实际运行过程中的翘尾行情所致。

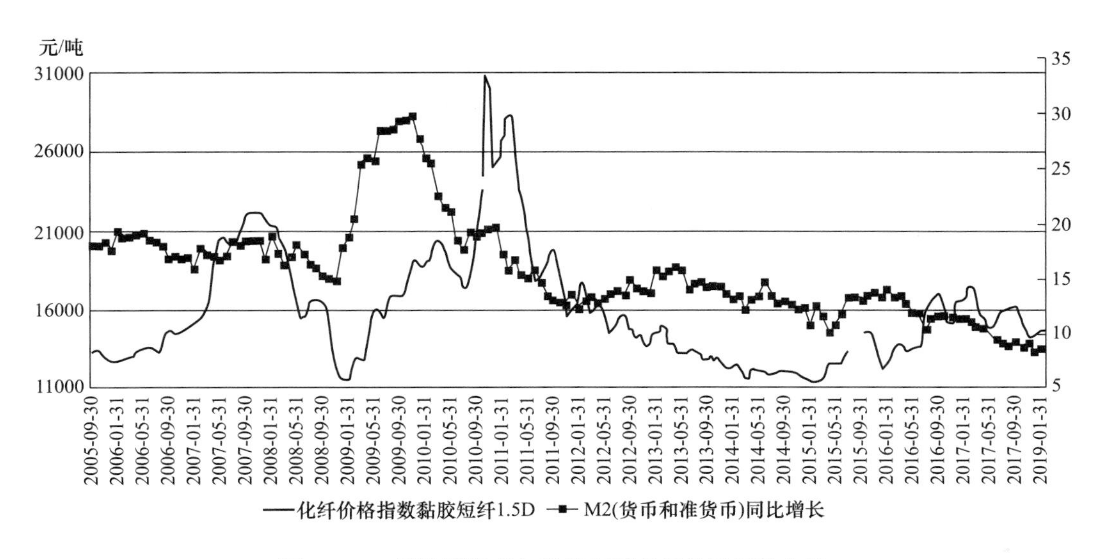

图8-1　M2同比增长率与黏胶短纤市场价格指数走势

随后，在2011～2016年上半年，M2同比增长率在10%～15%之间徘徊，而黏胶短纤市场通过2011～2012年的价格下跌后，基本呈现出价格回落的状态。此时，M2同比增长率与黏胶短纤市场价格指数处于非相关性运行状态，两者没有太大的关联性。

尤其在2016～2017年，M2同比增长率已经表现出明显的下降趋势，但是黏胶短纤市场因为其上下游的景气度变好，尽管在市场上资金已经减少的情况下，黏胶短纤依然呈现出上涨态势。

二、利率对于黏胶短纤市场运行的影响

上文已说，基准利率的调整对于市场走势的影响，因为基准利率调整不是连续性的，故以5年期国债即期收益率与黏胶短纤价格走势进行对比。以2012～2017年5年国债即期收益率与黏胶短纤市场价格作图进行比较，如图8-2所示。

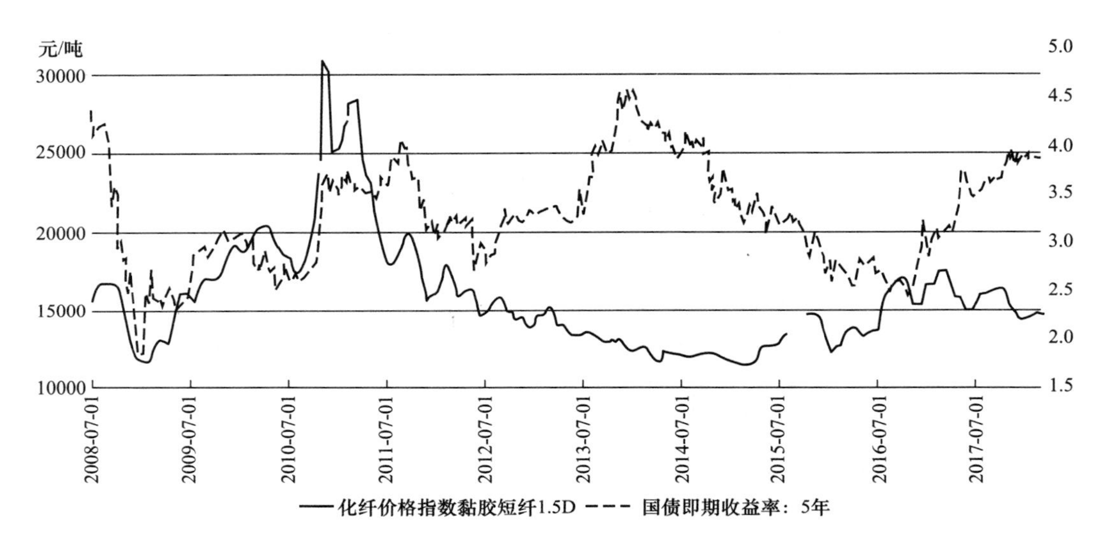

图8-2　5年国债即期收益率与黏胶短纤市场价格指数走势

从图8-2中不难发现，在2008～2012年上半年，5年国债即期收益率与黏胶短纤市场价格波动存在惊人的巧合，且5年国债即期收益率能够优先于黏胶短纤市场现行的趋势性运行指标。在这一阶段内，如果以5年国债即期收益率作为黏胶短纤市场博弈的参照指标，那么将能够准确判断出下一个阶段的黏胶短纤市场涨跌情况，在实际操作中，能够做到"先发制人，提前布局拿货"，以取得快市场一步的优势。

但是，进入2012年7月后，尤其在2012～2015年，如果再以5年国债即期收益率作为黏胶短纤市场价格运行参考体系，那么将可能带来巨大的风险与实际收益损失。这主要是因为，这段时间内，黏胶短纤经历过2009～2010年的阶段性大涨后，市场处于调整阶段；且因为2010年市场价格涨幅过大，需要更长的时间来进行整个黏胶短纤产业链各个环节的基本面调整。也就是说，这段时间内，黏胶短纤产业链各个环节间出现了上下游不配套的情况，故黏胶短纤市场价格呈现出长期的下跌趋势，与宏观经济基本没有太多的关系。

这主要是因为，市场的波动，主要来源于内在因素与外在因素。上升到哲学高度，就是内因与外因的关系。在2011～2014年，黏胶短纤市场的运行状态，主要取决于内在因素，而非宏观经济外因。但内在因素发生变化，需要时间和空间，市场进行自我调整修复，这就是行业内可能出现的3～5年进行一次内在因素调整。而这种内在因素发生的变化，主要来源于行业的产能是否扩张，上下游是否与行业产能扩张保持平衡一致状态，如果上下游发生了不匹配现象，那么市场价格在产能扩张的情况下，难免会出现一段时间的下跌。

由此可见，央行货币政策，只有在黏胶短纤产业链处于相对平衡状态时，其货币政策收缩或者扩张，对黏胶短纤市场有较大的影响；当黏胶短纤产业链处于非平衡状态时，货币政策对其影响度有限。

第九章 “货币+信用”政策组合及其对黏胶短纤市场运行的影响

第一节 “货币+信用”政策组合综述

一、“货币+信用”一个硬币的两面表现

货币政策类的研究报告中，经常会出现这样的政策描述组合：宽货币+紧信用；紧货币+宽信用等。这种组合对于股市、债券、大宗商品市场走势，会出现不同类型的影响。比如在股市里面，如果出现了“宽货币+宽信用”组合，则意味着一场大牛市之门的打开；而“紧货币+紧信用”组合则意味着一场熊市之门的开启。在债券市场中，则认为“宽货币+紧信用”的政策组合模式利多于债券市场，“紧货币+宽信用”的组合模式利空于债券市场等。在大宗商品市场走势中，“宽货币+宽信用”组合意味着利多大宗商品市场，“紧货币+紧信用”组合则意味着利空大宗商品市场的概率较大。

“货币+信用”不同的组合对于不同的金融市场或者商品走势影响不同，主要取决于不同的市场对于“货币”与“信用”的理解层面不同。但是不管从哪个市场或者角度去解读“货币+信用”这个组合，其最终指向是货币政策目标的松紧以及现实状况的松紧。

在货币政策中，货币意味着负债，信用则意味着资产。从资产负债表平衡概念来说，货币与信用是一个硬币的两面，属于矛盾统一体，不应该存在一些文献中所提及的货币与信用的不平衡性。在分析过程中，需要明确“政策的目标”和“所导致的现实”是两个不同的概念。在针对“宏观经济基本面”变化的政策中，货币政策的推出目标只有松紧两个选择，但是这种松紧的目标对于货币或信用并无分别。这就需要理解两点：货币是由信用创设出来的；信用来源于市场交易过程中的自发形成。

1．货币是由信用创设出来的

在经济长期低迷后，需要宏观政策刺激经济发展的时候，推出宽松的货币政策目标本质是希望导致宽信用的结局，但宽信用只是宽货币政策推出后实际可能导致的一个结果，一旦宽信用这一结果出现，必然对应了宽货币的出现，因为货币是由信用创设出来的。反之，经

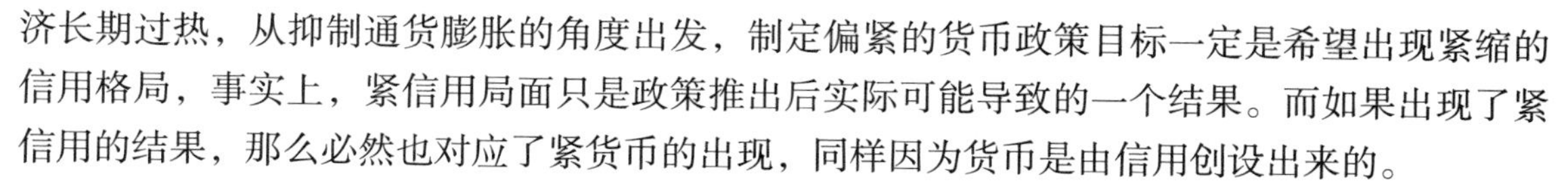

济长期过热，从抑制通货膨胀的角度出发，制定偏紧的货币政策目标一定是希望出现紧缩的信用格局，事实上，紧信用局面只是政策推出后实际可能导致的一个结果。而如果出现了紧信用的结果，那么必然也对应了紧货币的出现，同样因为货币是由信用创设出来的。

2. 信用来源于市场的自发形成

货币政策的目标或初衷只有两种情况：松（宽货币+宽信用）、紧（紧货币+紧信用），不存在矛盾的货币和信用组合。这种目标或初衷的后期实施效果也只存在两种组合：松（宽货币+宽信用）、紧（紧货币+紧信用）。问题在于政策的初衷或目标未必能达到预期中的实际效果，因此，目标和实效之间是存在错配的。由于中央银行货币当局主要目标是调控货币，而信用宽紧的实际效果是依赖于市场自发形成，因此就有了货币上的目标松紧和信用上的实际松紧的不同搭配模式，即“货币目标上的松紧+信用实效上的松紧”组合。

3. 政策实行过程中的错配

当经济处于下行背景下，货币当局的目标是货币宽松（自然也希望信用宽松），但是能否实现是依赖于社会杠杆主体和商业银行行为特征的。一般情况下，货币宽松的政策目标会实现信用宽松的实际效应，即成为“宽货币（目标）+宽信用（实效）”的组合模式。但是由于信用派生状况的实现要依赖于社会杠杆主体和商业银行的行为，在一些时期，也未必能产生宽信用实效，反而会出现信用始终无法扩张的可能，这时候整体社会依然表现为紧信用格局（货币的实效结果自然也是紧缩的），则成为“宽货币（目标）+紧信用（实效）”的组合模式。

反之，当经济处于过热背景下，货币当局的目标是货币紧缩（自然也希望信用紧缩），如果社会杠杆主体和商业银行行为配合，一般情况下，货币紧缩的政策目标会实现信用紧缩的实际效应，即成为“紧货币（目标）+紧信用（实效）”的组合模式。但是如果其并不配合，则信用扩张将始终无法控制，整体社会依然表现为宽信用格局（货币的实效结果自然也是宽松的），则成为“紧货币（目标）+宽信用（实效）”的组合模式。

从上述分析可以看出，人们所提及的货币松紧与信用松紧的组合事实上是政策目标和实现效果的组合，而并非是双目标组合模式。

二、如何定义“货币”目标的松紧

历年来，中央银行都会对当年的货币政策目标属性进行描述定位。例如，在2016年两会期间，3月12日时任中央银行行长周小川等在金融与改革问题的记者招待会上，针对货币政策的目标属性曾进行过如下描述：

从货币政策来讲，大家都关心这个问题，我们还是实行稳健的货币政策，但要注意货币政策的灵活适度，要保持流动性的合理充裕。有数量界定和语言界定，语言是模糊数学的概念，就是从模糊的表达来讲，货币政策总共分五个段，一个叫宽松的货币政策，一个叫适度宽松的货币政策，中间是叫稳健的货币政策，再就是适度从紧的货币政策，还有从紧的货币政策。常规上我们分五个段来表达，历史上也都有，比如通货膨胀比较厉害的时候就会施行适度从紧或者从紧的货币政策。

每个语言的几个词表达是一个区间，区间是有一定范围的，现在比较注重强调经济有下行的压力，面临的困难和挑战比较多，所以在稳健的货币政策中，国务院的文件正式说法强调灵活适度，我在上海记者招待会上也说了，稳健的货币政策略偏宽松，针对当前的表述，也是符合从2015年后半年到现在的实际状况。同时我们也强调，货币政策历来是需要动态调整的，是需要根据经济形势的研究判断，根据情况实时地、动态地进行调整，所以这也就是适度的含义。

从定性角度来看，货币政策的五种状态都出现过，但是从市场应用来看，却很难用官方的语言来定位当前货币政策目标的状态，特别是在面临政策目标拐点时期。

在现实运用中，往往倾向于利用货币政策工具信号来划分货币政策目标的松紧变迁，而且为了更直观有效地描述目标状态的切换，不采用中性或稳健的说法，只定义为松和紧两种状态，更关注政策目标“由松到紧”和“由紧到松”的切换。

货币政策工具主要包括了三个内容：法定存贷款利率、法定准备金率以及公开市场操作。从实际效果来看，往往公开市场操作信息最先发出货币政策目标切换的信号，但是这里的公开市场操作信息并非指规模或量的信息，而是指公开市场操作中的价格信息。

结合具体时点上货币政策工具的变化，例如，加减息、公开市场利率变化或升降准等，将2002～2017年的货币政策目标切换变化进行了划分，划分为9个分界点，分别如下：

（1）2003年6月是一个货币政策意图目标的转折时期，标志性事件是 1 年期中央银行票据重启发行，宣告了货币政策目标由松转紧。

（2）2004年11月是一个货币政策意图目标的转折时期，标志性事件是1年期中央银行票据发行利率被牵引下行，宣告了货币政策目标由紧转松。

（3）2006年3～4月是一个货币政策意图目标的转折时期，标志性事件也是1年期中央银行票据发行利率转折上行，宣告了货币政策目标由松转紧。

（4）2008年9月是一个货币政策意图目标的转折时期，标志性事件是中央银行宣布了“双率齐降”政策，即贷款利率下调、法定存款准备金率下调，宣告了货币政策目标由紧转松。

（5）2009年7月是一个货币政策意图目标的转折时期，标志性事件是中央银行重启了1年期中央银行票据发行，并引导发行利率上行，宣告了货币政策目标由松转紧。

（6）2011年11月是一个货币政策意图目标的转折时期，标志性事件是1年期中央银行票据发行利率下调，并降准，宣告了货币政策目标由紧转松。

（7）2012年7月是一个货币政策意图目标的转折时期，标志性事件是公开市场逆回购利率被上调，宣告了货币政策目标由松转紧。

（8）2014年4月是一个货币政策意图目标的转折时期，标志性事件是国务院会议宣布适当降低县域农商行存准率，宣告了货币政策目标由紧转松，并一直延续下去。

通过政策工具的变化（主要是公开市场价格变化信息、准备金率变化以及存贷款利率变化）将2002年以来的货币政策意图目标变化划分为9个分界点，共划分为10个时期区域，在每个区域时期中，货币政策的目标都是“宽货币”或“紧货币”，如表9-1所示。

表9-1　2002～2017年期间货币政策目标松紧阶段划分

序号	统计周期	货币政策目标
1	2002年1月～2003年6月	宽货币
2	2003年6月～2004年11月	紧货币
3	2004年11月～2006年4月	宽货币
4	2006年4月～2008年9月	紧货币
5	2008年9月～2009年7月	宽货币
6	2009年7月～2011年11月	紧货币
7	2011年11月～2012年7月	宽货币
8	2012年7月～2014年4月	紧货币
9	2014年4月～2016年1月	宽货币
10	2016年1月～2017年12月	紧货币

三、如何定义“信用”现实的松紧

如前所述，信用和货币本为一个硬币的两个方面，即信用的派生变化理论上是同步反应在货币供应量的变化上。无论目标是松是紧，但是现实中信用的变化有自身的规律，未必一定和政策目标相吻合，也即意味着货币供应量的变化是有自身运行规律的。

如果假设信用的变化和广义货币供应量的变化同步发生，那么完全可以用广义货币供应量同比增速的方向性变化来衡量现实中信用的松或紧。

上述假设在多数情况下是有效的，但是也存在信用变化和货币供应量变化的背离时期，较为经典的两个时期分别是2005年的1～5月和2015年的8～12月。

2005年，信用派生的主要代表品种是信贷，2005年上半年，虽然广义货币供应量M2增速开始出现一路上行，但是信贷增速却在下行过程中，因此，单纯用M2变化的方向定义，可定义为宽信用时期，但是应该更关注信贷增速的变化，事实上，该时期为紧信用时期。

2015年，信用派生的主要代表不能用常规信贷了，而需要用社会融资总量指标来刻画。虽然2015年5月开始，广义货币供应量增速已经开始回升，但是社会融资总量增速却始终在缓慢下行过程中，因为如果单纯用M2增速来定义信用，则会得出“宽信用”的现实，但是事实上用社会融资总量的增速来衡量，应该是“紧信用”格局。

之所以不直接用信用指标的变化来表征信用现实的变化的主要原因在于我国信用派生工具发生过显著的切换，从以往常规的信贷扩张到了社会融资总量，而社会融资总量的同比增速又缺乏一个公开有效的数据，因此才退而求其次，采用广义货币供应量指标M2增速来间接衡量信用派生在现实中的变化。

因此，从便利性角度出发来定义现实信用的松紧状况，故直接采用M2指标。在现实操作中，投资者不妨结合同期的信贷或社会融资总量指标来相互印证，当货币增量指标与后两者发生背离时，以后两者为准。

对于2002～2017年，结合广义货币供应量M2同比增速和社会融资总量余额同比增速（根据社会融资总量定义，自己构建了历史数据，并测算余额同比增速），将该时期划分为“紧信用”时期和“宽信用”时期。

2002～2017年，信用松紧切换时期共计16个，分别在表9-2显示。

表9-2　2012~2017年金融信用派生状况松紧阶段划分

序号	统计周期	现实中的信用状态
1	2002年1月～2003年6月	宽信用
2	2003年6月～2005年12月	紧信用
3	2005年12月～2008年2月	宽信用
4	2008年2月～2008年12月	紧信用
5	2008年12月～2009年12月	宽信用
6	2009年12月～2010年7月	紧信用
7	2010年7月～2010年12月	宽信用
8	2010年12月～2012年7月	紧信用
9	2012年7月～2013年5月	宽信用
10	2013年5月～2014年4月	紧信用
11	2014年4月～2014年7月	宽信用
12	2014年7月～2016年4月	紧信用
13	2016年4月～2016年7月	宽信用
14	2016年7月～2017年1月	紧信用
15	2017年1月～2017年8月	宽信用
16	2017年8月～2017年12月	紧信用

四、货币目标松紧与信用现实松紧的组合

如上分析，2002～2017年，将货币政策目标的松紧划分为10个区域，将现实中的信用松紧状态划分为16个区域。将上述时期进行叠合处理，可以按照“货币+信用”的组合划分为23个时期，如表9-3所示。

表9-3　2012～2017年期间货币政策目标与金融信用派生现实的组合状况

序号	统计周期	货币+信用
1	2002年1月～2003年6月	宽货币+宽信用
2	2003年6月～2004年11月	紧货币+紧信用
3	2004年11月～2005年12月	宽货币+紧信用
4	2005年12月～2006年4月	宽货币+宽信用
5	2006年4月～2008年2月	紧货币+宽信用
6	2008年2月～2008年9月	紧货币+紧信用

续表

序号	统计周期	货币+信用
7	2008年9月～2008年12月	宽货币+紧信用
8	2008年12月～2009年7月	宽货币+宽信用
9	2009年7月～2009年12月	紧货币+宽信用
10	2009年12月～2010年7月	紧货币+紧信用
11	2010年7月～2010年12月	紧货币+宽信用
12	2010年12月～2011年11月	紧货币+紧信用
13	2011年11月～2012年7月	宽货币+紧信用
14	2012年7月～2013年5月	紧货币+宽信用
15	2013年5月～2014年4月	紧货币+紧信用
16	2014年4月～2014年7月	宽货币+宽信用
17	2014年7月～2016年1月	宽货币+紧信用
18	2016年1月～2016年4月	紧货币+紧信用
19	2016年4月～2016年7月	紧货币+宽信用
20	2016年7月～2016年10月	宽货币+紧信用
21	2016年10月～2017年1月	紧货币+紧信用
22	2017年1月～2017年8月	紧货币+宽信用
23	2017年8月～2017年12月	紧货币+紧信用

第二节　“货币+信用”政策组合对黏胶短纤市场运行的影响

一、“货币+信用”组合状态与黏胶短纤市场运行

2002～2017年，不同时期的“货币+信用”组合状态，被分为23个不同时期。以此23个不同时期为基础，笔者对2002～2017年黏胶短纤价格走势进行梳理，以不同时期内的期初与期末价格涨跌得出在不同时期内的黏胶短纤市场运行表现。具体内容见表9–4。

表9–4　“货币+信用”组合状态与黏胶短纤市场运行表现

序号	统计周期	黏胶短纤价格（元/吨）				货币+信用	市场表现
		期初	高点	低点	期末		
1	2002年1月～2003年6月	10300	12100	10300	11400	宽货币+宽信用	震荡
2	2003年6月～2004年11月	11400	17800	11400	16400	紧货币+紧信用	牛市
3	2004年11月～2005年12月	16400	16400	12800	12800	宽货币+紧信用	熊市
4	2005年12月～2006年4月	12800	13000	12600	13000	宽货币+宽信用	牛市

续表

序号	统计周期	黏胶短纤价格（元/吨）				货币+信用	市场表现
		期初	高点	低点	期末		
5	2006年4月～2008年2月	13000	22500	13000	21300	紧货币+宽信用	牛市
6	2008年2月～2008年9月	21300	21300	15700	16600	紧货币+紧信用	熊市
7	2008年9月～2008年12月	16600	16600	11800	11800	宽货币+紧信用	熊市
8	2008年12月～2009年7月	11800	16000	11500	15500	宽货币+宽信用	牛市
9	2009年7月～2009年12月	15500	19000	15500	19000	紧货币+宽信用	牛市
10	2009年12月～2010年7月	19000	20300	18000	18000	紧货币+紧信用	熊市
11	2010年7月～2010年12月	18000	30200	17500	26000	紧货币+宽信用	大牛市
12	2010年12月～2011年11月	26000	28200	16950	16950	紧货币+紧信用	熊市
13	2011年11月～2012年7月	16950	16950	14780	14870	宽货币+紧信用	震荡
14	2012年7月～2013年5月	14870	15550	13275	13275	紧货币+宽信用	震荡
15	2013年5月～2014年4月	13275	13397	11676	11676	紧货币+紧信用	熊市
16	2014年4月～2014年7月	11676	11995	11676	11838	宽货币+宽信用	震荡
17	2014年7月～2016年1月	11838	14511	11250	13410	宽货币+紧信用	牛市震荡
18	2016年1月～2016年4月	12300	13500	12300	13500	紧货币+紧信用	牛市
19	2016年4月～2016年7月	13500	14800	13350	14800	紧货币+宽信用	牛市
20	2016年7月～2016年10月	14800	16780	14800	16580	宽货币+紧信用	牛市震荡
21	2016年10月～2017年1月	16580	16700	15460	16700	紧货币+紧信用	牛市震荡
22	2017年1月～2017年8月	16700	17200	15000	16000	紧货币+宽信用	牛市震荡
23	2017年8月～2017年12月	16000	16200	14000	14300	紧货币+紧信用	熊市

二、不同状态的“货币+信用”组合市场表现

“货币+信用”可以分为四种组合状态，即“紧货币+紧信用”“紧货币+宽信用”“宽货币+紧信用”“宽货币+宽信用”。依据这四种不同的组合状态，对表9-4中23个不同时期的组合状态进行分类，观察黏胶短纤市场运行表现情况，最终得出结论：“紧货币+宽信用”的政策组合状态下，黏胶短纤出现牛市运行概率大，“紧货币+紧信用”状态下，黏胶短纤出现熊市运行概率偏大。其四种不同的组合状态下，黏胶短纤市场运行具体表现如下。

（1）“紧货币+宽信用”组合状态对黏胶短纤市场运行影响具体表现如下：牛市出现概率83.33%，震荡概率16.67%。其中震荡走势主要表现为先扬后抑，这主要与后期的“货币+信用”组合变成“紧货币+紧信用”紧密相关。具体情况见表9-5。

从表9-5可以看出，“紧货币+宽信用”组合集中出现在2006～2017年。2006年基本没有出现过。2006年出现紧货币调控，主要是因为当年我国宏观经济已经出现了通货膨胀，且通胀系数已经达到一定程度，故货币政策上主要以紧货币思路为主体，而黏胶短纤在结算方式上，多采用承兑汇票进行结算，承兑汇票某种意义上是货币的信用体现。故宽信用的情况

下，并且在流通资金比较充裕的情况下，黏胶短纤出现牛市运行是大概率事件。

表9-5　“紧货币+宽信用”组合状态与黏胶短纤市场运行

序号	统计周期	黏胶短纤价格（元/吨）				市场表现
		期初	高点	低点	期末	
1	2006年4月～2008年2月	13000	22500	13000	21300	牛市
2	2009年7月～2009年12月	15500	19000	15500	19000	牛市
3	2010年7月～2010年12月	18000	30200	17500	26000	大牛市
4	2012年7月～2013年5月	14870	15550	13275	13275	震荡
5	2016年4月～2016年7月	13500	14800	13350	14800	牛市
6	2017年1月～2017年8月	16700	17200	15000	16000	牛市震荡

（2）“紧货币+紧信用”组合状态对黏胶短纤市场运行影响具体表现如下：出现熊市的概率：62.5%；出现牛市的概率25%，出现牛市震荡的概率12.5%。“紧货币+紧信用”意味着市场上资金已经较为紧张，在市场总体资金紧张的情况下，黏胶短纤价格出现下跌是大概率事件。具体情况见表9-6。

表9-6　“紧货币+紧信用”组合状态与黏胶短纤市场运行

序号	统计周期	黏胶短纤价格（元/吨）				市场表现
		期初	高点	低点	期末	
1	2003年6月～2004年11月	11400	17800	11400	16400	牛市
2	2008年2月～2008年9月	21300	21300	15700	16600	熊市
3	2009年12月～2010年7月	19000	20300	18000	18000	熊市
4	2010年12月～2011年11月	26000	28200	16950	16950	熊市
5	2013年5月～2014年4月	13275	13397	11676	11676	熊市
6	2016年1月～2016年4月	12300	13500	12300	13500	牛市
7	2016年10月～2017年1月	16580	16700	15460	16700	牛市震荡
8	2017年8月～2017年12月	16000	16200	14000	14300	熊市

从表9-6可以看出，“紧货币+紧信用”组合除了在2003年6月～2004年11月出现过一次外，其余均在2008年2月之后出现。当“紧货币+紧信用”组合出现时，代表央行等货币政策决策机构对通货膨胀进行从紧调控，并且以去杠杆去泡沫为主。黏胶短纤结算以承兑汇票为主，在货币流通性开始减弱，并且信用从紧的情况下，市场极度缺少资金，黏胶短纤市场表现出熊市或者价格下跌为大概率事件。

（3）“宽货币+紧信用”组合状态与黏胶短纤市场运行影响具体表现如下：出现熊市概率40%，出现震荡市概率60%，其中出现牛市震荡的概率为40%。一般情况下，“宽货币+紧信用”组合状态，主要出现在经济过热，宏观政策或者货币政策已经开始对通货膨胀进行调控，故这种组合状态出现的时候，需要结合宏观经济环境来判断黏胶短纤市场的具体表现。具体情况见表9–7。

表9–7　“宽货币+紧信用”组合状态与黏胶短纤市场运行

序号	统计周期	黏胶短纤价格（元/吨）				市场表现
		期初	高点	低点	期末	
1	2004年11月～2005年12月	16400	16400	12800	12800	熊市
2	2008年9月～2008年12月	16600	16600	11800	11800	熊市
3	2011年11月～2012年7月	16950	16950	14780	14870	震荡
4	2014年7月～2016年1月	11838	14511	11250	13410	牛市震荡
5	2016年7月～2016年10月	14800	16780	14800	16580	牛市震荡

（4）“宽货币+宽信用”组合状态与黏胶短纤市场运行影响具体表现如下：出现牛市概率50%；出现震荡概率50%，且其表现为，震荡上行。“宽货币+宽信用”组合出现，证明了市场已经处于无资金或者筹措不到资金的状态，物价在“宽货币+宽信用”组合出现之前，已经经历了长时间的低迷状态。“宽货币+宽信用”组合出现的时候，标志着市场开始走出低迷。因为在黏胶短纤市场极度缺货币以及缺信用的情况，黏胶短纤市场的买卖双方，更多地表现出去中间贸易商环节，市场的干扰度已经相当少。当货币与信用双重宽松的时候，对市场来说，相当于“久旱逢甘霖”，市场由此表现出牛市运行状态。具体情况参见表9–8。

表9–8　“宽货币+宽信用”组合状态与黏胶短纤市场运行

序号	统计周期	黏胶短纤价格（元/吨）				市场表现
		期初	高点	低点	期末	
1	2002年1月～2003年6月	10300	12100	10300	11400	震荡
2	2005年12月～2006年4月	12800	13000	12600	13000	牛市
3	2008年12月～2009年7月	11800	16000	11500	15500	牛市
4	2014年4月～2014年7月	11676	11995	11676	11838	震荡

从表9–8不难看出，“宽货币+宽信用”组合出现是，市场表现为牛市，但是黏胶短纤的市场价格却基本呈现出13000元/吨以下的情形（出现概率75%）。由于此时的黏胶短纤价格低迷，从而“宽货币+宽信用”政策组合出现时，黏胶短纤从低谷开始发力，价格出现上涨。

（5）小结。在现实黏胶短纤交易市场中，往往是先以“货币+信用”调控政策先行出现，才有后期的黏胶短纤市场不同风格的表现。通过上述分析，不难发现，当“紧货币+宽信用”货币政策组合出现是，市场表现为牛市运行的概率比较大，在实际市场操作过程中，该组合可以作为买入黏胶短纤的重要指标。而“紧货币+紧信用”货币政策组合，导致黏胶短纤市场出现熊市的概率较大，当货币政策出现此调控时，应该保持“轻库存或者零库存”，以卖出黏胶短纤为目的进行操作。

三、市场运行状态与“货币+信用”组合

黏胶短纤市场作为纺织原料的一个品种，市场表现总共有三种：上涨（牛市）、下跌（熊市）、平稳（震荡市）。将牛市、熊市、震荡市三种状态作为观察指标，对2002～2017年23个不同时期的“货币+信用”组合状态进行分类，观察市场在三种不同表现时期其“货币+信用”组合状态。

（1）黏胶短纤市场处于震荡行情时，“宽货币+宽信用”出现概率为5%，“紧货币+宽信用”出现概率为25%，“宽货币+紧信用”出现概率为25%。具体情况见表9-9。

表9-9　“货币+信用”组合状态与黏胶短纤市场运行（震荡）

序号	统计周期	黏胶短纤价格（元/吨）				货币+信用	市场表现
		期初	高点	低点	期末		
1	2002年1月～2003年6月	10300	12100	10300	11400	宽货币+宽信用	震荡
2	2011年11月～2012年7月	16950	16950	14780	14870	宽货币+紧信用	震荡
3	2012年7月～2013年5月	14870	15550	13275	13275	紧货币+宽信用	震荡
4	2014年4月～2014年7月	11676	11995	11676	11838	宽货币+宽信用	震荡

黏胶短纤市场震荡运行时期，主要有两种状态，一种是牛市是高位震荡运行状态，另一种则是在底部低价位时震荡运行状态。表9-9中，虽然市场表现为震荡运行，但是根据统计得出，“货币+信用”四种组合状态均有。

2002年1月～2003年6月，黏胶短纤处于低位震荡运行状态，其价格仅在10300～12100元/吨之间震荡运行，此时“货币+信用”组合模式为“宽货币+宽信用”，也就是说，当时宏观经济运行状态为紧缩向通胀过渡阶段，货币政策采取发行货币模式。

2011年11月～2012年7月，属于“宽货币+紧信用”政策组合。这主要是源于2008年金融危机后，2009年中国央行发行4万亿左右的货币振兴十大制造行业，最终导致了通胀的出现。“宽货币+紧信用”这一组合出现，主要是以抑制通胀并对其进行调控为出发点所做出的决策。从这段时期的黏胶短纤运行状态看，其价格走势呈现震荡下行的态势，黏胶短纤最终由期初的16950元/吨震荡下行至14870元/吨。

2012年7月～2013年5月，基于市场上债务违约事件开始出现，货币政策组合开始转向为“紧货币+宽信用”模式。在此期间，因为央行源头上把控货币的发行量，但宽信用引发了资金杠杆工具的出现。在此情况下，黏胶短纤作为一个商品，仍呈现出震荡下行的格局。

2014年4月～2014年7月，整个市场由于资金紧缺，甚至在2013年6月出现了“钱荒”事

件，迫使央行进行了一次“宽货币+宽信用”货币政策组合模式出台。但是，此时大宗商品包括黏胶短纤，已经在低位底部运行，整个政策实行过程中，黏胶短纤表现出平稳震荡走势，价格运行区间为11676～11995元/吨。

（2）黏胶短纤市场处于牛市震荡行情时，“宽货币+紧信用”出现概率50%，“紧货币+紧信用”出现概率25%，“紧货币+宽信用”出现概率25%。

牛市震荡行情出现时，宏观环境表现基本同震荡行情所处的宏观环境差不多，主要是因为通胀或者通缩已经进入一个关键节点，央行为了维护市场的稳定性，推出不同的货币政策组合。在这种情况下，一旦货币政策组合出现变动，可以作为黏胶短纤市场可能见顶或者筑底的参考依据。具体情况见表9-10。

表9-10　“货币+信用”组合状态与黏胶短纤市场运行（牛市震荡）

序号	统计周期	黏胶短纤价格（元/吨）				货币+信用	市场表现
		期初	高点	低点	期末		
1	2014年7月～2016年1月	11838	14511	11250	13410	宽货币+紧信用	牛市震荡
2	2016年7月～2016年10月	14800	16780	14800	16580	宽货币+紧信用	牛市震荡
3	2016年10月～2017年1月	16580	16700	15460	16700	紧货币+紧信用	牛市震荡
4	2017年1月～2017年8月	16700	17200	15000	16000	紧货币+宽信用	牛市震荡

（3）黏胶短纤市场处于牛市行情时，“紧货币+紧信用”出现概率为25%，“宽货币+宽信用”出现概率为25%，“紧货币+宽信用”出现概率为50%。就单个模式而言，“紧货币”出现概率为75%，“宽货币”出现概率为25%，“宽信用”出现概率为75%，“紧信用”出现概率为25%。

由此可见，黏胶短纤的牛市出现依据，主要由信用的松紧决定，而非货币的松紧来决定。一旦出现宽信用的货币政策信号，可以评估黏胶短纤市场是否有进入牛市的可能性（表9-11）。

表9-11　“货币+信用”组合状态与黏胶短纤市场运行（牛市）

序号	统计周期	黏胶短纤价格（元/吨）				货币+信用	市场表现
		期初	高点	低点	期末		
1	2003年6月～2004年11月	11400	17800	11400	16400	紧货币+紧信用	牛市
2	2005年12月～2006年4月	12800	13000	12600	13000	宽货币+宽信用	牛市
3	2006年4月～2008年2月	13000	22500	13000	21300	紧货币+宽信用	牛市
4	2008年12月～2009年7月	11800	16000	11500	15500	宽货币+宽信用	牛市
5	2009年7月～2009年12月	15500	19000	15500	19000	紧货币+宽信用	牛市
6	2010年7月～2010年12月	18000	30200	17500	26000	紧货币+宽信用	大牛市
7	2016年1月～2016年4月	12300	13500	12300	13500	紧货币+紧信用	牛市
8	2016年4月～2016年7月	13500	14800	13350	14800	紧货币+宽信用	牛市

（4）黏胶短纤处于熊市行情时，“宽货币+紧信用”出现概率为28.57%，“紧货币+紧信用”出现概率为71.43%。其中“紧信用”出现概率为100%。

因为黏胶短纤熊市过程中出现“紧信用”货币政策的概率为100%，同时“紧货币+紧信用”的货币政策组合出现的概率为71.43%，故一旦央行货币政策出现“紧信用”或者“紧货币+紧信用”政策时，一定要注意控制自己的黏胶短纤仓位，以防止黏胶短纤市场进入熊市的可能性（表9-12）。

表9-12　“货币+信用”组合状态与黏胶短纤市场运行（熊市）

序号	统计周期	黏胶短纤价格（元/吨）				货币+信用	市场表现
		期初	高点	低点	期末		
1	2004年11月～2005年12月	16400	16400	12800	12800	宽货币+紧信用	熊市
2	2008年2月～2008年9月	21300	21300	15700	16600	紧货币+紧信用	熊市
3	2008年9月～2008年12月	16600	16600	11800	11800	宽货币+紧信用	熊市
4	2009年12月～2010年7月	19000	20300	18000	18000	紧货币+紧信用	熊市
5	2010年12月～2011年11月	26000	28200	16950	16950	紧货币+紧信用	熊市
6	2013年5月～2014年4月	13275	13397	11676	11676	紧货币+紧信用	熊市
7	2017年8月～2017年12月	16000	16200	14000	14300	紧货币+紧信用	熊市

四、总结

通过对“货币+信用”政策组合与黏胶短纤市场实际运行状况分析，不难看出，黏胶短纤市场与“货币+信用”政策组合互为因果。“货币+信用”政策组合可以从央行发布的政策变更中较为便利地获得，一旦货币政策出现变更时，需要考虑黏胶短纤面临的熊市、牛市、震荡三种市场的风格切换。而央行的政策变更，很大程度上取决于宏观经济发生的变化，一旦市场到了通胀难以抑制的时候，就需要出台“紧货币+宽信用”的组合；如果还是无法抑制，则可能推出“紧货币+紧信用”组合，以此来平抑市场朝着不可控的通胀方向发展。黏胶短纤市场在整个宏观经济中，仅仅是一个小参数，但是因为其是制造业，而且是传统型制造业，故有的时候会影响货币政策制定者的决策理念，故两者之间是互为因果。研究货币的学者，可以参考黏胶短纤进入到底部的震荡或者顶部的震荡，作为货币政策可能转向的依据，而黏胶短纤市场操作从业人员，可以观察货币政策的转向，合理控制和安排自己的仓位，以达到市场实际操作过程中的“趋利避害”。

第四篇

中国传统文化与黏胶短纤市场运行机制

第十章　六十甲子与天干地支纪年

一、天干地支纪年

天干地支是中国传统预测学的基础，也是中国传统文化中较为核心的一部分。中华民国之前，我国的纪年方式基本采用的是天干地支时间循环顺序方法，再加上皇帝的年号纪年方式。同时，在建筑、雕塑、生产工具中也多以天干地支法作为制订方位或者记事的方案。其已经深入融合在中华民族的性格、能力、心理、思维方式、生活方式、价值标准等中。根据相关文献，早在商朝时期，其帝王的名号中，就出现了比如太丁、外丙、中壬、太甲、武丁、盘庚等天干命名。也就是公元前1657年附近天干作为一种文化已经被广泛应用。

提起中国传统预测学，很多人肯定会想起周易、八卦、奇门遁甲、八字算命之类。在一段历史时期内，将其称作“迷信”。在1990年后，中国股市起步阶段，股市分析中引入了道氏理论、江恩理论、波浪理论后，人们对于股价物价的研究开始趋多，并且引入了股价物价的时空波动观点。在此类观点影响下，国内一些民间股民研究人士开始对中国传统预测学进行梳理，笔者也是在2000年以后，读大学期间，开始研究中国传统预测学。

通过近18年的研究，笔者对中国传统预测学有了一定的理解与感悟。中国传统预测学，某种意义上是古代中国人对于自然的认识，在长期与自然博弈中，所产生的一门预测学问，也是古代中国人民对于时空观的一种感悟，最终通过统计等数理方法，演化出一些预测体系。

中国传统预测体系，最核心的部分在于对时间与空间的认识。对于时间的认识核心是“天干地支”，对于空间的认识则来源于不同的方位与空间尺度。而易经、奇门遁甲、八字算命、大六壬等玄学术数则是古人利用不同的统计方法所演化出来的预测未来的一种算术系统。

要理解这点并不难，众所周知，计算机领域中，最为基础的两个符号为“0”“1”。而以“0”“1”演化出来的汇编语言，则是计算机领域的最基础语言，其算法进制为“二进制”，这也是计算机领域中最为基础的数位升级方式。在二进制的基础上，可以演化为八进制、十六进制等。中美贸易战后，美国禁止高通将芯片卖给中兴公司，中兴瞬间受到较大打击，中国网民也开始反思为何这么强大的国家连个芯片都做不出。但是，很多人并不了解，芯片背后是数字语言、数学算法体系、逻辑基础等一系列学科交叉结合的结果。笔者在读大学的时候，很多朋友都说汇编语言、二进制没有用，因为现实生活中，这些东西用不上。但换种方式进行讨论的时候，就变成了虽然知道这个东西很有用，但是很绕脑子，因为从小到大都是十进制惯了，而且生活中也是十进制，猛然用二进制，首先是会让身边人觉得莫名其妙；另外就是研究多了，脑子里面两个进制问题打架是肯定的。加上，汇编语言在计算机基础领域的定位被翻译成了“低级语言”，而不是“基础语言”“核心语言”；将容易理解的VC或者VC++等语言定位成了“高级语言”。这样也给不是计算机专业的但对计算机基础有兴趣的人员造成了一种认识上的误区。

久而久之，中国的芯片做不出来，中国的计算机系统做不出来，这不是中国人不够聪明的原因，而是在于，基础研究可以做，但最基本的基础研究没有人做，即使有人有兴趣做，也找不到项目的支持资金来源。所以，从这种思维去理解，就知道为何印度等国家都可以做出来的芯片，在中国就成了难课题。

中国传统预测学虽然具备一定的时空观点，但是就笔者这18年来的研究，也仅仅是感觉稍微能够摸到这种预测的门槛，还不能说已经入门。一部《周易》，孔子能够读到“韦编三绝”的境地，可想而知，想要真正地入门，有多难。

通过多年的实践，笔者将中国传统预测学初步与黏胶短纤市场行业预测相结合。通过2015年起步，至今预测准确率在80%以上。这一点基本在2016年“布衣资讯”公众号进行过公开预测，业内多数人见证了其准确度。

笔者通过“取其精华，去其糟粕”的方法，对中国传统预测学进行了一系列的梳理，最终采用中国传统预测学中的“天干地支”文化作为基础，结合二十四节气以及《娄景书》《地母经》等农业传统预测学应用于黏胶短纤市场行情分析中。其大致路径为，推导每年纺织原料的大小年来确定该年度是否存在涨跌的贸易机会或者博弈机会。其大致的思路，与波浪理论存在一定的交集，比如其共同思想为“价格波动的时空观”，也存在不同点，比如波浪理论采用的时间为公历纪年纪时法；但中国传统预测学中使用的是农历纪年纪时法。另外一个最大的不同点在于，波浪理论西方线性思维比较强，感官上比较直白；而中国传统预测学利用“天干地支”再融入其60种不同的时间组合，如果加上空间组合，那么将达到数万级别的组合，体系较为繁杂。在不理解这种运作体系的情况下，演变成了类似于玄学类的一种。

本书中所涉及的利用中国传统预测学预测黏胶短纤价格运行趋势体系中，笔者将其简化，因为在实际运用过程中，黏胶短纤价格一旦出现趋势上的变化，比如有一个波动延续性。故只要知道黏胶短纤在哪个时间与空间上容易引发出一种趋势性变化即可。余下的则可以利用宏观经济分析法以及基本面分析法或者技术分析等手段解决。

《世本》曰："容成造历，大桡作甲子。"从文献记载来看，黄帝时期就有十二地支，代表着每年十二个不同的月令、节令；殷商时期出现了甲乙丙丁等十个计算和记载数目的文字，称为天干，并与地支结合运用（如甲子、乙丑等），用于纪年、月、日、时。天干地支，是应用易学在实践方面的重要手段和途径之一，很多事物的发展规律都是通过它来认知。天干地支简称"干支"。《辞源》里说，"干支"取义于树木的"干枝"。

翁文波先生在其著作《天干地支纪历与预测》一书中，曾经对天干地支给出了一种新的解释：天干即地球之外的宇宙天体对于地球的干扰；地支是地球的地壳对万物的支撑与支持。万物在这种外围天体干扰与地壳表面支持下，不断演变，最终演变出生命，并且形成茁壮成长、不断进化之势。

天干地支与六十甲子在中国古代的历法中，甲、乙、丙、丁、戊、己、庚、辛、壬、癸被称为"十天干"，子、丑、寅、卯、辰、巳、午、未、申、酉、戌、亥叫作"十二地支"。古代中国人民用天干地支来表示年、月、日、时。年月日时就像四个柱子一样撑起"时间"的大厦，所以称为四柱。古代中国人民制订天干地支的理论，应该有观察和实践基础，而不是闭门造车弄出来的概念。比如，中医针灸取穴，讲究子午流注，不同的日子和时辰，取穴是有规律的，和天干地支的规律符合。

1. 天干地支的含义

在《史记》《汉书》中均有天干地支含义的部分记载，大体内容如下。

（1）十天干的含义。

甲是拆的意思，指万物剖符甲而出也。

乙是轧的意思，指万物出生，抽轧而出。

丙是炳的意思，指万物炳然著见。

丁是强的意思，指万物丁壮。

戊是茂的意思，指万物茂盛。

己是纪的意思，指万物有形可纪识。

庚是更的意思，指万物收敛有实。

辛是新的意思，指万物初新皆收成。

壬是任的意思，指阳气任养万物之下。

癸是揆的意思，指万物可揆度。

（2）十二地支的含义。

子是兹的意思，指万物兹萌于既动之阳气下。

丑是纽，阳气在上未降。

寅是移，引的意思，指万物始生寅然也。

卯是茂，言万物茂也。

辰是震的意思，物经震动而长。

巳是起，指阳气之盛。

午是仵的意思，指万物盛大枝柯密布。

未是味，万物皆成有滋味也。

申是身的意思，指万物的身体都已成就。

酉是老的意思，万物之老也。

戌是灭的意思，万物尽灭。

亥是核的意思，万物收藏。

2. **十天干和十二地支进行循环组合**

甲子、乙丑、丙寅……一直到癸亥，共得到60个组合，称为六十甲子，如此周而复始，无穷无尽（表10-1）。年月日时都是60一个循环。60在时间领域是个奇妙的数字。不但古代中国人民用60作为循环，在来自西方的计时法中，一分钟是60秒，一小时是60分钟。难道仅仅是巧合吗？同样，一天24小时，和中国传统的每天12个时辰（时辰也就是大时，两小时为一个大时）对应，中国用5天作为一个时辰的大循环，所谓“五日一候”，共是60个时辰。

表10-1　六十甲子顺序表

顺序	干支	顺序	干支	顺序	干支	顺序	干支	顺序	干支	顺序	干支
1	甲子	11	甲戌	21	甲申	31	甲午	41	甲辰	51	甲寅
2	乙丑	12	乙亥	22	乙酉	32	乙未	42	乙巳	52	乙卯
3	丙寅	13	丙子	23	丙戌	33	丙申	43	丙午	53	丙辰
4	丁卯	14	丁丑	24	丁亥	34	丁酉	44	丁未	54	丁巳
5	戊辰	15	戊寅	25	戊子	35	戊戌	45	戊申	55	戊午
6	己巳	16	己卯	26	己丑	36	己亥	46	己酉	56	己未
7	庚午	17	庚辰	27	庚寅	37	庚子	47	庚戌	57	庚申
8	辛未	18	辛巳	28	辛卯	38	辛丑	48	辛亥	58	辛酉
9	壬申	19	壬午	29	壬辰	39	壬寅	49	壬子	59	壬戌
10	癸酉	20	癸未	30	癸巳	40	癸卯	50	癸丑	60	癸亥

六十甲子的科学原理，虽无法破译，但由其衍生出来的《黄帝内经》之五运六气理论及四柱命理学理论之所以能数千年不衰，因为这些理论是探索人体奥秘、预测、诊断、治疗人体疾病的学问。在自然科学领域里，六十甲子的作用也是巨大的。

二、六十甲子纳音取像

谈到纳音的来源，有下列记述：“六十甲子纳音（表10-2），实即六十律逆相为宫之法。一律合五音，十二律即纳六十音。纳音的基本方法是：同类娶妻，隔八生子。这也是律吕相生的法则。干为天，支为地，音为人；又每两组配一纳音五行，具体含义，至今仍是一个谜。”

表10-2 六十甲子纳音表

年号	年命	年号	年命	年号	年命
甲子	海中金	甲申	泉中水	甲辰	佛灯火
乙丑		乙酉		乙巳	
丙寅	炉中火	丙戌	屋上土	丙午	天河水
丁卯		丁亥		丁未	
戊辰	大林木	戊子	霹雳火	戊申	大驿土
己巳		己丑		己酉	
庚午	路旁土	庚寅	松柏木	庚戌	钗钏金
辛未		辛卯		辛亥	
壬申	剑锋金	壬辰	长流水	壬子	松桑木
癸酉		癸巳		癸丑	
甲戌	山头火	甲午	沙中金	甲寅	大溪水
乙亥		乙未		乙卯	
丙子	涧下水	丙申	山下火	丙辰	沙中土
丁丑		丁酉		丁巳	
戊寅	城墙土	戊戌	平地木	戊午	天上火
己卯		己亥		己未	
庚辰	白腊金	庚子	壁上土	庚申	石榴木
辛巳		辛丑		辛酉	
壬午	杨柳木	壬寅	金箔金	壬戌	大海水
癸未		癸卯		癸亥	

以下摘录《三命通会》之“论纳音取象”，以体味其义：

“昔者，黄帝将甲子分轻重而配成六十，号曰花甲子，其花字诚为奥妙，圣人借意而喻之，不可着意执泥。夫自子至亥十二宫，各有金、木、水、火、土之属，始起于子为一阳，终于亥为六阴，其五行所属金、木、水、火、土，在天为五星，于地为五岳，于德为五常，于人为五脏，其于命也为五行。是故甲子之属乃应之于命，命则一世之事。故甲子纳音象，圣人喻之，亦如人一世之事也。何言乎？”

子丑二位，阴阳始孕，人在胞胎，物藏其根，未有涯际；寅卯二位，阴阳渐开，人渐生长，物以拆甲，群葩渐剖，如人将有立身也；辰巳二位，阴阳气盛，物当华秀，如人三十、四十而有立身之地，始有进取之象；午未二位，阴阳彰露，物已成奇，人至五十、六十，富贵贫贱可知，凡百兴衰可见；申酉二位，阴阳肃杀，物已收成，人已龟缩，各得其静矣；戌亥二位，阴阳闭塞，物气归根，人当休息，各有归着。详此十有二位先后，六十甲子可以次第而晓。

甲子乙丑何以取象为海中之金？盖气在包藏，有名无形，犹人之在母腹也；壬寅癸卯绝地存金，气尚柔弱，薄若缯缟，故曰金泊金。庚辰辛巳以金居火土之地，气已发生，金尚在矿，寄形生养之乡，受西方之正色，乃曰白蜡金；甲午乙未之气已成，物质自坚实，混于沙而别于沙，居于火而炼于火，乃曰沙中金也，壬申癸酉气盛物极，当施收敛之功，颖脱锋锐之刃。盖申酉金之正位，干值壬癸，金水淬砺，故取象剑锋而金之功用极矣；至戌亥则金气藏伏，形体已残，锻炼首饰，已成其状，藏之闺阁，无所施为，而金之功用毕，故曰庚戌辛亥钗钏金。

壬子癸丑何以取象桑柘木？盖气居盘屈，形状未伸，居于水地，蚕衰之月，桑柘受气，取其时之生也；庚寅辛卯则气已乘阳，得栽培之势力其为状也，奈居金下，凡金与霜素坚，木居下得其旺，岁寒后凋，取其性之坚也，故曰松柏木，戊辰己巳则气不成量，物已及时，枝叶茂盛，郁然成林，取其木之盛也，故曰大林木；壬午癸未，木至午而死，至未而墓，故杨柳盛夏叶凋，枝干微弱，取其性之柔也；故曰杨柳木；庚申辛酉，五行属金而纳音属木，以相克取之。盖木性辛者，唯石榴木；申酉气归静肃，物渐成实，木居金地，其味咸辛，故曰石榴木；观它木至午而死，惟此木至午而旺，取其性之偏也；戊戌己亥，气归藏伏，阴阳闭塞，木气归根，伏乎土中，故曰平地木也。

丙子丁丑何以取象涧下水？盖气未通济，高段非水流之所，卑湿乃水就之乡，由地中行，故曰涧下水；甲寅乙卯，气出阳明，水势恃源，东流滔注，其势浸大，故曰大溪水；壬辰癸巳，势极东南，气傍离宫，火明势盛，水得归库，盈科后进，乃曰长流水也；丙午丁未，气当升降，在高明火位，有水沛然作霖，以济火中之水，惟天上乃有，故曰天河水；甲申乙酉，气息安静，子母同位，出而不穷，汲而不竭，乃曰井泉水；壬戌癸亥，天门之地，气归闭塞，水力遍而不趋，势归乎宁谧之位，来之不穷，纳之不溢，乃曰大海水也。

戊子己丑何以取象霹雳火？盖气在一阳，形居水位，水中之火，非神龙则无，故曰霹雳火；丙寅丁卯，气渐发辉，因薪而显，阴阳为治，天地为炉，乃曰炉中火也；甲辰乙巳，气形盛地，势定高冈，传明继晦，子母相承，乃曰覆灯火也；戊午己未，气过阳宫，重离相会，丙灵交光，发辉炎上，乃曰天上火也；丙申丁酉，气息形藏，势力韬光，龟缩兑位，力微体弱，明不及远，乃曰山下火也；甲戌乙亥谓之山头火者，山乃藏形，头乃投光，内明外暗，隐而不显，飞光投乾，归于休息之中，故曰山头火也。

庚子辛丑何以取象壁上土？气居闭塞，物尚包藏，掩形遮体，内外不交，故曰壁上土；戊寅己卯，气能成物，功以育物，发乎根茎，壮乎萼蕊，乃曰城头土；丙辰丁巳，气以承阳，发生已过，成其未来，乃曰沙中土也；庚午辛未，气当成形，物以路彰，有形可质，有物可彰，乃曰路傍土也，戊申己酉，气已归息，物当收敛，龟缩退闲，美而无事，乃曰大驿土也；丙戌丁亥，气成物府，事以美圆，阴阳历遍，势得期间，乃曰屋上土也。

余见路旁之土，播殖百谷，午未之地，其盛长养之时乎？大驿之土通达四方，申酉之地，其得朋利亨之理乎？城头之土取堤防之功，五公恃之，立国而为民也，壁上之土明粉饰之用，臣庶资之，爰居而爰处也；沙中之土，土之最润者也，土润则生，故成其未来而有用；屋上之土，土之成功者也，成功者静，故止一定而不迁。盖居五行之中，行负载之令，主养育之权，三才五行皆不可失，处高下而得位，居四季而有功，金得之锋锐雄刚，火得之光明照耀，木得之英华越秀，水得之滥波不泛，土得之稼穑愈丰。聚之不散，必能为山，山者，高也；散之不聚，必能为地，地者，原也。用之无穷，生之罔极，土之功用大矣哉！

五行取象，皆以对待而分阴阳，即始终而变化。如甲子乙丑对甲午乙未，海中沙中，水土之辨，刚柔之别也；庚辰辛巳对庚戌辛亥，白蜡钗钏，乾巽异方，形色各尽也；壬子癸酉对壬午癸未，桑柘杨柳，一曲一柔，形质多别也；庚寅辛卯对庚申辛酉，松柏石榴，一坚一辛，性味迥异也；戊辰己巳对戊戌己亥，大林平地，一盛一衰，巽乾殊方也；戊子己丑对戊午己未，霹雳天上，雷霆挥鞭，日明同照也；丙寅丁卯对丙申丁酉，炉中山下，火盛木焚，金旺火灭也；甲辰乙巳对甲戌乙亥，覆灯山头，含光畏风，投光止艮也；庚子辛丑对庚午辛未，壁上路旁，形分聚散，类别死生也；戊寅己卯对戊申己酉，城头大驿，东南西北，坤艮正位也；丙辰丁巳对丙戌丁亥，沙中屋上，干湿互用，变化始终也。圆看方看，不外旺相死休；因近取远，莫逃金木水火土。以干支而分配五行，论阴阳而大明始终。天成人力相兼，生旺死绝并类。

呜呼！六十甲子圣人不过借其象以明其理，而五行性情，材质，形色，功用无不曲尽而造化无余蕴矣。

三、六十甲子纳音具体解释

1. 甲子乙丑海中金

以子为水，又为湖，又为水旺之地，兼金死于子、墓于丑，水旺而金死、墓，故曰海中之金，又曰气在包藏，使极则沉潜。

子，五行是水，是湖泊之水，是水势旺盛的地方，在五行中金死在子而墓在丑，水旺金死、墓，犹如大海中之金子故曰大海金。另一种说法：甲乙和子丑都是阴阳刚萌发，这样追溯到极点，就下沉潜藏仿佛像海中的金子一样。《三命通会》云：海中金者，宝藏龙宫，珠孕蛟宝，出现虽假于空冲，成器无借乎火力，故东方朔以蚌蛤名之，良有理也，妙选有珠藏渊海格以甲子见癸亥，是不用火，逢空有蚌珠照月格，以甲子见己未，是欲合化互贵。盖以海金无形，非空冲则不能出现，而乙丑金库，非旺火则不能陶铸故也。如甲子见戊寅、庚午，是土生金，乙丑见丙寅丁卯是火制金。又天干逢三奇，此等贵格，无有不贵。

2. 丙寅丁卯炉中火

以寅为三阳，卯为四阳，火既得位，又得寅卯之木以生之，此时天地开炉，万物始生，故曰炉中火，天地为炉，阴阳为炭。

3. 戊辰己巳大林木

戊辰，两土下木，众金不能克，盖土生金，有子母之道，得水生之，为佳，五行要论云：戊辰，庚寅，癸丑三辰，挺木德清健之数，生于春夏，能特立独奋，随变成功，更乘旺气，则有凌霄耸壑之志，惟忌秋生，虽怀志节，屈而不伸。

4. 庚午辛未路旁土

以未中之土，生午木之旺火，则土旺于斯而受刑。土之所生未能自物，犹路旁土也，壮以及时乘原哉，木多不虑木。

提示：五行中土生木，木生火，可火反过来把土烧焦，这就是土所生之物，非但无用反而害己，所以用路旁土比喻，但此命未必不好，路旁土得水滋润灌溉，可以回归大地，滋生万物，如果得金资助，也可以建宫修殿，富贵一时。

5. **壬申癸酉剑锋金**

以申酉金之正位，兼临官申，帝旺酉，金既生旺，旺则诚刚，刚则无逾于剑峰，故曰剑峰金。虹光射斗牛，白刃凝霜雪。此金造化非水不能生，大溪海水日时相逢为上格，井泉涧下有霹雳助或得乙卯之雷方好若无雷霹亦金白水清格也，秋生更吉。

6. **甲戌乙亥山头火**

以戌亥为天门，火照天门，其光至高，故曰山头火也，天际斜晖，山头落日散绮，因此返照舒霞，木白金光。 提示：山头火可以通天，此命可贵可显，但要有山（土）有木有火，否则火光难以照亮天门了，另外，山头火怕水，微雨稍可，如遇大海水（见壬戌、癸亥）相克，那么凶神就到了。

7. **丙子丁丑涧下水**

以水旺于子衰于丑，旺而反衰则不能成江河，故曰涧下水，出环细浪，雪涌飞湍，汇流三峡之倾澜，望下寻之倒。

提示：涧下为澄水清流，命书曰，此水若得金，尤其以沙中、剑锋为佳（甲午乙未沙中金、壬申癸酉剑锋金），但不能掺杂有火、土之命，水火不容，土来水不清。最后若有大溪水（甲寅乙卯）相合，就象征细流汇成江河，源远流长无忧无虑了。

8. **戊寅己卯城头土**

以天干戊、己属土，寅为艮山，土积为山，故曰城土也，天京玉垒，帝里金城，龙蟠千时之形，虎踞四维之势也。

提示：城中见山见水，必是假山秀水，非显贵人家不能营造，但忌大海之水和霹雳火。

城头土者天京玉垒，帝里金城，龙盘千里之形，虎居四维之势。此土有成未成作两般论，凡遇见路傍为已成之土不必用火，若无路傍为未成之土，须用火。大都城土皆须资木杨柳癸未最佳，壬午则忌，桑柘癸丑为上，壬子次之。庚寅辛卯就位相克，则城崩不宁何以安人也。耶如见木无夹辅只以贵人禄马论之。见水有山为显贵，甲申丁丑俱吉，天河滋助亦吉，惟忌霹雳大海，壬戌不忌。合化俱以吉推。土爱路傍防见诸火，大驿逢山须作贵观，若独见无根本，贫夭孤寒，五行见金只有白蜡，怕巽二者相妨，余金无用，亦须以禄马贵人看之。

9. **庚辰辛巳白蜡金**

以金养于辰而生于巳，形质初成，未能坚利，故曰白蜡金，气渐发生，交栖日月之光，凝阴阳之气。

提示：白腊金质初成，喜遇火、水；如庚辰遇辛巳或水，喜见乙巳，命书称为《啸风猛虎格》，学业仕途多有成就，再加遇水喜见乙酉、乙卯、癸巳等，命书都认为有富贵命，但因白蜡金性弱，所以怕木反悔，除非他遇到弱火，需要有木来助了。

10. **壬午癸未杨柳木**

以木死于午墓于未，木既死墓，唯得天干壬癸之水以生之，终是柔木，故曰杨柳木，万缕不蚕之丝，千条不了之线。

提示：杨柳木植根于土中，所以喜见土，唯丙戌丁亥屋 上土不喜，可为杨柳不能生在屋上，杨柳木又喜遇水，除大海水外皆吉；另外还有“杨柳掩金”之说，即以此为日柱，时柱中有金相配，以此为富贵之命，杨柳木性弱，遇火易夭折；同时他外庚申辛酉石榴木，有旺盛的石榴木相压，杨柳木一生卑微。

11. 甲申乙酉泉中水

金既临官在申，帝旺在酉，旺则生自以火，然方生之际方量未兴，故曰井泉水也。气息在静，过而不竭，出而不穷。

提示：有金则水源不断，以沙中、钗钏为上吉。遇水、遇木也吉。如有一人四柱，年时两柱有水；日时两柱有木，就叫“水绕花堤”大富大贵。

12. 丙戌丁亥屋上土

以丙丁属火，戌亥为天门，火既炎上则土非在下，故曰屋上土。

提示：屋上土实际上应是砖瓦，戌亥一水一土，和而成泥，再加上火以烧烤，就成为砖瓦。修屋造房各有所用，既是屋上土，则需要有木的支撑和金的刻削装点，屋上土方显金碧辉煌，大富大贵之象。大怕火灾，遇火则凶，但天上火（即太阳之火）除外。

13. 戊子己丑霹雳火

丑属土，子属水，水居正位而纳音乃火，水中之火非龙神则无，故曰霹雳火，电击金蛇之势，云驰铁骑之奔，变化之象。

提示：此火是神龙之火，神龙所到之处，无非是风雨雷电之类，因此，此火与水、土、木相遇，或吉或无在。所忌即火，二火相遇性燥而凶。

14. 庚寅辛卯松柏木

以木临官在寅，帝旺在卯，木既生旺，则非柔弱之比，故曰松柏木也。积雪凝霜参天覆地，风撼笙簧，再余张旌施。

提示：松柏木是一种坚强的树木，所以火中唯炉中火、水中唯大海水能伤害他，其他相遇无害。松柏木外遇大林木、杨柳木，同为木种而质不如松柏木，必生妒心。松柏木喜见金，遇上将预示大贵。另外还有一种被称作“冬季苍松”的命格，即月日时三柱同属冬，（壬、癸、亥、子）。此格为富贵之命。

15. 壬辰癸巳长流水

辰为水库，巳为金的长生之地，金则生水，水性已存，以库水而逢生金，泉源终不竭，故曰长流水也。势居东南，贵安静。

提示：金可生水，所以遇金则吉，怕遇水，因为水多易泛滥；同时水土相克，遇丙戌、丁亥、庚子、辛丑等土，难免凶祸夭折；必须要有能生水的金来相救。另外，水火也相克，相克则凶。但如与甲辰相遇，辰为龙，龙见水则龙归大海之意，反而为吉。

16. 甲午乙未沙中金

午为火旺之地，火旺则金败，未为火衰之地，火衰败而金冠带，败而方冠带，未能作伐，故曰沙中金也。

提示：沙中金初形成而未能有用，所以需火炼，但火过盛则“火旺金败”了，同时要有木制，使不随心所欲的盛衰，同时以火炼之，如山头火、山下火、覆灯火等性温和的火与它相遇，命书认为是少年荣华富贵的命局，加外，沙中淘金也是一种采金的方法，但水要净水如长流水、大海水则则把金沙一起淹没了，用井泉、涧下、天河等水也吉。沙中金怕遇见沙中土、路旁土、大驿土，恐被土覆盖的缘故。

17. 丙申丁酉山下火

申为地户，酉为日入之门，日至此时而无光亮，故曰山下火。

提示：山下火实际夜晚的太阳，古人认为在夜晚太阳也和人一样，在一个地方休息，因此遇土、遇木则吉，既是夜晚的阳光，自然不喜再见阳火，山头火等。

18. 戊戌己亥平地木

戌为原野，亥为生木之地，夫木生于原野，则非一根一林之比，故曰平地木，惟贵雨露之功，不喜霜雪之积。

提示：平地木较之大林木，林不丰而地不广，多为可被人们采伐疟树木，因此怕遇金，遇金则不吉，喜水、土、木；另外还有一种贵命叫“寒谷回春”格，即生于冬季的人，柱中又遇到寅、卯这两个属木的地支，这就是寒冬中树木的生长，也是一种贵命。

19. 庚子辛丑壁上土

丑虽是土家正位，而子则水旺之地，土见水多则为泥也，故曰壁上土也，气屋开塞，物尚包藏，掩形遮体，内外不及故也。

提示：壁上土既为人建屋之用，但建屋离不开木，是故遇木则吉，遇火则凶，遇水也属吉命。但大海水除外，金中只喜与金箔金相遇。

20. 壬寅癸卯金箔金

寅卯为木旺之地，木旺则金羸，且金绝于寅，胎于卯，金既无力，故曰金箔金。

提示：古代用金箔装饰屋宇，以显示金碧辉煌，金箔来源于其他金，故遇金则有源，遇屋上、城头之土则是大有作为之地，命书上说，此金遇到城头土中的戊寅，就叫做“昆山片玉”，金箔金中的癸卯遇到己卯，就叫作“玉兔东升”，都是贵命。

21. 甲辰乙巳覆灯火

辰为日时，巳为日之将午，艳阳之势光于天下，故曰覆灯火，金盏摇光，玉台吐艳，照日月不照处，明天下未明时。

提示：覆灯火是夜间照明之用，但离不开木和油（油也属水），故遇木水则吉，黑夜则属阴故而不宜遇阳，如遇长流水、井泉水、涧下水曰“暗灯添油”；如遇到剑锋金曰“灯火拂剑”，都是贵命。但怕遇土（屋上土除外）、喜同类但霹雳火除外，因霹雳火是神龙之火，来时必有风，有风则灯灭故凶。

22. 丙午丁未天河水

丙丁属火，午为火旺之地，而纳音乃水，水自火出，非银汉而不能有也，故曰天河水，气当升齐，沛然作霖，生旺有济物之功。

提示：天河水在天上，所以地上金水木火土都无法克制他，或者相得益彰，或者天河水滋润有益，命书上说唯有壁上土与他相冲，有损造化之功。

23. 戊申己酉大驿土

申为坤，坤为地，酉为兑，兑为泽，戊己之土加于坤泽之上，非比他浮沉之土，故曰大驿土，气以归息，物当收敛，故云。

提示：古人讲究返璞归真，大驿土回归土地，也代表了回归本性的倾向，因此他属于比较尊贵的命格。大驿土喜比较清静的水，如井泉水、长流水、涧下水之类，也短清秀的金，如钗钏金、金箔金等，与水则多数为吉，而那些比较旺盛的干支如大海水、山头火、山下火、覆灯火等，多数为凶，如遇到霹雳火时需有水来化解。但物极必反，此刻命格反而显贵了。

24. 庚戌辛亥钗钏金

金至戌而衰，至亥而病，全既衰病则诚柔矣，故曰钗钏金，形已成器，华饰光艳乎？生旺者乎？戳体火盛，伤形终不喜。

提示：钗钏金也是金，黄金则富贵无比了吧？未必尽然，万物贵求得其本性，自然为最佳，钗钏金是首饰之最，但作为人命，自然是有益有害，钗钏金怕遇火，遇火就光色全无，遇井泉水、涧下水、大溪水、长流水则吉，如遇大海水就如石沉大海，人难免贫困夭折；但他也喜见沙中土，因为土可以生金。

25. 壬子癸丑桑柘木

子属水而丑属金，水刚生木而金则伐之，犹桑柘方生而人便以戕伐。故曰桑柘木。

提示：沙中土、大驿土、路旁土等是桑柘木的生长之地，而井泉水、涧下水、长流水可以给他带来滋润之泽，遇此等自然为吉，另外，遇松柏木为强弱相济亦吉，遇杨柳木命书上称“桑柳成林”，是小康安乐业的景象，也吉；遇大林木是支流遇主流，仍吉；惟遇平地木、石榴木，同类相残者凶。

26. 甲寅乙卯大溪水

寅为东旺维，卯为正东，水流正东，则其性顺而川澜池沼俱合而归，故曰大溪水。

提示：命书认为，大溪水是要东归大海的，最重要的是他有源源不断的水源，因此，大溪水遇水和能生水的金，则吉；遇到各类克水的土和耗水的木都不妙，惟壬子癸丑桑柘木除外，因为壬子是水，癸丑是山，再遇水，命书上称为“水绕山环”，是贵局。

27. 丙辰丁巳沙中土

土库在辰，而绝在巳，而天本丙丁之火至辰为冠带，而临官在巳，土既张绝，得旺火生之而复兴，故曰沙中土。

提示：沙土在中央本不值钱，沙中含金则贵，并且需要清水淘出金来，所以遇水遇金则吉，喜见天上火，仿佛阳光、沙滩美景，又短见柘、杨柳之木，因为此二木在沙中可以栽活，其他木、火则不吉。沙中土遇其他木往往相冲相克。

28. 戊午己未天上火

午为火旺之地，未、己之木又复生之，火性炎上故曰天上火。

提示：天上火就是太阳，喜遇火、土、金与之协调相配，变化极多，分析原则是有水滋木，有木助火为吉，喜见覆灯其他火相克，如遇炉中火，命书称之为“犯罪身死”，又喜见土，如遇金木，则能形成许多贵命，天上火如单独与水，则容易形成水火相克。

29. **庚申辛酉石榴木**

申为七月，酉为八月，此时木则绝矣，惟石榴之木复实，故曰石榴木；气归静肃，物渐成实，木居金生其味，秋果成实矣。

提示：庚、辛、申、酉皆为金，但纳音为石榴木，这就是五行的通变。

此木深秋得果实，所以本性坚强，与、土、木、水、金往往能化合成吉，惟大海水水势汪洋，相与主贫困病痛；遇天上火、霹雳火或炉中火亦吉；其他火则预示凶兆。石榴木常常含贵命，如五月生人，日时再带一火，则名为“石榴喷火”；如遇杨柳木，称为“花红柳绿”，都是贵命。

30. **壬戌癸亥大海水**

水冠带在戌，临官在亥，水则力厚矣。兼亥为江，非他水之比，故曰大海水。

提示：大海水汪洋一片，无人能知，就其汹涌澎湃则无人能抵，因此以大海水为命的人，则有吉有凶。万河归海，所以天河、长流、大溪等水遇之则吉，如是壬辰与大海水相配则称为“龙归大海”，如阴阳各支相配得当，则一生富贵无比，喜与见上火，因为日出东海；金中喜海中金；木中喜见桑柘木、杨柳木，土中喜见路旁土、大驿土，吉；明者皆承受不了大海水，相遇则凶。如与霹雳火相遇，海水汹涌，电闪雷鸣，这就是海上风暴的景象，人命如此，自然意味着其人一生颠簸。

第十一章　娄景书

一、《娄景书》简介

《娄景书》是我国最早预测天气的文献资料，起源于公元前206年附近，主要在我国的湖南一带民间流行。这本书的主要内容是根据天干地支六十年花甲判断水旱情况。在过去的2000多年验证中，这本书有着极其顽强的预测准确度。如1935年乙亥年，湖南大水，《娄景书》中说："乙亥年来处处忧，高低田禾满田畴。低田淹没禾成腐，中田只有四分收。乌金豹子宜高处，粟麦桑麻将自由。不信但看七八月，家家门首望高楼。"1954年甲午年大水，《娄景书》说："甲午年来雨水多，夏忧田地也成河。高处田禾宜早种，低乡禾稻在奔波。"当然，自然现象不可能对任何地区都有严格而简单的单一周期，但近似的60年周期却广泛存在。

据统计，从1827年以来长江共发生洪灾16次，其年份分别为1827年、1849年、1860年、1870年、1887年、1905年、1909年、1917年、1931年、1935年、1945年、1954年、1969年、1980年、1991年、1996年。仔细分析这些数据，有：

1887–1827=60

1909–1849=60

1931–1870=61

1945–1887=58

1969–1909=60

1991–1931=60

1996–1935=61

可以说，长江洪水的准60年周期是非常明显的（当然其中还隐含22周期，与太阳黑子有关）。而且间隔约60年的洪水都有相同特点，如1870年、1931年和1991年洪灾都相隔61年或60年，这3次特大洪水都是全流域性质的，从四川到江浙，都蒙受了巨大损失。而1935年和1996年相隔61年，两次洪水都是区域性的，主要发生地在荆江两岸，即湖北的江汉平原和湖南的洞庭湖地区。湖南有些老农民和老船民似乎明白天干地支与洪水的关系，他们往往用10年、60年周期来预测水旱趋势。1968年湖南安乡县有许多农民说："明年是乙酉年，老乙酉年（公元1849年）大水，前乙酉年（公元1909年）也大水，明年会遇上60年大水（洪水）周期。"安乡县气象站根据民间经验结合其他信息准确地预报了1969年的洪水。

虽然《娄景书》主要用在历年的天气预测上，但随着中国交通运输事业的快速发展，天气偶发因素已经决定了物流能否畅通的主要影响因素。同时，因为黏胶短纤是棉花的主要替代品，棉花的收成也直接受天气因素制约，故研究《娄景书》，理清每年可能发生的天气灾害，对于把握农产品市场价格以及黏胶短纤市场价格，有着实际的指导意义。

二、《娄景书》在黏胶短纤市场分析中的实战

2016年为丙申年，这一年行业从业者应该记忆犹新，当年长江主流及支流发生多起暴雨水灾，致使整个长江流域物流受阻，使得黏胶短纤在华东地区存货有限，从而引发了一轮将近4000元/吨的价格涨幅。

《娄景书》对于丙申年的描述是：

丙申年来雨交流，三尺流郎好忧愁。

大小兄弟无踪迹，低处田禾总不收。

乌金赤脚十分好，离乡人户可兴钩。

高田半收了角少，无灾无瘴过三秋。

这段描述大致是说：丙申年的时候，雨水比较充足，最终引发成田里的秧苗会遭遇洪水，从而出现庄家作物减产，并且洪水易引发泥石流，造成梯田上的水稻因为山体滑坡等因素没有收成；而地势较低的水田中，容易被山上下来的泥石流填埋，也是造成作物减产。所以，到了秋季，大家要背井离乡，做纤夫等苦力，来维持生活。虽然有洪水，但洪水不是太大，最后还能收到一半的粮食，所以，半耕加上半打工，最终进入晚秋的时候，也没有什么大的灾难，这一年就这样过去了。

2016年黏胶短纤价格上涨的时间点在7月上旬开始，而这个时间节点上，长江中上游流域遭受了一场较大的洪水灾害，使得当时以江西九江为分界线，四川、湖北、江西、安徽等厂家的黏胶短纤厂因为这场洪水，发货出现了迟滞，使得东部地区的纺织厂没有足够的黏胶短纤可以使用，而纺织大省如山东、浙江、江苏等，所需黏胶短纤资源当时只有3～4家的黏胶短纤厂可以提供货源，所以，黏胶短纤因为天气因素，在短期内出现了供应紧张，从而，黏胶短纤市场价格由13600元/吨在一个月不到的时间内，直接跳升至16000元/吨以上。

虽然《娄景书》主要用在历年的天气预测上，但随着中国交通运输事业的快速发展，天气偶发因素已经决定了物流能否畅通。同时，因为黏胶短纤是棉花的主要替代品，棉花的收成也直接受天气因素制约，故研究《娄景书》，理清每年可能发生的天气灾害，对于把握农产品市场价格以及黏胶短纤市场价格，有着实际指导意义。

第十二章　中国传统预测学看2016年黏胶短纤市场

本文最早发布于“布衣资讯”公众号，时至今日，2016年已经成为历史，所做预测中，虽然出现了一些硬伤，这只能说明笔者对于中国传统预测学领悟水平有限，没有做到尽善尽美。当时仅仅推导出杭州G20峰会期间局部地区的物流停摆，但没有能推导出2016年7月因为天气因素导致局部地区物流停摆事件，从而在2016年价格转折点出现了一定程度的误判。但多数预言在2016年的黏胶短纤市场上均已兑现。可见，传统预测学在今天的实际市场博弈中，仍然具备一定的预见性。

一、传统文化看2016年宏观大势

从万年历上查知，2016年立春时间是公历2月4日17：46分，其时空八字是丙申年庚寅月丙辰日丁酉时；从立春八字来看，木火气势旺，主要表现在教育、文化、电子以及三者结合体互联网等行业比较兴旺发达。而且反面，则为地震、天火（雷电引起的火灾、爆炸、旱灾以及洪涝等）；比劫夺财，经济犯罪案件较多，比如互联网金融诈骗（e租宝类似事件可能频发），同时需要注意个人隐私保密，大数据泄露的个人资料将会成为新型诈骗的主要来源；寅申相冲，金木交战，应验在道路交通事故与恐怖伤人案件频发，辰酉相合，物流传送、道路交通与基础设施方面有重大变革。

丙申（2016）年岁干五行属火，岁支五行属金，天干克地支，天地阴阳二气不和谐，太岁纳音山下火，岁德在丙，岁德合在辛，二日得辛，六牛耕田，九龙治水，七人分丙，十一马驮谷，四屠共猪。大致解读为：能够赚钱的时间点在一年之中属于岁首，即第一季度可以大开大合。全年表现为气候异常现象居多，农产品受灾较为严重，最终收成较少；且全年表现为劳动力过剩，寻常百姓收入偏低。

《地母经》与《娄景书》分别是我国黄河流域以及荆湘地区劳动人民在长期与自然作斗争过程中形成的60年为一大周期的总结。现拿出来作为传统产业的预测，具有一定的意义。

丙申年（2016）地母经

诗曰

太岁丙申年，高下浪涛洪。

春夏遭淹凶，秋冬杳不通。
旱禾难得割，晚稻枉施工。
燕宋好豆麦，秦淮麻米空。
天虫相竞走，蚕妇哭天公。
六畜多灾患，人民卒暴终。
卜曰
岁首逢丙申，桑田亦主迍。
分野须当看，节候助黎民。
娄景书丙申年（2016）
丙申年来雨交流三尺流郎好忧愁
大小兄弟无踪迹低处田禾总不收
乌金赤脚十分好离乡人户可兴钩
高田半收了角少无灾无瘴过三秋

2016年《地母经》《娄景书》解析如下：

（1）2016年春夏季高原与平原低洼地区要预防洪涝灾害与泥石流等次生灾害，秋冬季天色昏暗，雾霾严重。

（2）禾苗不要种太早，否则收成不好，水稻、棉花等作为也不宜晚播种或种二季，否则徒劳无功，颗粒无收。

（3）我国华北、华中与东北等地区大豆与小麦收成好，西北与淮河流域桑麻与水稻收成差。

（4）虫灾泛滥（如蝗虫多），蚕麻棉收成差。

（5）牲畜或宠物多病患，如猪、狗、羊、牛、鸡、鸭、马等多灾多难，建议人们尽量少吃这些动物的肉制品，否则容易得怪病（如禽流感瘟疫）甚至暴毙而亡。总之，2016年农民种地养殖一定要与时俱进，与时消息，严格按气象节令劳作，否则五谷歉收。

两者结合，对2016年的预测大致为：全国经济结构调整的背景下，来年将是最具有挑战性的一年，同时气候异常年份，瘟病较多。为了防止瘟病广泛蔓延，可能出现2003年非典期间限制人员流通，物流停摆的现象。同时，因为传统行业属于被调整范畴，就业人口多，一旦被调整，则表现为失业人口居多，也就是整个社会劳动力过剩。闲人不管理好，且被限制自由的时候，只有利用互联网办点事情，所以，网络发达，同时网络诈骗增多不可避免。而后期警报一旦解除，被限制的人们将会选择大面积的出行，瞬时造成部分地区交通压力大，且一些之前因为停摆的货物需要发出，物流的车辆也会加大交通压力，最终通过这种情况的倒逼，使得政府进一步加大投入。进一步加大全国的交通运输、物流等行业，同时通过“互联网+”而不是“+互联网”，使得传统行业内的企业进一步深层次的变革。同时，互联网方面的立法，整个社会的法治，均因为相关案件频发，可能进行一场史无前例的法治改革。

二、国际宏观看2016年大势

2015年开启的一些国际大事件“魔盒”可能在2016年深化的几个事件：

（1）土耳其的异动。伊斯坦布尔是中国“一带一路”建设重要枢纽之一，然而这个重要枢纽，正因为土耳其强烈谋求自身利益，表现出一定的不安定性。随着土耳其打落俄罗斯飞机后，土耳其陆续调息“伊拉克”“希腊”等国家，“一带一路”在这种背景下，能否得到有效执行，将变得扑朔迷离，因为这里极有可能是一个火药桶，如果真的变成了火药桶，中国的“一带一路”建设，势必做出重大调整。

（2）美元加息。2015年12月17日凌晨，美联储如期宣布将基准联邦基金利率上调25个基点，为近10年来美联储的首次加息。并且大家预计，在2016年美联储至少还有两次加息。这意味着，2016年金融市场有两次波动较大的局面出现。同时，历次美元加息，都意味着一场金融危机出现，本次会不会有?

（3）原油价格因为上面两个因素，仍将被低估。尽管目前美原油价格已经在40美元/桶以下，但是，目前很多人对其预期仍是继续低迷。

（4）2016年为政治大选年，美国，非洲的乍得、乌干达、刚果（布）、安哥拉和南非，均要进行领导人换届选举。领导人及执政党的更换，将会出现一些新的政策或者治国方针，所以，这也不可避免地给本国或者与本国有较深渊源的国家带来一些变动。

三、国内宏观看2016年大势

2016年国内宏观仍以深化改革为主导趋势，产业结构调整继续深化，要做好2016年传统行业遇到的困难比2015年大的准备。中国的GDP增长预期进一步放缓，可能会破7%，多数机构预测在6.6%～6.8%。为了应对美元加息等政策，中国央行2016年将继续保持宽松立场，无风险利率继续下行。预计明年上半年央行还将降息一次，全年可能下调存款准备金率共600个基点。

四、2016年黏胶短纤市场预测分析

2016年我国的黏胶短纤新产能不会有太多的释放，目前仅有22万吨的新产能可能在来年释放（新疆富丽达4万吨，新疆银鹰5万吨，赛得利九江的13万吨），出富丽达的4万吨有明确的时间表，可能在2016年上半年释放，其余的均有具体时间表。而加上浙江富丽达明年将搬迁至新疆，这18万吨产能将出现一个季度的停摆期。故新产能释放方面，不会有重大变化。

但是，目前的黏胶短纤总体产能在370万吨附近，而2015年的产量，预估在305万～310万吨，这也就是说，目前行业内有60多万吨的产能没有全部开启，所以，即使来年没有新产能的投入，市场较好的时候，黏胶工厂可以通过加大开工率来满足市场需求。故来年市场一般情况下，不存在供不应求的可能性，这也在供需层面打击了价格迅速上涨的可能性。当然，如果市场不好，因为业内已经有将近60多万吨的产能停摆，在此基础上再让开工率下降，除非行情非常差，否则一般情况下，也难出现开工率在80%的基础下再次下滑10%～15%的可能性，故来年市场从工厂层面看，属于稳健市场，但是市场价格不会像今年这样迅速向上发力，总体应该以稳定为主。

从下游人棉纱市场来看，来年的亮点在于新疆的人棉纱厂集中亮相开工的可能性很大，除了目前市场上已经看到产能的巴州金富、阿克苏永翔的产品，来年苏州震纶、杭州吉利

宝、福建新华源等业内知名的人棉纱企业均在新疆设厂，届时将直接形成新疆本地的黏胶工厂本地化加工变成纱的格局，如果国际环境允许，土耳其不乱，那么这些纱将享受“一带一路”带来的福利，直接发到中亚及西欧诸国。当然，如果土耳其那边乱了，这些纱也会享受一些运输补贴政策，从新疆打入内地。不过第二种情况出现，势必造成人棉纱的一场行业洗牌。

我们假设第二种情况不会出现，因为土耳其的命运最终仍是大国权衡利弊的产物，让其动乱的可能性很小，这样新疆的黏胶和人棉纱可以看作一个相对独立的市场，而且，因为新疆的黏胶不进入内地了，内地的黏胶在供应这一侧环节，将出现一些转机。新疆黏胶让渡的市场，将由内地的黏胶工厂接手，为其供应原来黏胶。这种让渡出来的需求，在短期内，将引起内地黏短市场的重新洗牌，这个洗牌过程，对于黏胶工厂或者一些业内的贸易商，将是介入的绝佳机会。

由于2015年，人棉纱行业在体量上进一步增加，涡流纺、紧赛等工厂较2014年可能增加6%～8%，经历这轮增长后，人棉纱固有对空间利润将因为量的膨胀而被进一步压榨，预计2016年人棉纱行业的平均利润将可能不足1000元/吨，这就使得人棉纱厂要缩减目前的供应链，比如逐步去除中间商。当然，从今年的浙江中纺城市场、钱清原料市场的改变可以看出，一部分贸易商已经在人棉纱行业还有1200元/吨的时候退出该行业，预计来年受价格压制，失去人棉纱企业政策支持的贸易商将会更多。但也不需要太过绝望，一些贴近市场的人棉纱贸易商仍有很大的空间，比如今年火爆一时的仿兔毛，这个品种就是贸易商与下游客户共同开发的一个产物，而非人棉纱企业自主研发的一个品种。

故可以认为，2016年尽管人棉纱企业面临一些困境，但是，总体的人棉纱或者混纺纱工厂的体量增加，这就保证了原料黏胶短纤有足够的市场可以流通。

故从供需两侧看，来年黏胶短纤上下游将保持一个均衡稳定的状态向前发展，业内不会再有较大的产能扩张，这样均在一定层面上避免了价格大幅波动的可能性。

但结合传统文化看，来年有物流停摆现象发生，这种来自于外界不可抗拒力的因素引起的一些反应，有时候会改变系统本身的运行规律。目前仅仅可以预测的且一定能够看到的，就是G20杭州峰会，杭州附近的工厂将会出现停摆的现象，维持周期将近20～30天。不幸的是，杭州附近的萧绍、嘉兴、海宁等地方，均是轻工业居多，而且纺织业（纺纱、化纤、印染）工厂的聚集地也在此。若是这部分下游企业停摆一个月，黏胶工厂正常生产一个月，那么，20～30天的库存，将迫使黏胶短纤企业改变温和的价格政策，在短期内将可能发生大打价格战的现象出现，当然，此时的黏胶短纤价格也极有可能是近10年来最低的价格，是市场抄底的一次好时机。

五、地母经简介

《地母经》的起源晚于《娄景书》，从起源至今也有将近两千年的历史，主要用于我国华北及华中地区。其表现形式为一诗一卜，以六十年花甲子为单位，周而复始。根据笔者研究，《地母经》农学预言思想与道家哲学思想有直接的渊源。道家经典《周易》里面包含了农桑问卜预测的哲学理念；另一部经典《黄帝内经》的五运六气的七篇大论里面，对天地间五运六气的理念、气候变化的根源进行了探索。两部道家经典为《地母经》农学预言提供了哲学基础。

（一）《地母经》农学预言的《周易》渊源

《周易》又称《易经》或《易》，内容博大精深，意蕴悠远宏伟，是我国传统文化的元典。我国传统农业预言学与《易经》占卜文化有直接的联系。其逻辑学特点和价值主要包括：把天、地、人以及万事万物统一起来，以阴阳为基本要素，将万事万物抽象出来，抓取最根本的内在动因，由阴阳冲和衍化出万事万物的变化的根本规律；以先天卦和后天卦将形象思维和逻辑思维统一起来；以天干地支为符号工具，以八卦六爻系统来推演，可以穷尽天地人三才之理，占验吉凶，预卜未来。

在古代《易经》的应用上，太乙数、大六壬、奇门遁甲号称三式，是《易经》最高深的学问和应用，是易学中的密宝绝学。其中太乙数以天元为主，可以占验国运天时，地理灾厄；奇门遁甲以地元为主，可以占验天地人鬼神五界之事；大六壬以人事为主，能很好地反应事物变化的历程。不论哪一种绝学，都与五运六气和二十四节气密切相关，与时空紧密贴合，将这些学问运用于农学，可以准确地占验某一地某一时段的气候变化，进而推断出农作物的生长和收成，对农业活动做出指导。因而在农事上，不管是天地规律的演变，还是气候气象的变化，或是农作物的生长变化的历程，都是一对阴阳互根互用的结果，因而通过易经的程序演绎，就可以推知这些事物的变化过程，进而掌握其中之道，明确未来气候和农作物的情况，以达到农学预测的目的。

秦汉时期荆楚一带，出现了我国最早以《易经》预测农事的《娄景书》，此书虽然是对荆楚一隅之地的农业预测，但是却开了农业预测的先河。此后，桑农问卜成为中国传统农业文化的一大特色，历代都有贤者以《易》为依据进行农业占卜预测，他们的著作皆以歌赋的形式，简明扼要地点出气候节令的特征，以及对农桑的影响，借以指导百姓耕稼的方向，对未来丰稔之年进行提示、对饥馑之年提出警示，起到了未雨绸缪的作用。东晋的《玉匣记·杂占篇》记载了《十二个月节候丰稔歌》，对一年12个月的农桑情况进行占卜，通过占卜结果指导农桑活动；唐初李淳风著《六十年甲子丰欠歌》，此作以60年为周期，对农事进行占验，劝百姓谨慎耕作；唐末道士杜光庭撰写《六十甲子歌》，唐末五代时期的《四时纂要》也有部分占验气候和农桑的记叙；到了清朝初期，民间易学大师曹九锡撰写的《易隐》里面，有预测专篇《树艺占》和《育蚕占》，对农桑进行预测。现在流行的《地母经》六十首农学预言诗卜，则是继承了历史上农学预言的先例，其范式一脉相承，以六十花甲子为一个周期，以《易经》六十卦作为预测的基础，以卜诗的形式预测六十年中每一年的气运特征和农作物的情况，对农学具有一定的指导意义和实际价值。

（二）《地母经》农学预言的道家“五运六气说”基础

1．五运

五运指木运、火运、土运、金运、水运。《黄帝内经·素问·天元纪大论》记录了鬼臾区回答黄帝咨询有关五运的经文：“臣积考《太始天元册》文曰：太虚寥廓，肇基化元，万物资始，五运终天，布气真灵，总统坤元，九星悬朗，七曜周旋，曰阴曰阳，曰刚曰柔，幽显即位，寒暑弛张，生生化化，品物咸章，臣斯十世，此之谓也”，《黄帝内经》认为五运对宇宙时空和万物起着统摄和驾驭的作用，是宇宙规律性和秩序性的总根源。既然大地上寒暑往来、生命万物的生化和更替都处于五运之中，那么农作物生长过程也必然受到五运的制约，因此农学预测离不开五运。

五运的应用常与我国传统的干支纪年中的天干相配合。干支纪年中，十天干的甲、丙、戊、庚、壬为阳干，阳干表示运太过；乙、丁、己、辛、癸为阴干，表示运不及。干支纪年中天干就表示当年的运，十天干表示五运，即所谓天干化运。关于天干化运的应用在《黄帝内经·素问·天元纪大论》有这样的记载："甲己之岁，土运统之；乙庚之岁，金运统之；丙辛之岁，水运统之；丁壬之岁，木运统之；戊癸之岁，火运统之。"以此确定了五运的五行属性。以"甲己之岁，土运统之"为例，简单说法就是：在干支纪年中，凡是当年天干为甲或乙的年份，那么这一年就是土运主时，其中甲为阳，主本年土运太过，例如2014年为农历甲午年，那么本年就是土运太过；乙为阴，主本年土运不及，例如，2009年是农历己丑年，那么这一年就是土运不足。其余四运依次类推。五运按照五行相生的轮序发挥作用，每一运主管一年，五运五年一个轮回，周而复始，轮流坐庄，当值的运就是当年的主运，也叫大运、岁运或中运。《黄帝内经·素问·天元纪大论》中"五运相袭而皆治之，终期之日，周而复始"，说的就是五运的轮流当值规律，即五年一个周期。

五运对气候影响主要表现在太过和不及两种情况。如果某一运当值太过，那么这一年的气候就表现为本运的性质特点，当值之运确定了本年的气象基调。例如，甲年土运太多，那么本年气运表现为湿性太盛，在气候上具体表现为雨水偏多的气象特性；如果某一年当值之运不及，就表现出克己之运的气运特征，比如，乙年为金运不及，因为火能克金，因此本年金性的清凉之性就会很弱，而表现出阳热太过的火性特征，气候就会温热较盛。其他五运皆是如此。正是五运之间存在生克制化的相互作用，导致每年出现不同的气运特征，成为影响农作物生长收藏最根本的内在因素。在《地母经》的农学预言诗歌中，对于年的纪录，也是采取传统的干支纪年法，其年干的实质意义皆在于此。

2. **六气**

六气指的是：厥阴风木，少阴君火，少阳相火，太阴湿土，阳明燥金，太阳寒水。这样命名既包含了天之阴阳二气，也包括了气候特征及其五行属性。六气的应用和干支纪年法中的地支相配合。

自然界有六种气候，既风、寒、暑、湿、燥、火；自然界的阴阳二气，根据其所含阴阳的多少又可以分化，阳气分为少阳、太阳、阳明；阴气分为少阴、太阴、厥阴。阴阳所分的六种与六种气候相配合，形成六气。举例说，厥阴风木，厥阴，指的是天之阴气的一种；风，是气候的一种特征；木，指的是五行属性之一，既天之厥阴，自然界的风，其五行属性都是五行的木性，因而结合在一起，成为六气之一种，其他五气也是如此，因而六气把阴阳五行和具体的气候统一起来。六气的属性各不相同，因而形成一年的六种气候特征，成为影响农作物生长生活的直接外在因素。

六气分为主气、客气、客主加临三种。

主气指的是将一个自然年中的二十四节气分为六段，称为六步，每一段四个节气，第一段称为初之气，从大寒节开始到春分节为止，为厥阴风木，依次向后推算，二之气少阴君火，三之气少阳相火，四之气太阴湿土，五之气阳明燥金，终之气太阳寒水，终之气从小雪节到大寒节，刚好一个自然年。主气年年如此，固定不变，相当于春夏秋冬气候变化的固定轮序。

客气分为司天、在泉和四步间气，是影响一年气候的主要因素。客气也分为六步，其排列具有一定的规律，呈现六年一个周期变化，其中司天主上半年的气候，在泉主下半年的气候。候形成于大地，因此六气用地支符号来表示，所谓地支化六气，具体化法在《黄帝内经·素问·天元纪大论》有这样的记载："子午之岁，上见少阴；丑未之岁，上见太阴；寅申之岁，上见少阳；酉之岁，上见阳明；辰戌之岁，上见太阳；巳亥之岁，上见厥阴。"经文意思是在干支纪年中，凡是子年和午年的，其司天之客气就是少阴君火，这样就确定了当年的司天之客气，然后按照客气六步的排列顺序就可以排出在泉之气和间气，如此就确定出了当年的客气六步，然后根据客气六步与主气的关系确定当年气候变化的正常与异常。比如2014年是农历甲午年，地支为午，即本年的司天之气就是少阴君火，在泉之气是阳明燥金，再依据一定的规律就确定间气四步，这样本年的六步客气就确定了。

客主加临，主要推算本年气候的逆与顺，相得与不相得。一年气候的变化除了主要看客气之外，还要比较客气与主气之间的关系，依据客气与主气的五行生克关系确定当年在某一段时间段气候的顺逆，相得与不相得，进一步确定气候对生物的影响。五运六气同时存在、相互作用，导致每年形成特定的气候特性，气象影响物候，对动植物的生长发育造成潜在的影响，或顺平和或灾难，或对某些动植物有利而对另一部分不利，或不同时间段对动植物的影响也不尽相同。在《黄帝内经》运气七篇里面，散见许多因为气候导致农作物生长和收成的描述。

（三）《地母经》农业预言功能

我国传统文化认为，天地之间的气运呈周期性变化，六十年一甲子，因而六十年就是一个小周期，六十年中，每一年都有其独特的气运特征，只要推算出六十年中各年的气运，就可以提前预知各年的气候变化，进而了解农作物的生长情况。《地母经》六十首预言诗卜，就是对一甲子中每年的气运进行推算预测，其预言以诗卜的形式表现出来，其中诗是对当年的气候特点、农作物生长及收成的预言；卜是指导农事活动的建议。《地母经》预言诗第32首诗卜预言乙未年的农业情况。2015年，是农历乙未年，以乙未年为例来分析地母经预言诗，研究它农业预言的内涵。

诗卜云：乙未年

诗曰：

太岁乙未年，五谷皆和穗。

燕卫少田桑，偏益丰吴魏。

春夏足漂流，秋冬多旱地。

桑叶初生贱，晚蚕还值贵。

人民虽无灾，六畜多瘴难。

六种不宜晚，收拾无成置。

卜曰：

岁逢羊头出，高下中无失。

叶贵好蚕桑，斤斤皆有实。

1. 对乙未年预言诗卜“年干”的解析

在预言中，诗卜把年干“乙未”放在首位，这是惯例。这里说的年干就是本年的干支，在我国民间，人们习惯把收成好坏归因于年干，如果某一年农业收成较好，百姓就会说这是年干好的缘故；如果收成不好，人们就会说年干不好造成的，因此《地母经》六十首预言诗中，每年的年干都放在首位。年干内涵丰富，是年份的代名，更是本年气运的精华。2015年，年干为乙未，因而“乙未年”放在首位。

乙未年，天干为乙，乙化为金运，金运有清凉潇降收敛的本性，又乙为阴数，则本年的中运为金运不及，则本年金性不足；又火能克金，金运不及，因而显示火运的征象，火运的本性暄暖温热，因而温热流行；地支为未，未年的司天客气为太阴湿土，太阳寒水在泉，因此客气确定本年的寒湿偏盛。从干支看，本年有火、有寒、有湿，三气互相制约，形成本年的气候特征，这是本年的干支所决定的，干支里面蕴含了本年五运六气所有的信息。

2. 对乙未年预言“诗”的解析

诗第一句“太岁乙未年，五谷皆和穗。”起始说到太岁，太岁是年号的代名词，只做称谓用于年干支的前面，没有实际意义。接下来开始说本年干支所蕴含的信息，本年乙未年气候条件比较好，适合各种农作物的生长。“五谷皆和穗”五个字，明晰地道出了本年农业的情况，五谷，泛指各种农作物，所谓“和穗”就是五谷的穗子长得完满丰硕、籽粒饱满，此处的“和”为合成之意，指谷物的种子合成很好，说明本年适宜各种农作物生长，收成也很好。第一句告诉人们，本年可以放心播种五谷杂粮，都会有较好收成的。

第二句“燕卫少田桑，偏益丰吴魏”预言不同地域的农事情况。其中燕卫之地，指今天的京津地区和邯郸以东的河北东部，直到山东等大部分地区，这些地区前半年的湿热较盛，有利于桑叶的生长，但雨湿太多，潮湿较重，会影响养蚕业，同时对田间耕作也不利，这是天时对蚕业和田间耕作的影响，诗中用一个“少”字提示人们不要莽撞盲目种植，以减少损失。“偏益丰吴魏”，偏，就是专情不移；益，布施恩泽、德泽万物；丰，就是丰富、极多的意思；吴，即今天的安徽、江苏、浙江一带；魏，即今天的山西西南部、河南北部以及陕西东部等大片地方。这句预言告诉吴魏之地的百姓，天意偏吴魏，农业可丰收，吴魏地区可以广播五谷，因为天降恩泽，惠及谷物，自然灾害极少。从这句诗可以看出来，天地气运并不是匀布于天下，而是有选择的，变化不定的，随年之干支而变化，这就是气运的地域差异，因而相同年份不同地域的农业收成也不相同。

第三句“春夏足漂流，秋冬多旱地”和第四句“桑叶初生贱，晚蚕还值贵”对一年不同时间段做了预言，春夏是一年的前半年，司天之气主管上半年，因为司天之气为湿土，水湿之气较旺，又因为火运横行，温热流布，因而上半年湿热较甚，多雨水，造成水涝的气候特点，诗句说“足漂流”，漂流就是可以游船荡舟或者杂物随水漂荡之意，这就显现出水势浩大，遍地流水的象，是夸张性比喻，也显现出预言者的确定性；本年春夏季节雨水偏多，而气候温热，桑叶生长很好，出现量多而价贱的局面，因而“桑叶初生贱”，“初”就是春季和夏初阶段，“贱”就是不值钱。在泉主司下半年秋冬二季的气候，本年的在泉之气为太阳寒水，又因火运横行，因而气候不甚寒冷但却干燥，造成秋冬二季干旱，所以诗句直言“秋冬多旱地”。由于前半年的水涝较重，导致桑叶水湿太多，不利于养蚕业；而到了后半年，气候相对干旱，不适合桑叶的生长，但物以稀为贵，晚蚕的价值就显现出来了，是以“晚蚕还值贵”，“值”的意思就是赶上了好天时，价值就显现出来了，其中“还”字就是还能、还可以的意思，此字最为隽永耐读，意蕴悠长，意思好似以商榷的口吻在和蚕农商量，说蚕农晚蚕虽然晚了，但还可以赶上好价钱，不要轻易放弃。这句提示养蚕业的人们，要注意晚蚕比早蚕价值更高。

从三四句诗句可以看出，一年之中在不同的时间段，气候对农作物的影响也是不一样的，劝告百姓调整一年的安排，合理分配，让农事合宜。

这里有个疑问：第一句说乙未年“五谷皆和穗”，适宜五谷生长，三四句却说春夏多水涝，秋冬多干旱，水涝和干旱都会影响农作物的生长，这样不是前后矛盾吗？春夏是谷物生长的季节，需要的恰恰是湿润和温热的环境，秋冬是谷物收敛收藏的季节，最怕雨水太多，因而乙未年的气候特征刚好适合了农作物的生长全过程，只是桑蚕业受到气候影响，以晚蚕为宜。因而诗卜的前后并不矛盾，而是前后连贯、互相照应的。

第五句“人民虽无灾，六畜多瘴难”，说气运对人和动物的影响。乙未年的气运对人来说气候是适合的，瘟疫不起，病灾较少，所以诗说“人们虽无灾”。“灾”就是大的灾难之意，这里说的“灾”针对“人民”而言的，显然是指大面积地域上生存的大众，多指瘟疫之类流行病，“无灾”并不是没有个人疾患，而是说绝没有大范围内群众性的大瘟疫，诗中用了一个“无”字，可见预言说得极为肯定，因为乙未年的气运特征并不支持瘟疫的流行和发生。但本年湿热较重，湿热孕育的瘴疠之气对六畜不利，所以说“多瘴难”，瘴，就是山岚瘴气，是湿热蕴生的一种毒气，“难”就是灾难，可见乙未年的气运不适合于畜类，容易引起传染病，这种灾难很可能是流行性的。这句诗歌对于牧业来说是一个很好的提示，可以提前做好预防，以减轻对牧民的损失。从这句诗可以看出，人与牲畜的病患之灾也和天地气运密切相关，同时人畜不同类对气运的适应也是不一样的。

末一句“六种不宜晚，收拾无成置”，提醒人们虽然本年气运对农作物来说普遍较为适宜，但是有六种作物不能下种太晚，宜早不宜迟，这是对农事活动的提示，劝告百姓积极耕作，不要耽搁稼穑时间，以免劳而无获，从这句诗可以看出，虽然天地气运不是以人的主观意愿而变化的，但是天意和人为各有其用处，各有其价值，人不能单纯地依赖天地，等待天地，而要在顺应天地的同时，要积极的发挥人的本能，利用人类自身的智慧，使天与人可以很好地和谐共处，这句诗就是强调了人在自然之中的作用，充分体现出人在大自然中的能动性，凸显了人的价值。

3. **对乙未年卜中“卜”的解析**

卜诗“岁逢羊头出，高下中无失”，前半句说乙未年正好是农历羊年，后半句则复杂一些：“高下中”指的是土地的位置，即不同的方域，不同环境的地域，指的是种植庄稼的地理位置；高，就是高处的土地，泛指丘陵地带、高原和山上的土地；下，就是低洼之处的土地，泛指洼陷之地，多为湖泽之处；中，就是中间，泛指广阔的平原地带。古代水利条件不发达，依赖天雨，高处的土地容易干旱，低处的土地容易水涝，干旱水涝都是影响农作物生长的主要因素。但在乙未年，气候对农作物来说比较适宜，水旱适中，因而高处的作物不会有旱情，低处的作物不会有水涝，农作物都会得到适宜的生长环境，因此说“无失”，“失”，遗漏、遗忘、绕过之意，谓天地气运没有遗漏高中下任何一个地方。这就是羊年的气运特征。全句意谓羊年刚一露头，对农作物适宜的运气就来临了，会给人们带来丰收。卜诗告诉人们乙未年任何环境的庄稼都会有收成的，可以放心播植五谷。

卜文末句“叶贵好蚕桑，斤斤皆有实”说本年前半年水湿较多，桑叶长势很好，但显现不出大的价值，到了后半年干燥少雨，桑叶长势不好，所以说“叶贵”，但蚕业到了后半年恰逢其时，晚成但不影响收益，对蚕农来说可以卖到好价钱，所以说“斤斤皆有实”，“实”就是价值、值钱的意思。这句话就是俗言说的“物以稀为贵”的道理，提醒人们着意桑蚕，多植桑蚕以获利。这句诗卜就是预言者对桑蚕业的建言，鼓励蚕农多多养育晚蚕以获取更大的利益。可见相同的年份，天地气运对农业、牧业、副业的影响也是不同的。

从以上对农历乙未年预言诗的剖析可知，《地母经》农学思想具有预言功能，这预言功能是通过科学的推算得来的，既有农业经验的总结，也有哲学的发挥，还包含了天文学等自然科学的内容，具有丰富的民族文化内涵，是几千年来劳动人民智慧的结晶。

（四）《地母经》农业预言的应用价值

1. 农业科技积累、推广

中国民间流传着一种习俗，就是在每年开春之际，家家户户挂历图。历者，就是对当年的干支、气候、运气、节气、农事等信息以及《地母经》内容的汇总记录；图，就是一幅画，历图就是把一年的各种气象气候和农业有关的信息汇集在一幅图画里面。历图的画面上主要有一个牛郎和一头牛，还有和春季景色相宜的一些风景，所以历图俗称为春牛图。其中牛郎也叫芒神，即是春天之神，也是主司农业的神灵，寓意春天来临，提醒百姓该注意农事活动了。牛在《易经》中被指为坤象，和土地具有相同的品性，其性温顺而憨厚，力大而稳妥，善于驾驭又有开拓性，是农家耕种最为得力的帮手，深为农家所爱，也是农业的象征，因而以牛代表农事活动最为恰当，寓春天来临农活将要开始。

春牛图的布局上，首先显示的是春牛和牛郎，借以告诉百姓本年的天地气运的各种信息，其次是《地母经》中对当年农业的预言诗，指导百姓农事活动。图画中的牛郎和春牛的形态、着装、颜色、姿势等均赋予不同的寓意，极有讲究。其中牛头、牛身分别代表年干支，牛角、牛耳、牛尾、牛颈分别表示立春日的干支，牛腹、牛蹄代表当年与立春日的纳音，牵牛绳及其质地分别代表立春日的干支，牛身的高低分别代表四时八节。同时依据干支的五行属性的颜色不同，将这些部位描绘成青红红白黑五色，令其所代表的寓意一目了然。另外牛口合上，牛尾摆向右边代表阴年；相反，牛口张开，牛尾摆向左边代表阳年。牛郎的身高与所执鞭长，代表一年365日和二十四节气，牛郎的衣服穿带及装束也由立春日的五行干支确定，牛郎没有穿鞋和裤管束高时，就代表该年多雨水，农民要作好防涝的准备；相反地，双足穿草鞋则代表该年干旱，农民要作好抗旱蓄水的安排；又如一只脚光着，一只脚穿草鞋，则代表该年是雨量适中的好年景，农民们要辛勤耕作；牛郎的年龄，儿童壮年或老年，均代表一定的年份，牛郎和牛的位置也有一定的寓意。一张简单的历图，却含有极为丰富的传统哲学文化的信息和农学知识，而这些知识完全是依据易学、历法和运气学知识预测出来的，可见《地母经》农学预言功能已经服务于天下大众，成为百姓农事最为贴近的内容之一，由此可知农学预言对农业生产的重要性。

一幅简单的图画，却承载着丰富的信息，每年开春之际，家家户户张贴于墙壁之上，既美观又实用，使农家庭院温馨生色。

2. **趋利避害、优质高产**

《地母经》农学预言的实际应用价值很多，在这里重点论述实现农产品的优质高产价值。

在当今的营养学中，人们普遍认为所谓的营养物质就是蛋白、脂类、碳水化合物以及各种对人身体有用的物质成分，但是我国的传统文化认为，谷物内除了含有具有营养的物质成分之外，还有一种有别于营养物质的精微之气，可以补益接续生命的真元之气，是谷物中不可或缺的一种营养精华。这种精微之气是农作物在生长过程中吸纳的天地之精气，储存于谷物籽粒或根茎之内，作为粮食被人类获取。谷物内精微之气储存的多少与自然环境有莫大的关系，尤其是五运六气是最主要最直接的因素，如果某年的天时气运适宜某种农作物的生长，那么这种作物就会获取较多的天地之精微，与人补益也最大，是天然的优质食粮，古人将这样的谷物称为“岁谷”。在《黄帝内经·素问·六元正纪大论》里面说：“食岁谷以全其真，避虚邪以安其正。”又说：“食岁谷以全其真，食间谷以保其精。”经文明确提出食岁谷的价值在于“全其真”“安其正”和“保其精”，就是说岁谷富含天地之精华，人食之可以补接生命的真元之气。“真”“正”和“精”都是生命生机活力的源泉，是精气神的体现，皆来自谷物之内的精华，而谷物之内的精华也是来自天地之气运，可见岁谷是最补益人的最佳最优质的食粮。所谓“岁谷”，清·张志聪的注解是：“岁谷者，玄黄之谷，感司天在泉之气而成熟，食之以全天地之元真。”就是说某种农作物和当年的运气相适合，那么这种作物不但有形的营养成分更全面，而且富含天地专精之精微也更多，养人的价值也最高，因而称为“岁谷”，既当岁之谷也；所言“精”和“真”者，张志聪认为就是天一所生之精华，隐含于谷物之中。不管是经文记载还是后人的解释，我们可以看到，所谓的营养需分两部分看待，谷物之内的有形的营养成分和能量部分，仅可以养育我们形体的需求和机能的消耗，而生命的元气脉络和精神魂魄这一无形的部分，却必须依赖天地之精华滋养，可见古人对营养的认识要全面得多，广泛得多，深刻得多，非常值得今天的人们借鉴。而当今的营养学，是建立在有形的物质基础之上，以物质所含能量的多寡来区分营养物质，显然是形而下的一种认识，而我国传统文化的这种认识却是形而上的一种见识，这种理念可以弥补当今营养学之不足。人类要提升生命的质量，在食物选择上，“岁谷”无疑是第一首选。

关于优质生产方面，在《黄帝内经·素问·至真要大论》里面，黄帝和岐伯有一段精彩的言论，岐伯曰：“司岁备物，则无遗主矣。”帝曰：“先岁物何也？”岐伯曰：“天地之专精也。”帝曰：“司岁者何如？”岐伯曰：“司岁者主岁同，然有余不足也。”帝曰：“非司岁物何谓也？”岐伯曰：“散也，故质同而异等也，气味有厚薄，性用有躁静，治保有多少，力化有浅深，此之谓也。”

司者，掌握主宰之意；岁者，年的干支也，干支蕴含了当年的气运特征；备者，采摘，收取，收获之意；物者，即指药物，也泛指各种农作物。这段话意思是说，无论采药还是农作物，如果按照当年的气运特征采备，那么所采收的药材或农作物就会精微专注，达到力专而效宏的结果；而在非司岁之年采备，虽然外表看起来都是同一物种，但其精专之力不够，即经文所说“散也，质同而异等也”，其效力和营养自然逊色不堪。对农作物而言，岁谷与非岁谷，外看都是同一物种，但是内涵的精专之气确是大不相同的。经文提出“司岁备物”这一命题，那么怎么做到“司岁备物”呢？这就需要根据一定的哲学理念进行推算，其实质就含有提前预测未来气候的先机，借以采备优质的药物和谷物，经文虽然以药物的采备来说事，但是药食同源，本草之类的药物和农作物都是一样的，因而这段话对农作物也是适应的。这段经文几乎涵盖了古人关于优质生产的本质内涵，优质不仅仅是数量，更重要的是质量，这也是农学预测的意义所在。

农作物是有生命的，存在于天地自然之中，受天时气候、地理环境等诸多因素的影响，其中天时气候是其最主要的因素之一。在生长过程中，植物吸纳天地精华之气而生长、结实、收获，而这种精华之气在粮食作物中的多少，取决于大自然的气候特征。如果某一年的气候适合某种农作物的生长，那么天地之气运就会对这种农作物起到一种全面的促成作用，使这种作物生长好，成熟好，籽粒饱满，果实丰硕，富含天地之气的精华，这样的谷物，与人而言，营养更全面，价值更高，是真正天然的优质食粮。

农业预测使农事活动具有前瞻性，指导百姓有目的从事农事活动，方向明确，争取主动，不盲从，不妄动。对农业的预测，其实质是人类利用自身的智慧窥视到了自然规律的先机，事先安排好自己的农事活动，不再听从自然规律的摆布，这也是人的价值所在。

这种农业预言既可以掌握未来的气候特征，利用自然规律争取最大化的农业收成，以满足生活的需要；同时也可以对未来歉收之年做好调剂，提前对饥荒之年做好安排。这种农学思想的形成，不但丰富和深化了单纯机械的农业意识，而且使人类在与大自然的搏斗中摆脱了被动的局面，灵活掌握天地自然规律，服务于人类，形成具有中国特色的农学思想，这种思想随着中国传统文化的传播，逐渐深入到中国百姓的血脉之中，流行于民间，形成民俗，成为最为朴素的传统文化之一。农业预言，即是隔空预见未来之事，诚然是一桩难事，其牵扯范围甚广，物理事理之纷繁芜杂可想而知，因而要求预言达到十分准确的程度，确实不易，能为农事活动起到指导意义，就很难能可贵了，也不失其价值之所在。《地母经》能继承和保存这一文化遗产，并使之发扬光大，已经十分难得，值得人们去挖掘开发。

第十三章　二十四节气与黏胶短纤涨跌分析

一、二十四节气

二十四节气反映了太阳的周年视运动，所以节气在现行的公历中日期基本固定，上半年在6日、21日，下半年在8日、23日，前后相差1~2天。

但在农历中，节气的日期却不大好确定。以立春为例，它最早可在上一年的农历12月15日，最晚可在正月15日。现在的农历既不是阴历也不是阳历，而是阴历与阳历结合的一种阴阳历。农历存在闰月，如按照正月初一至腊月除夕算作一年，则农历每一年的天数相差很大（闰年13个月）。为了规范年的天数，农历纪年（天干地支）每年的第一天并不是正月初一，而是立春。即农历的一年是从当年的立春到次年立春的前一天。例如，2008年是农历戊子年，戊子年的第一天不是公历2008年2月7日（农历正月初一），而是公历2008年2月4日。

二十四节气的命名反映了季节、气候现象、气候变化等。因此，二十四节气又可以划分为如下几类。

表示寒来暑往（四季）的变化（8个）：立春、春分、立夏、夏至、立秋、秋分、立冬、冬至；象征气温变化（5个）：小暑、大暑、处暑、小寒、大寒；反映降水量（7个）：雨水、谷雨、白露、寒露、霜降、小雪、大雪；反映物候现象或农事活动（4个）：惊蛰、清明、小满、芒种。

春分、秋分、夏至、冬至是从天文角度来划分的，反映了太阳高度变化的转折点。立春、立夏、立秋、立冬则反映了四季的开始。由于中国地域辽阔，具有非常明显的季风性和大陆性气候，各地天气气候差异巨大，因此不同地区的四季变化也有很大差异。

白露、寒露、霜降三个节气表面上反映的是水汽凝结、凝华现象，但实质上反映出了气温逐渐下降的过程和程度。

惊蛰、清明反映的是自然物候现象，尤其是惊蛰，它用天上初雷和地下蛰虫的复苏，来预示春天的回归。

二、二十四节气命名的讲究

“立”表示一年四季中每一个季节的开始，春夏秋冬四个“立”，就表示了四个节气的开始。立春、立夏、立秋、立冬亦合称为“四立”。公历上一般在每年的2月4日、5月5日、8月7日和11月7日前后。“四立”表示的是天文季节的开始，从气候上说，一般还在上一季节，如立春黄河流域仍在隆冬。

“至”是意极、最的意思。夏至、冬至合称为“二至”，表示夏天和冬天的极致。夏至日、冬至日一般在每年公历的6月21日和12月22日。夏至，太阳直射北纬23.5度，黄经90度，北半球白昼最长。冬至，太阳直射南纬23.5度，黄经270度，北半球白昼最短。

“分”在这里表示平分的意思。春分、秋分合称为“二分”，表示昼夜长短相等。这两个节气一般在每年公历的3月20日和9月23日左右。春分、秋分，黄道和赤道平面相交，此时黄经分别为0度、180度，太阳直射赤道上，昼夜相等。

立春：斗指东北。太阳黄经为315度。是二十四个节气的头一个节气。其含义是开始进入春天，“阳和起蛰，品物皆春”，过了立春，万物复苏，生机勃勃，一年四季从此开始了。

雨水：斗指壬。太阳黄经为330度。这时春风遍吹，冰雪融化，空气湿润，雨水增多，所以叫雨水。人们常说：“立春天渐暖，雨水送肥忙。”

惊蛰：斗指丁。太阳黄经为345度。这个节气表示立春以后天气转暖，春雷开始震响，蛰伏在泥土里的各种冬眠动物将苏醒过来开始活动，所以叫惊蛰。这个时期过冬的虫排卵也要开始孵化。我国部分地区进入了春耕季节。谚语云：“惊蛰过，暖和和，蛤蟆老角唱山歌。”“惊蛰一犁土，春分地气通。”“惊蛰没到雷先鸣，大雨似蛟龙。”

春分：斗指壬。太阳黄经为0度。春分日太阳在赤道上方。这是春季90天的中分点，这一天南北两半球昼夜相等，所以叫春分。这天以后太阳直射位置便向北移，北半球昼长夜短。所以春分是北半球春季开始。我国大部分地区越冬作物进入春季生长阶段。各地农谚有：“春分在前，斗米斗钱。”（广东）、“春分甲子雨绵绵，夏分甲子火烧天”（四川）、“春分有雨家家忙，先种瓜豆后插秧”（湖北）、“春分种菜，大暑摘瓜”（湖南）、“春分种麻种豆，秋分种麦种蒜”（安徽）。

清明：斗指丁。太阳黄经为15度。此时气候清爽温暖，草木始发新枝芽，万物开始生长，农民忙于春耕春种。从前，在清明节这一天，有些人家都在门口插上杨柳条，还到郊外踏青，祭扫坟墓，这是古老的习俗。

谷雨：斗指癸。太阳黄经为30度。就是雨水生五谷的意思，由于雨水滋润大地五谷得以生长，所以，谷雨就是“雨生百谷”。谚语有“谷雨前后，种瓜种豆”。

立夏：斗指东南。太阳黄经为45度。是夏季的开始，从此进入夏天，万物生长旺盛。习惯上把立夏当作是气温显著升高，炎暑将临，雷雨增多，农作物进入旺季生长的一个最重要节气。

小满：斗指甲。太阳黄经为60度。从小满开始，大麦、冬小麦等夏收作物已经结果，籽粒饱满，但尚未成熟，所以叫小满。

芒种：斗指己。太阳黄经为75度。这时最适合播种有芒的谷类作物，如晚谷、黍、稷等。如过了这个时候再种有芒作物就不好成熟了。同时，“芒”指有芒作物如小麦、大麦等，“种”指种子。芒种即表明小麦等有芒作物成熟。芒种前后，我国中部的长江中、下游地区，雨量增多，气温升高，进入连绵阴雨的梅雨季节，空气非常潮湿，天气异常闷热，各种器具和衣物容易发霉，所以在我国长江中、下游地区也叫“梅雨”。

夏至：斗指乙。太阳黄经为90度。太阳在黄经90度“夏至点”时，阳光几乎直射北回归线上空，北半球正午太阳最高。这一天是北半球白昼最长、黑夜最短的一天，从这一天起，进入炎热季节，天地万物在此时生长最旺盛。所以古时候又把这一天叫作日北至，意思是太阳运行到最北的一日。过了夏至，太阳逐渐向南移动，北半球白昼一天比一天缩短，黑夜一天比一天加长。

小暑：斗指辛。太阳黄经为105度。天气已经很热了，但还不到最热的时候，所以叫小暑。此时，已是初伏前后。

大暑：斗指丙。太阳黄经为120度。大暑是一年中最热的节气，正值勤二伏前后，长江流域的许多地方，经常出现40℃高温天气。要做好防暑降温工作。这个节气雨水多，在“小暑、大暑，淹死老鼠”的谚语，要注意防汛防涝。

立秋：斗指西南。太阳黄经为135度。从这一天起秋天开始，秋高气爽，月明风清。此后，气温由最热逐渐下降。

处暑：斗指戊。太阳黄经为150度。这时夏季火热已经到头了。暑气就要散了。它是温度下降的一个转折点。是气候变凉的象征，表示暑天终止。

白露：斗指癸。太阳黄经为165度。天气转凉，地面水汽结露。

秋分：斗指已。太阳黄经为180度。秋分这一天同春分一样，阳光几乎直射赤道，昼夜几乎相等。从这一天起，阳光直射位置继续由赤道向南半球推移，北半球开始昼短夜长。依我国旧历的秋季论，这一天刚好是秋季九十天的一半，因而称秋分。但在天文学上规定，北半球的秋天是从秋分开始的。

寒露：斗指甲。太阳黄经为195度。白露后，天气转凉，开始出现露水，到了寒露，则露水日多，且气温更低了。所以，有人说，寒是露之气，先白而后寒，是气候将逐渐转冷的意思。而水汽则凝成白色露珠。

霜降：斗指戌。太阳黄经为210度。天气已冷，开始有霜冻了，所以叫霜降。

立冬：斗指乾。太阳黄经为225度。习惯上，我国人民把这一天当作冬季的开始。冬，作为终了之意，是指一年的田间操作结束了，作物收割之后要收藏起来的意思。立冬一过，我国黄河中、下游地区即将结冰，我国各地农民都将陆续地转入农田水利基本建设和其他农事活动中。

小雪：斗指己。太阳黄经为240度。气温下降，开始降雪，但还不到大雪纷飞的时节，所以叫小雪。小雪前后，黄河流域开始降雪（南方降雪还要晚两个节气）；而北方，已进入封冻季节。

大雪：斗指癸。太阳黄经为255度。大雪前后，黄河流域一带渐有积雪；而北方，已是“千里冰封，万里雪飘”的严冬了。

冬至：斗指子。太阳黄经为270度。冬至这一天，阳光几乎直射南回归线，北半球白昼最短，黑夜最长，开始进入数九寒天。天文学上规定这一天是北半球冬季的开始。而冬至以后，阳光直射位置逐渐向北移动，北半球的白天就逐渐长了，谚云：“吃了冬至面，一天长一线。”

小寒：斗指子，太阳黄经为285度。小寒以后，开始进入寒冷季节。冷气积久而寒，小寒是天气寒冷但还没有到极点的意思。

大寒：斗指丑，太阳黄经为300度。大寒就是天气寒冷到了极点的意思。大寒前后是一年中最冷的季节。大寒正值三九刚过，四九之初。谚云：“三九四九冰上走。”

大寒以后，立春接着到来，天气渐暖。至此地球绕太阳公转了一周，完成了一个循环。

表13-1所示为二十四节气简表。

表13-1　二十四节气简表

春季		夏季		秋季		冬季	
立春	1月3～5日	立夏	5月5～7日	立秋	8月7～9日	立冬	11月7～8日
雨水	2月18～20日	小满	5月20～27日	处暑	8月22～24日	小雪	11月22～23日
惊蛰	3月5～7日	芒种	6月5～7日	白露	9月7～9日	大雪	12月6～8日
春分	3月20～22日	夏至	6月21～22日	秋分	9月22～24日	冬至	12月21～23日
清明	4月4～6日	小暑	7月6～8日	寒露	10月8～9日	小寒	1月5～7日
谷雨	4月19～21日	大暑	7月22～24日	霜降	10月23～24日	大寒	1月20～21日

三、二十四节气与黏胶短纤涨跌情况概览

表13-2所示为黏胶短纤涨跌统计。

表13-2　黏胶短纤二十四节气时间点涨跌统计表

节气	2004	2005	2006	2007	2008	2009	2010	2011	2012	2013	2014	2015	2016	2017	涨	跌	平	合计
立春	↘	↘	↗	↗	→	↗	↗	↗	↗	↑	↗	↗	↗	↑	11	2	1	14
雨水					↘		↗	→	↘	→	↓			→	1	3	3	7
惊蛰						→		↘		↓		→		↓		3	2	5
春分							→		→		→	↗	→		1		4	5
清明	↗	↗		↑		↗			↗	↗			↘	→	6	1	1	8
谷雨							↘		→	↘	↑		↗		2	2	1	5
立夏		↘							↘		→	→		↓		3	2	5
小满			→			→				→			→	↘		1	4	5
芒种	↘			→						↗					1	1	1	3
夏至				↘	→	↘			→	→	↘	↗	↑	↗	3	3	3	9
小暑				→	↗			→	↗		→			↗	3		3	6
大暑	↗	↗	↘	↗	→	↗	↗	↗		↘	↗	→	↗	→	8	2	3	13

续表

节气	2004	2005	2006	2007	2008	2009	2010	2011	2012	2013	2014	2015	2016	2017	涨	跌	平	合计
立秋									→			↗			1		1	2
处暑			↗			→			↘						1	1	1	3
白露		→						→		↗				→	1		3	4
秋分								↘								1		1
寒露	→		↘	→	↘	↗					↘	→	↘	↘	1	5	3	9
霜降	↘		→						→							1	2	3
立冬		↘	↗				↘			↘	→	↘	→		1	4	2	7
小雪						↘		→	↘		↓					3	1	4
大雪									↗				↑		2			2
冬至				↘	→		→	↗					→		1	1	3	5
小寒												↗			1			1
大寒						↗	↗		↗						3			3
合计															48	37	44	129

注 “↗”表示涨，“→”表示平，“↘”表示跌。

第十四章 立春（开门红）与大暑行情

一、开门红行情

开门红起源于宋朝，那个时候，中原的房屋一进门都有一块门墙，逢年过节的时候大家都往门墙上贴点红色的福字、红纸门神等，以期开门走鸿（红）运，来年风调雨顺，日子兴旺发达。到了晚清和民国时期，人们赋予开门红“祝福别人”的意思；后来商人又将开门红演义为新一年开始的时候，事业或者生意取得好的成绩，或者新年开始就赚钱这一整年都赚钱，以博取心理安慰。

黏胶短纤作为我国化纤行业的开山鼻祖，其价格自1985年我国实行“混合价格体制”后，已经具备了一定的市场机制运行条件，而在1992年党的十四大明确提出“建立社会主义市场经济体制”后，其价格运行基本遵循一定的市场机制，其中之一就是具有较为明显的开门红行情。笔者对1994～2017年黏胶短纤价格进行梳理，以二十四节气中的“立春”作为关键时间点，根据前后涨跌的情况作为开门红行情起点，发现24年的开门行情中，有19年是开门红行情，有三年是跌势，两年是平行市，也就是说，24年间有5年没有出现开门红行情。

2年跌势的行情出现年份分别为2004年、2005年；横盘的年份是2008年。我们将这3年没有开门红的行情年份仔细分析如下：

2004年，春节时间点为1月22日，距离元旦时间点已过22天，比立春时间点早12天。这一年与1998年和2001年一样，不存在因为春节来得比较晚出现库存积压的时间跨度原因。这一年主要影响因素有两个：一是黏胶短纤在2001～2003年的持续放量。2001年我国黏胶短纤产量为43.2万吨；2002年我国黏胶短纤产量为51.9万吨；2003年我国黏胶短纤产量为62万吨。连续三年将近10万吨/年的放量，使得黏胶短纤在当年出现了供大于求的局面。二是2002～2003年的价格上涨，最终在黏胶短纤不断放量的客观条件下终止。经过2002～2003年的市场运行，尤其是2003年的市场运行，黏胶短纤在2002年春节前已经到达17750元/吨的高位，下游或者贸易商已经出现了恐高情绪，一轮行情不得不就此终结。2004年黏胶短纤行情走势如下：在春节附近到达最高价17750元/吨后，价格开始走跌，至4月底，价格为16000元/吨，随后一直至12月底，价格走势表现为16000～16500元/吨区间震荡。全年价差为17500元/吨。

2005年，春节时间点为2月9日，距离元旦时间已过40天，比立春时间点晚5天。这一年与1998年与2001年以及2004年一样，不存在因为春节来得比较晚出现库存积压的时间跨度原因。这一年主要影响因素有两个：一是产量继续提升。2004年我国黏胶短纤产量为77万吨，比2003年62万吨直接提升15万吨。2001～2004年产量提升的背景主要在国际上的黏胶短纤厂家继续停产下，我国抓住这一有利时机，大力发展黏胶短纤所致。但是，这些重复建设的黏胶短纤生产线投放后，国际市场上并没有较快地消化这部分产能，致使黏胶短纤价格并没有出现人们预期的价格上涨。二是2004年释放的15万吨直接打压了国内黏胶短纤领域的贸易商信心，在产能释放的过程中，下游纱厂不再通过贸易商拿货，而直接从黏胶短纤工厂拿货，贸易商蓄水池功能暂时被搁置。从而出现了阶段性的供大于求的现象。2005年全年黏胶短纤市场运行状况如下：春节前后，价格已经表现出下跌迹象，并且一路下跌至8月初。中间虽然在4月有过一段时间的小幅反弹，但趋势上表现一路向下。其价格由年初的15800元/吨下跌至8月的12950元/吨，之后黏胶短纤在12600～13300元/吨区间震荡，这一年度年底收官价格在12700元/吨，全年高低点价差为3200元/吨。

2008年，春节时间点为2月7日，距离元旦时间点已过38天，比立春时间点晚3天。这一年与1998年、2001年、2004年以及2005年一样，不存在因为春节来得比较晚出现库存积压的时间跨度原因。这一年主要影响因素有三个：一是产量继续提升。2006年我国黏胶短纤产量首次突破100万吨，当年产量为101.5万吨；2007年我国黏胶短纤产量为124.6万吨。产量的井喷，使得市场在价格高位盘整。二是2008年9月15日，雷曼兄弟公司申请11号破产保护法案，引发2008年全年金融危机。三是全球金融危机背景下，我国黏胶短纤以及人棉类纺织品出口受阻，引发价格下挫。2008年全年黏胶短纤价格运行情况大致如下：春节前后，黏胶短纤价格在22000元/吨一线高位盘整，春节后，由于没有开门红行情，价格出现一路下跌，时称“黏胶短纤倒春寒”，至6月后，市场出现企稳迹象，价格在16800元/吨一线震荡；9月15日雷曼兄弟破产后，全球金融危机愈演愈烈，最终在10月国庆节后，市场情绪不稳，价格再次跌落至11200元/吨一线收官。全年高低价格差为10650元/吨，为黏胶历史上跌幅较高的年份。

从上述3年没有开门红的年份看，其价格走势均处于一路向下的格局。所以，有没有开门红对于全年度的价格走势至关重要。笔者认为其主要原因有如下几点。

（1）开门红行情对于传统的企业主或者贸易商，均有一个“讨彩头”的含义，所有心理作用影响大。比如在某些地方，没到本命年的时候，均会以正月初一这一年去抢“烧头香”，或者以某种物品或事件作为赌注标的，必须赌赢。比如香港，有很多商贾大亨会在正月初一以一些标的作为赌注筹码，赢者会感觉到这一年做任何事都顺风顺水，假如输了，可能对于这一年的商业经营都会留下心理阴影，做起事情慎之又慎。

黏胶短纤市场从业者，目前多数仍保留这一传统思想居多，尤其是贸易商，对此也较为重视，所以，不管是上一年收官时行业好还是差，在春节后，正月初八开始，必须将价格上提一部分，根据不同的市场行情，一般在200～500元/吨附近。如果行情实在差的年份，也会上调100元/吨意思下，图一个心理层面的安慰。以寓意新的一年，新的开始，行情还是看好，市场还是有空间的。

（2）开门红行情具有承上启下的作用。中国的春节是根据中国的农历来进行测算的，与公历的元旦时而差距较短，时而间距很长。间距长的年份，其差值会在50天以上，也就是会在公历的2月20日以后迎来春节。这样就会造成国内外市场的不均衡，也会造成黏胶短纤产业链上下游库存的不平衡。如果春节在2月10日后，一般来说，这一年2月的黏胶短纤库存会起来。因为下游纱厂一般选择在腊月二十三至腊月二十五附近开始放春节假，而开工则在正月初八至十五不等。但是黏胶短纤工厂一般在冬季检修的惯例较少，因为生产工艺的冗长，且在原液部分冬天停车要做好管道的保稳工作以及清洗工作较为困难，所以，一般黏胶短纤工厂不会选择在冬季停产，也不会选择在这个季节检修。故春节期间黏胶短纤工厂正常生产，但物流在春节期间是停止流通的。所以，这个阶段的黏胶短纤库存容易起来，堆积的库存在开门红的过程中，一般会被消化。但如果遇到扩产或者下游不好的年份，消化过程就较为漫长，这时就可能出现上述5年没有开门红的现象。笔者说开门红行情具有承上启下的作用，主要就在于如果堆积的库存在春节后的行情被迅速消化，则证明下游较为健康，这一年的黏胶短纤行情最起码在上半年还是有看头的，但如果开门红行情不能如期出现，则证明了下游对于黏胶短纤的偏好程度有所减弱，这一年都需要以防范系统性风险为第一要务。

（3）开门红行情是年度行情的晴雨表。从上述5年的没有开门红的行情看，全年度基本处于一路下跌的状态。而历年的开门红行情长短不一，如果开门红行情较长的年份，这一年的市场走势有两种可能性，一种是一路向上的行情，另一种则是震荡向上的行情。但如果这一年开门红行情较短，则说明上一年度收官的时候，不是太完美。全年走势将会偏弱，主要表现为震荡市或者震荡下行的态势。所以，开门红行情的有无，以及维持时间的长短，也预示着这一年度行情的向上或者向下的趋势，预示着这一年度博弈参与方的主动权在买方还是卖方。

综上所述，开门红行情蕴藏着一年度的行情走势，故开门红行情如何运行，对于一年度的市场运行至关重要。其影响着市场参与者的心理，也影响着黏胶短纤产业链中各个环节的盈利状况。它是市场在休息一段时间后，产品能否达到供求平衡的一个重要指标，值得从业者认真研究和予以高度关注。

二、大暑行情

根据1994～2017年黏胶短纤运行在二十四节气中的表现，发现大暑行情变动总共有15次之多。这是除开门红（立春）行情之外的最高峰变局点。根据统计发现，在大暑时间节点，有10次价格上涨，2次价格下跌，3次价格平稳。上涨的10次出现的年份分别为：1995年、1997年、2004年、2005年、2007年、2009年、2010年、2011年、2014年以及2016年；下跌的2次出现的年份分别为：2006年、2013年；平稳过渡的3次出现的年份分别为：2008年、2015年、2017年。但根据回归分析，其价格变化对于后市的行情存在涨跌不一现象。

大暑在二十四节气的时间点为公历的7月下旬至8月上旬，笔者认为，此时间点出现价格变化而且多以上涨为主，主要是以外单为主。因为中国的纺织界有一句话：七死八活九翻身。意思就是，进入7月后，国内的纺织行情处于淡季状态，一些客户群体较小的企业或者贸易商可能在7月接不了单。桐乡濮院市场每年会选择7月、8月进行装修，整个市场处于无人气状态也符合这一说法。8月中下旬开始，市场处于复苏状态；9月的时候，纺织市场开始逐步进入旺季或者到达旺季状态。但是，黏胶短纤在7月下旬与8月上旬这20天之内，属于涨多跌少，且市场有明显变化，则证明这个变化不是来源于国内需求，而是来源于国外的外单需求。

黏胶短纤及其下游的人棉纱与人棉布主要出口到欧美、中东、中亚等国家与地区，这些地区主要以伊斯兰教信众为主。因为伊斯兰信众或者伊斯兰民族采用的是伊斯兰历。每年伊斯兰历9月为其宗教的斋月。

在斋月里，每天日出至日落期间，除了患病者、旅行者、乳婴、孕妇、哺乳妇、产妇、正在行经的妇女以及作战的士兵外，成年的穆斯林必须严格把斋，不吃不喝，不抽烟、不饮酒、不行房事等。直到太阳西沉，人们才进餐，随后或消遣娱乐，或走亲访友，欢天喜地如同过年。

故在斋月到来前或者开斋节后，这些地区的进口商或者进口公司会提前或者押后进口所需要的物资；而整个斋月里，贸易工作由于海关效率低，故清关工作会延迟很久。鉴于此，每年的斋月前或者斋月后，为订单的高峰期。至于订单在斋月前还是斋月后，则需要根据黏胶短纤当年运行的情况来确定。

从1994～2018年伊斯兰斋月的公历对照可以发现，2004～2014年十年间，其均以大暑为时间节点，向后扩散2～3个月。从外贸的角度来看，与大暑时间变动点吻合。也符合大暑时间点为内需淡季，但是黏胶短纤却在淡季的时候有所动作，主要是依靠伊兰斯地区的斋月采购行情所带动。如果其采购旺盛，则表现出价格上涨，但如果其采购力度不强，则表现为平稳或者下跌。

因为伊斯兰历比公历少10～11天，故伊斯兰历的9月也就是斋月并不是固定于公历的某个特定月份，所以，不能够强制列出斋月的时间节点。故分析行情的时候，也需要注意随着其斋月的变动而变动，不能执着于2004～2014年大暑行情为爆发期，就将大暑作为重要参考节点，但大暑作为一个特殊的时间节点，其在行情的波动中仍有一定的作用，需要根据当年的行情灵活分析。但可以根据斋月接近某个重要二十四节气点，对该节点予以高度重视，审时度势把握行情。

2016年的大暑行情，巧遇当年的一场长江流域的大洪水，造成了内地的黏胶短纤供应量出现短缺，一些偏远地区的黏胶短纤工厂，货不能及时送到东部地区的客户，而纱厂则保持着正常的生产；加上2016年9月4日G20峰会在杭州召开。杭州市下辖的萧山区为我国四大人棉纱产业基地之一，一些纱厂担心G20峰会期间安保工作引起运输不畅。这两种因素相结合，导致了2016年淡季不淡，且因为天气因素以及大型会议因素引来了一波强势上涨行情。故2016年的大暑行情属于特例。

第十五章　传统文化解析2004 ~ 2017年黏胶短纤价格运行机制

笔者以2004 ~ 2017年黏胶短纤市场价格运行与各年的天干地支以及各年的纳甲形成一个统计表，见表15–1。该表详细地罗列了每年的价格运行趋势以及每年的最高价与最低价之间的差值，其中差值以高低点出现时间点为顺序，得出正负差值，以表示其年度涨跌情况。

表15–1　2004 ~ 2017年黏胶短纤市场价格运行统计

时间	农历年	纳甲	年度差值	运行趋势（元/吨）
2004年	甲申	泉中水	-1700	17500—15800
2005年	乙酉	泉中水	-3200	15800—12600
2006年	丙戌	屋上土	2500	12600—15100
2007年	丁亥	屋上土	7050	15100—22150
2008年	戊子	霹雳火	-10650	22150—11500
2009年	己丑	霹雳火	7500	11500—19000
2010年	庚寅	松柏木	11800	19000—30800（11月）—25200
2011年	辛卯	松柏木	-12350	25200—28300（3月）—15950
2012年	壬辰	常流水	-3900	15950—17750（2月）—13600
2013年	癸巳	常流水	-2680	13600—14980（3月）—12300
2014年	甲午	沙中金	-950	12300—12500（2月）—11550
2015年	乙未	沙中金	3000	11550—14550（10月）—12200
2016年	丙申	山下火	4750	12200—16950（9月）—15200
2017年	丁酉	山下火	-3020	15200—17400（2 ~ 3月）—14600（5 ~ 6月）—16200（9月）—14380

一、2004 ~ 2017年间基本涨跌平衡

在实践过程中，基本会感觉到黏胶短纤市场价格是涨多跌少，但将逐年数据进行统计后发现，在十多年的跨度中，黏胶短纤市场价格运行基本能够保持平衡。14年的市场运行区间

内，其中涨的年份为6年，跌的年份为8年，基本保持平衡态势。

二、根据其价差大小出现涨跌互现的时间跨度不一

从涨跌分布的年份看，2004～2005年价格下跌，此轮下跌底部在12600元/吨；2006～2007年两年从底部开始爬升，创造出中间运行的14年间最高位22500元/吨，随后在2008年一次性跌掉10650元/吨，价格在11500元/吨附近见底；2009～2010年连续两年价格上涨，并且与2010年11月创造了30800元/吨的历史高峰位价格；进入2011年后，经过连续4年的价格下跌，2014年价格在11550元/吨一线再次见底；随后2015～2016年价格再次上涨，最高峰在2017年2～3月出现，其价格为17400元/吨，2017年后期价格再次震荡下跌，2017年价格以14000元/吨出现间断性底部。

三、黏胶短纤年度涨跌时间跨度周期存在一定的可控性

2004～2017年，从涨跌年度统计表（表15-2）可以看出，价格基本围绕某个中心在进行涨跌，如果跌多了或者涨多了，会通过2～4年的时间进行平衡。以2006～2007年的上涨以及2008年的下跌为例，2006～2007年累计上涨价差为9550元/吨；2008年下跌价差为10650元/吨，构成了一定程度的超跌，这样在2009～2010年就出现了上涨甚至暴涨行情；但2010年暴涨11800元/吨后，在2011年下跌价差为12350元/吨，将之前上涨的价差全部跌掉。

表15-2　2004～2017年黏胶短纤市场涨跌统计

<table>
<tr><th>时间</th><th>农历年</th><th>纳甲</th><th>年度差值（元/吨）</th><th>涨跌跨越年度</th></tr>
<tr><td>2004年</td><td>甲申</td><td>泉中水</td><td>-1700</td><td rowspan="2">2</td></tr>
<tr><td>2005年</td><td>乙酉</td><td>泉中水</td><td>-3200</td></tr>
<tr><td>2006年</td><td>丙戌</td><td>屋上土</td><td>2500</td><td rowspan="2">2</td></tr>
<tr><td>2007年</td><td>丁亥</td><td>屋上土</td><td>7050</td></tr>
<tr><td>2008年</td><td>戊子</td><td>霹雳火</td><td>-10650</td><td>1</td></tr>
<tr><td>2009年</td><td>己丑</td><td>霹雳火</td><td>7500</td><td rowspan="2">2</td></tr>
<tr><td>2010年</td><td>庚寅</td><td>松柏木</td><td>11800</td></tr>
<tr><td>2011年</td><td>辛卯</td><td>松柏木</td><td>-12350</td><td rowspan="4">4</td></tr>
<tr><td>2012年</td><td>壬辰</td><td>常流水</td><td>-3900</td></tr>
<tr><td>2013年</td><td>癸巳</td><td>常流水</td><td>-2680</td></tr>
<tr><td>2014年</td><td>甲午</td><td>沙中金</td><td>-950</td></tr>
<tr><td>2015年</td><td>乙未</td><td>沙中金</td><td>3000</td><td rowspan="2">2</td></tr>
<tr><td>2016年</td><td>丙申</td><td>山下火</td><td>4750</td></tr>
<tr><td>2017年</td><td>丁酉</td><td>山下火</td><td>-3020</td><td>1</td></tr>
</table>

从时间上看，涨跌存在涨2年跌4年的情况。在股市或者期货中，有句话是“横有多长，

竖有多高”，套用在黏胶短纤市场价格运行中，这句话也适用。这里的横，是时间长度，竖则代表黏胶短纤价格上涨的空间价差；意思也就是如果横盘时间越久，将来上涨的空间幅度越大，这样与涨2年跌4年统计情况比较符合。

在实际操作中，市场上存在“买涨不买跌”一说，意思就是价格上涨的过程中，大家会加大购买量，而价格下跌的时候，商品则无人问津，从这一市场行为角度来看待涨2年跌4年这一现象，也解释得通，因为大家都买，价格自然上涨，加速了构建顶部的时间与空间；但是价格下跌的过程中，由于黏胶短纤到了一定程度，贸易商会选择做的量比较小或者干脆不做，而下游纱厂则选择随用随拿，最终使得整个市场价格缓慢下跌，在到了黏胶短纤成本不能够下压的时候，基本就在一个相对底部缓慢盘整，等到下游用量再次加大的时候，市场再次构成上涨的条件，价格出现上涨。这样就是一个完整的黏胶短纤价格运行周期。这也是为何大家感觉到牛市比较短而熊市比较长的原因。

四、农历机制解释涨跌现象

1．2004～2005年（甲申乙酉泉中水）

2004年为农历年甲申年。甲是“拆”的意思，指万物剖符甲而出也；申是“身”的意思，指万物的身体都已成就。2005年为农历乙酉年，乙是“轧”的意思，指万物出生，抽轧而出；酉是“老”的意思，万物之老也。甲申乙酉泉中水，甲申乙酉，气息安静，子母同位，出而不穷，汲而不竭，乃曰井泉水。金既临官在申，帝旺在酉，旺则生自以火，然方生之际方量未兴，故曰井泉水也。气息在静，过而不竭，出而不穷。有金则水源不断，以沙中、钗钏为上吉。遇水、遇木也吉。如有一人四柱，年时两柱有水；日时两柱有木，就叫（水绕花堤）大富大贵。

甲申两者结合，象征植物部分树枝开始变老，发黄的树叶开始掉落。取义为泉中水，也就是地下泉水。虽然这一年命理上属于有水之年，但是无奈树叶发黄开始掉落。地下水充足也不能违背植物生长的规律。这一年黏胶短纤开始出现价格下跌，由17500元/吨跌落至15800元/吨。

乙酉两者结合，标志着老的树干需要被砍掉，让新的树芽能够孕育。2004年，世界上的黏胶短纤格局基本呈现产能“由西向东”转变。西方发达国家的黏胶短纤产能多数被淘汰，而中国的黏胶短纤产能开始进入第一次跨越式发展阶段。在新老交替的过程中，黏胶短纤价格表现出下跌趋势，这一年价格由15800元/吨跌至年尾的12600元/吨。

2．2006～2007年（丙戌丁亥屋上土）

2006年为农历丙戌年，丙是“炳”的意思，指万物炳然著见；戌是“灭”的意思，万物尽灭。2007年为农历丁亥年，丁是“强”的意思，指万物丁壮；亥是“核”的意思，万物收藏。丙戌丁亥屋上土，屋上之土，土之成功者也，成功者静，故止一定而不迁。以丙丁属火，戌亥为天门，火既炎上则土非在下，故曰屋上土。屋上土实际上应是砖瓦，戌亥一水一土，和而成泥，再加上火以烧烤，就成为砖瓦。修屋造房各有所用，既是屋上土，则需要有木的支撑和金的刻削装点，屋上土方显金碧辉煌，大富大贵之象。大怕火灾，遇火则凶，但天上火（即太阳之火）除外。丙戌两者结合，象征之前砍掉的老的枝丫被烧掉，也就是去产能阶段。2006年世界上的黏胶短纤产能基本开始趋于向中国集中，但是黏胶短纤的世界需求量却客观存在。于是这一年开始，黏胶短纤价格出现了上涨态势，本年度黏胶短纤价格由12600元/吨上涨至15100元/吨。

丁亥两者结合，植物生长至旺盛阶段，并开始结出小果实。用在黏胶短纤市场的运行中，取义为有人开始进行囤货操作。这一年，也正是由于贸易商的囤积居奇，厂家的惜售，使得黏胶短纤的价格创出相对历史高位，其高峰值22150元/吨。

3. 2008～2009年（戊子己丑霹雳火）

2008年为农历戊子年，戊是“茂”的意思，指万物茂盛；子是“兹”的意思，指万物兹萌于既动之阳气下。2009年为农历己丑年，己是“纪”的意思，指万物有形可纪识；丑是“纽”，阳气在上未降。戊子己丑霹雳火，戊子己丑对戊午己未，霹雳天上，雷霆挥鞭，日明同照也。丑属土，子属水，水居正位而纳音乃火，水中之火非龙神则无，故曰霹雳火，电击金蛇之势，云驰铁骑之奔，变化之象。此火是神龙之火，神龙所到之处，无非是风雨雷电之类，因此，此火与水、土、木相遇，或吉或无在。所忌即火，二火相遇性燥而凶。

戊子两者结合，标志着万物茂盛，阳气催动万物迅速生长。但是戊子纳音为霹雳火，且其为天上之霹雳火。霹雳火笔者认为是球形闪电，其可以迅速摧毁一切生物，使任何事物彻底消亡。这一年的黏胶短纤在高位22500元/吨（处于最旺盛之时）一路下跌至11500元/吨，与农历年天干地支推论吻合度最高。

己丑两者结合，标志着植物已经成形，但是阳气不足。己丑为水中之火，火在水中只会将水加热，弥补植物在需要充足温度和水分中遭遇阳气不足的格局，使得植物可以得到迅速生长。2009年黏胶短纤市场运行态势，也吻合这一格局，价格由11500元/吨上涨7500元/吨至19000元/吨。在当年，这波行情被业内称为新老贸易商交替的一年，老的贸易商因为在前几轮的博弈之中，心生惧意，对市场出现了畏惧心理；而新的贸易商则在这一年一路买买买，获利丰厚，故当年行业内称为“博傻行情”之年。

4. 2010～2011年（庚寅辛卯松柏木）

2010年为农历庚寅年，庚是“更”的意思，指万物收敛有实；寅是“移”，引的意思，指万物始生寅然也。2011年为农历辛卯年，辛是“新”的意思，指万物初新皆收成；卯是“茂”，言万物茂也。庚寅辛卯松柏木，庚寅辛卯则气已乘阳，得栽培之势力其为状也，奈居金下，凡金与霜素坚，木居下得其旺，岁寒后凋，取其性之坚也，故曰松柏木。以木临官在寅，帝旺在卯，木既生旺，则非柔弱之比，故曰松柏木也。遍地都是积雪凝霜，风撼笙簧，再余张旌施。松柏木是一种坚强的树木，所以火中唯炉中火、水中唯大海水能伤害他，其他相遇无害。松柏木外遇大林木、杨柳木，同为木种而质不如松柏木，必生妒心。松柏木喜见金，遇上将预示大贵。另外还有一种被称作（冬季苍松）的命格，即月日时三柱同属冬（壬、癸、亥、子）。此格为富贵之命。

庚寅两者结合，喻示着植物种植过程中的播种环节，庚寅纳音为松柏木，松柏木质地最为坚硬，在遇到阳气较旺之时，会迅速生长。2010年的黏胶短纤行情正是一路向上，最高峰值达到了至今没有突破的最高位30800元/吨，其中当时市场上成交最高价为32500元/吨。

辛卯两者结合，取义为新的植物开始成长，向茂盛阶段发展。辛卯纳音为松柏木，其特性与庚寅的区别在于处于积雪凝霜下的松柏木，而没有其他助力，取景为万物凋零，唯有其“大雪压青松”，象征着市场压力开始变大。2011年黏胶短纤市场价格则是从30800元/吨的高位一路下跌至15950元/吨，下跌空间为14850元/吨，可见当年黏胶短纤市场从业人员以及生产企业所承受的压力巨大。

5. 2012～2013年（壬辰癸巳常流水）

2012年为农历壬辰年，壬是“任”的意思，指阳气任养万物之下；辰是“震”的意思，物经震动而长。2013年为农历癸巳年，癸是“揆”的意思，指万物可揆度；巳是“起”，指阳气之盛。壬辰癸巳长流水，壬辰癸巳，势极东南，气傍离宫，火明势盛，水得归库，盈科后进，乃曰长流水也。辰为水库，巳为金的长生之地，金则生水，水性已存，以库水而逢生金，泉源终不竭，故曰长流水也。势居东南，贵安静。金可生水，所以遇金则吉，怕遇水，因为水多易泛滥；同时水土相克，遇丙戌、丁亥、庚子、辛丑等土，难免凶祸夭折；必须要有能生水的金来相救。另外，水火也相克，相克则凶。但如与甲辰相遇，辰为龙，龙见水则龙归大海之意，反而为吉。

壬辰两者结合，喻示着植物在阳光照耀之下，开始出现有的生长有的不长的情况。壬辰纳音为常流水，意味着水多，水多容易引起洪涝灾害，遇到植物生长分布不均的时候，就会引起植物被淹的格局，从而造成植物减产。2012年的黏胶短纤高低之间的价差为3900元/吨，全年表现为震荡运行，走势为“低—高—低”震荡运行。

癸巳两者结合，喻示着植物生长的环境空间可以控制。2013年，黏胶短纤市场运行则表现为融资平台开始介入，使得市场的涨跌相对来说比2012年处于平稳有序状态，但是融资平台仅仅是初步介入，贸易商、融资平台、纱厂自有资金以及黏胶短纤生产工厂4个主要资金来源方出现了强烈博弈，最终使得这一年的黏胶短纤总体处于震荡下行态势。

6. 2014～2015年（甲午乙未沙中金）

2014年为农历甲午年，甲是“拆”的意思，指万物剖符甲而出也；午是“仵”的意思，指万物盛大枝柯密布。2015年为农历乙未年，乙是“轧”的意思，指万物出生，抽轧而出；未是“味”，万物皆成有滋味也。甲午乙未沙中金，甲午乙未之气已成，物质自坚实，混于沙而别于沙，居于火而炼于火，乃曰沙中金也。午为火旺之地，火旺则金败，未为火衰之地，火衰败而金冠带，败而方冠带，未能作伐，故曰沙中金也。沙中金初形成而未能有用，所以需火炼，但火过盛则火旺金败了，同时要有木制，使不随心所欲的盛衰，同时以火炼之，如山头火、山下火、覆灯火等性温和的火与它相遇，命书认为是少年荣华富贵的命局，加外，沙中淘金也是一种采金的方法，但水要净水如长流水、大海水则把金沙一起淹没了，用井泉、涧下、天河等水也吉。沙中金怕遇见沙中土、路旁土、大驿土，恐被土覆盖的缘故。

甲午两者结合，喻示着因为植物枝干过于茂盛，需要剪掉部分多余的枝干。甲午纳甲为沙中金，因为午代表的阳气旺盛，最终导致了金不成金，也就是拿一把生锈的剪刀或者砍刀去修理粗壮多余的枝干，基本不起作用。2014年黏胶短纤市场价格继续呈现下跌态势，但是市场上的各个环节，均想着价格上涨，无奈该年度资金较为紧张，故市场没有达到大家的预期，但是市场氛围已经比前几年要好转很多。2014年我国对南北美洲等国家的溶解浆反倾销案成立，由此引发市场对于原材料溶解浆供应紧张的猜想，使得市场上多数人开始关注黏胶短纤的市场运行。

乙未两者结合，喻示着继续砍掉多余粗壮树枝的意思。乙未纳甲的沙中金，比起甲午纳甲的沙中金要坚硬一点，故市场此时出现转机。2015年，由于新环保法开始严厉实施，黏胶短纤行业内开始环保大治理行动。这一年开始，有些企业被迫停下来上环保项目，影响了全年的原计划产量，从而进一步引发了市场供应的紧张格局形成，最终造成了黏胶短纤市场价格开始出现上涨，本年度市场价格上涨空间为3000元/吨。

7. 2016~2017年（丙申丁酉山下火）

2016年为农历丙申年，丙是“炳”的意思，指万物炳然著见；申是“身”的意思，指万物的身体都已成就。2017年为农历丁酉年，丁是“强”的意思，指万物丁壮；酉是“老”的意思，万物之老也。丙申丁酉山下火，丙申丁酉，气息形藏，势力韬光，龟缩兑位，力微体弱，明不及远，乃曰山下火也。申为地户，酉为日入之门，日至此时而无光亮，故曰山下火。山下火实际夜晚的太阳，古人认为在夜晚太阳也和人一样，在一个地方休息，因此遇土、遇木则吉，既是夜晚的阳光，自然不喜再见阳火、山头火等。

丙申两者结合，喻示着植物开始开花结果。丙申纳甲为山下火，山下之火表现为夜晚之时，星光点点，如同大海中的灯塔一样，在目力可及范围内，事情变得可控，让人能够产生明确的目标。2016年因为有2015年的黏胶短纤价格启动，市场上不管融资平台，纱厂还是贸易商或者黏胶短纤工厂，均实现了价格上涨的愿望，而且整个过程中，大家都认为黏胶短纤的春天到来了。这一年宏观方面资金也比较宽裕，故2016年黏胶短纤上涨空间有4750元/吨，并且在该年度的9月价格一度到达17000元/吨。

丁酉两者结合，喻示着植物由壮年走向老年的过程。丁酉纳甲为山下火，这个山下火比丙申的山下火来得更晚，酉时为下午5~7时，一般认为天黑了，要找个旅店或者人家进行休息。2017年的黏胶短纤市场经过了2016年的两波上涨后，市场开始出现分化，这一年间，黏胶短纤行业、下游纱厂均出现了不同程度的洗牌。而市场在年初到达17400元/吨价格后，开始震荡运行，全年表现为震荡下行格局，市场在14000元/吨附近筑底，有些企业价格在13800元/吨。至年底的时候，全行业参与者，多数人露出疲惫心态，想休息下调整好心态后再次融入黏胶短纤市场中。而这种情况与丁酉的象正好吻合。

五、农历机制下的黏胶短纤运行规律小结

1. 遇到纳甲为水的年份需要防范价格下跌

在运用六十甲子纪年法对2004~2017年黏胶短纤市场运行详细分析后，不难发现，凡是遇到纳甲带“水”的年份，价格均呈下跌趋势。2004~2005年为泉中水，价格累计下跌4900元/吨；2013~2014年为常流水，价格累计下跌为6580元/吨。

2. 遇到纳甲为“土”“木”之前需要注意价格上涨

在运用六十甲子纪年法对2004~2017年黏胶短纤市场运行进行详细分析后，不难发现，遇到纳甲中带有“土”“木”的年份，价格上涨的概率较大。2010年松柏木年，价格也均表

现出不同程度的强势上涨态势。

3. **每年可以根据天干地支结合分析当年的涨跌格局**

由于六十甲子纪年法，有六十种天干地支组合。每种组合的含义均表示不同时期的植物生长状态。天干地支两字有机结合起来，以及当年的植物生长处于何种状态之象，通过这种对象的类比，最终可以得出当年黏胶短纤市场价格运行的大致趋势。如果实在不能够确定当年的黏胶短纤涨跌情况，可以参考《娄景书》以及《地母经》两个农业上的传统预测经典理论，做到对当年的行情运行大致心中有数。

第五篇

技术分析在黏胶短纤市场运行中的应用

第十六章　技术分析起源与发展

技术分析起源于20世纪上半叶，这是一个神奇的年代，往前500年、往后500年都不会再有，因为当今世界的大师大多出生于此时代。沃伦·巴菲特出生于1930年；乔治·索罗斯出生于1930年；彼得·林奇出生于1944年；鲍尔森出生于1941年；吉姆·罗杰斯出生于1942年。包括这些大师的导师，在这段岁月中，完成了在交易界不朽的经典之作，仍在证券交易行业为交易员与分析师所使用。

1932年，罗伯特·雷亚撰写并出版了查尔斯·道（1850～1902）的《道氏理论》；1934年底格雷厄姆（1894～1976）出版了被奉为投资圣经的《有价证券分析》；1935年哈罗德麦金利·加特利（1899～1972）撰写了震撼投资界的形态分析力作——《股市利润》；1938年由查尔斯·科林斯撰写艾略特（1871～1948）的《波浪理论》；1946年艾略特本人撰写了《自然法则——宇宙的奥秘》；1949年，江恩（1878～1955）本人撰写的《华尔街四十五年》出版；

这些巨著中，格雷厄姆的《有价证券分析》主要是从行业基本面以及公司基本面，以财务报表为依据对证券市场进行解读，以做出股票买卖的决策。其余部分，均是从技术分析角度对行业或者个股进行分析。

从书籍的出版时间点看，查尔斯·道的《道氏理论》是技术分析的鼻祖；其意义主要在于开启了股市的趋势技术分析之门。但因为后续的哈罗德麦金利·加特利、艾略特、江恩等人所创立的分析方法与《道氏理论》的分析方法存在着本质的区别，故上述的几位大师的著作均可以看作技术分析的各个门派的开山之作。

目前，在市场上广为流传的技术分析理论主要有：《道氏理论》《有价证券分析》《波浪理论》以及江恩的时间与空间江恩轮。

值得一提的是，哈罗德麦金利·加特利的《股市利润》较上述广为流传的技术分析理论来得更为先进，但是其繁杂的算法，使得很多人望而止步。由于这方面原因，不对加特利的《股市利润》进行推广与详细解答，仅仅将当时加特利的利润形成背景进行如下简单介绍：加特利起先只是一个商人，他发现了一个价格模型，可以解决交易的终极问题：什么时候可以抄底买入。

后来，他将此方法用于股票价格分析，并于1935年写了一本震撼投资界的形态分析力作——《股市利润》，作者因种种顾虑所以定价1500美元，且限量销售1000册，故此法不为人知。

在当时经济处于战后大萧条时期的美国，1500美元可以购买三辆全新的福特汽车；因为他并不想所有人都知道这个方法，所以设置了很高的准入门槛。

该方法需要很多的计算，直到计算机超级发达的今天，也无法用计算机完全取代人工计算。人类因为惰性使然，都选择了直观的波浪、布林线、MACD等不需要动脑筋的方法和指标，所以该方法并没有如江恩、艾略特他们那样引起轰动，并一直被埋没在历史的尘埃里，成为少数人制胜的法宝。

对加特利的形态理论不做推广，在本书中，同样对江恩的理论也不进行推广，主要原因是江恩的空间轮与时间轮算法相对比较繁杂，另在实际操作过程中，一旦空间轮或者时间轮的周期起始点找错，会产生一步错步步错的结果，故对于江恩的45度线以及相关的空间轮与时间轮技术不做探讨，仅仅对于其趋势理论进行探讨。

除此之外，对《道氏理论》《波浪理论》《江恩操作规则》进行探讨，最终将这些理论用于黏胶短纤市场价格走势实战分析。

第十七章　道氏理论

一、道氏理论的三个假设和五个定理

在罗伯特·雷亚的著作《道氏理论》一书中，论述了极其重要的三个假设和五个“定理”，基本上仍适用于当今情况。

（一）三个假设

《道氏理论》中极其重要的三个假设，与人们平常所看到的技术分析理论的三大假设有相似的地方，不过，在这里，道氏理论更侧重于其市场含义的理解。

假设1：人为操作（Manipulation）

指数或证券每天、每星期的波动可能受到人为操作，次级折返走势（Secondary reactions）也可能受到这方面有限的影响，比如常见的调整走势，但主要趋势（Primary trend）不会受到人为的操作。

有人也许会说，庄家能操作证券的主要趋势。就短期而言，即使庄家不操作，这种适合操作的证券的内质也会受到他人的操作；就长期而言，公司基本面的变化不断创造出适合操作证券的条件。总的来说，公司的主要趋势仍是无法人为操作，只是证券换了不同的机构投资者和不同的操作条件而已。

假设2：市场指数会反映每一条信息

每一位对于金融事务有所了解的市场人士，他所有的希望、失望与知识，都会反映在“上证指数”与“深圳指数”或其他的什么指数每天的收盘价波动中；因此，市场指数永远会适当地预期未来事件的影响。如果发生火灾、地震、战争等灾难，市场指数也会迅速地加以评估。

在市场中，人们每天对于诸如财经政策、扩容、领导人讲话、机构违规、创业板等层出不尽的题材不断加以评估和判断，并不断将自己的心理因素反映到市场的决策中。因此，对大多数人来说，市场总是看起来难以把握和理解。

假设3：道氏理论是客观化的分析理论

成功利用它协助投机或投资行为，需要深入研究，并客观判断。当主观使用它时，就会不断犯错，不断亏损。

在近30年的中国A股市场上，的确如此反映：市场中95%的投资者运用的是主观化操作，这95%的投资者绝大多数属于“七赔二平一赚”中的那“七赔”人士。

（二）五个定理

定理1：道氏的三种走势（短期、中期、长期趋势）

股票指数与任何市场都有三种趋势：短期趋势，持续数天至数个星期；中期趋势，持续数个星期至数个月；长期趋势，持续数个月至数年。任何市场中，这三种趋势必然同时存在，彼此的方向可能相反。

长期趋势最为重要，也最容易被辨认、归类与了解。它是投资者主要的考量，对于投机者较为次要。中期与短期趋势都存在于长期趋势之中，唯有明白他们在长期趋势中的位置，才可以了解他们，并从中获利。

中期趋势对于投资者较为次要，但却是投机者的主要考虑因素。它与长期趋势的方向可能相同，也可能相反。如果中期趋势严重背离长期趋势，则被视为是次级的折返走势或修正（correction）。次级折返走势必须谨慎评估，不可将其误认为是长期趋势的改变。

短期趋势最难预测，唯有交易者才会随时考虑它。投机者与投资者仅有在少数情况下，才会关心短期趋势；在短期趋势中寻找适当的买进或卖出时机，以追求最大的获利，或尽可能减少损失。

将价格走势归类为三种趋势，并不是一种学术上的游戏。因为投资者如果了解这三种趋势而专注于长期趋势，也可以运用逆向的中期与短期趋势提升获利。运用的方式有许多种。如果长期趋势是向上，他可在次级的折返走势中卖空股票，并在修正走势的转折点附近，以空头头寸的获利追加多头头寸的规模。上述操作中，他也可以购买卖权选择权（puts）或锁售买权选择权（calls）。由于他知道这只是次级的折返走势，而不是长期趋势的改变，所以他可以在有信心的情况下，度过这段修正走势。最后，他也可以利用短期趋势决定买卖的价位，提高投资的获利能力。上述策略也适用于投机者，但他不会在次级的折返走势中持有反向头寸；他的操作目标是顺着中期趋势的方向建立头寸。投机者可以利用短期趋势的发展，观察中期趋势的变化征兆。他的心态虽然不同于投资者，但辨识趋势变化的基本原则相当类似。

自从20世纪80年代初期以来，由于信息科技的进步以及计算机程序交易的影响，市场中期趋势的波动程度已经明显加大。1987年以来，一天内发生50点左右的波动已经是寻常可见的行情。基于这个缘故，长期投资的“买进—持有”策略可能有必要调整。在修正走势中持有多头头寸，并看着多年来的利润逐渐消失，似乎是一种无谓的浪费与折磨。当然，大多数情况下，经过数个月或数年以后，这些获利还是会再度出现。然而，如果你专注于中期趋势，这些损失大体都是可以避免的。因此，对于金融市场的参与者而言，以中期趋势作为准则应该是较明智的选择。然而，如果希望精确掌握中期趋势，则必须了解它与长期（主要）趋势之间的关系。

定理2：主要走势（空头或多头市场）

主要走势代表整体的基本趋势，通常称为多头或空头市场，持续时间可能在一年以内，乃至于数年之久。正确判断主要走势的方向，是投机行为成功与否的最重要因素。没有任何已知的方法可以预测主要走势的持续期限。

了解长期趋势（主要趋势）是成功投机或投资的最起码条件。一位投机者如果对长期趋势有信心，只要在进场时机上有适当的判断，便可以赚取相当不错的获利。有关主要趋势的幅度大小与期限长度，虽然没有明确的预测方法，但可以利用历史上的价格走势资料，以统计方法归纳主要趋势与次级的折返走势。

雷亚将道琼指数历史上的所有价格走势，根据类型、幅度大小与期间长短分别归类，他当时仅有30年的资料可供运用。令人非常惊讶的是他当时归类的结果与目前1992年的资料，两者之间几乎没有什么差异。例如，次级折返走势的幅度与期间，不论就多头与空头市场的资料分别归类还是综合归类，目前正态分布的情况几乎与雷亚当时的资料完全相同；唯一的差别只在于资料点的多寡。

这个现象确实值得注意，因为表明：虽然近半个世纪以来的科技与知识有了突破性的发展，但驱动市场价格走势的心理性因素基本上仍相同。这对专业投机者具有重大的意义：目前面临的价格走势、幅度与期间都非常可能落在历史对应资料平均数（medians）的有限范围内。如果某个价格走势超出对应的平均数水准，介入该走势的统计风险便与日俱增。若经过适当地权衡与应用，这项评估风险的知识，可以显著提高未来价格预测在统计上的精确性。

定理3：主要的空头市场（包含三个主要的阶段）

主要的空头市场是长期向下的走势，其间夹杂着重要的反弹。它来自各种不利的经济因素，唯有股票价格充分反映可能出现的最糟情况后，

这种走势才会结束。空头市场会历经三个主要的阶段：第一阶段，市场参与者不再期待股票可以维持过度膨胀的价格；第二阶段的卖压是反映经济状况与企业盈余的衰退；第三阶段是来自于健全股票的失望性卖压，不论价值如何，许多人急于求现至少一部分的股票。这项定义有几个层面需要理清。“重要的反弹”（次级的修正走势）是空头市场的特色，但不论是“工业指数”或“运输指数”，都绝对不会穿越多头市场的顶部，两项指数也不会同时穿越前一个中期走势的高点。“不利的经济因素”是指（几乎毫无例外）政府行为的结果：干预性的立法、非常严肃的税务与贸易政策、不负责任的货币与财政政策以及重要战争。

个人也曾经根据道氏理论将1896年至目前的市场指数加以归类，在此列举空头市场的某些特质。

（1）由前一个多头市场的高点起算，空头市场跌幅的平均数为29.4%，其中75%的跌幅介于20.4%～47.1%。

（2）空头市场持续期限的平均数是1.1年，其中75%的期限介于0.8～2.8年。

（3）空头市场开始时，随后通常会以偏低的成交量“试探”前一个多头市场的高点，接着出现大量急跌的走势。所谓“试探”是指价格接近而绝对不会穿越前一个高点。“试探”期限，成交量偏低显示信心减退，很容易演变为“不再期待股票可以维持过度膨胀的价格”。

（4）经过一段相当程度的下跌之后，突然会出现急速上涨的次级折返走势，接着便形成小幅盘整而成交量缩小的走势，但最后仍将下滑至新的低点。

（5）空头市场的确认日（confirmation date），是指两种市场指数都向下突破多头市场最近一个修正低点的日期。两种指数突破的时间可能有落差，并不是不正常的现象。

（6）空头市场的中期反弹，通常都呈现颠倒的V型，其中低价的成交量偏高，而高价的成交量偏低。有关空头市场的情况，雷亚的另一项观察非常值得重视：空头行情末期，市场

对于进一步的利空消息与悲观论调已经产生了免疫力。然而，在经历严重挫折之后，股价也似乎丧失了反弹的能力，种种征兆都显示，市场已经达到均衡的状态，投机活动不活跃，卖出行为也不会再压低股价，但买盘的力道显然不足以提升价格，市场笼罩在悲观的气氛中，股息被取消，某些大型企业通常会出现财务困难。基于上述原因，股价会呈现狭幅盘整的走势。一旦这种狭幅走势明确向上突破，市场指数将出现一波比一波高的上升走势，其中夹杂的跌势都未跌破前一波跌势的低点。这个时候，明确显示应该建立多头的投机性头寸。

定理4：主要的多头市场（也有三个主要的阶段）

主要的多头市场是一种整体性的上涨走势，其中夹杂次级的折返走势，平均的持续期间长于两年。在此期间，由于经济情况好转与投机活动转盛，所以投资性与投机性的需求增加，并因此推高股票价格。多头市场有三个阶段：第一阶段，人们对于未来的景气恢复信心；第二阶段，股票对于已知的公司盈余改善产生反应；第三阶段，投机热潮转炽而股价明显膨胀，这阶段的股价上涨是基于期待与希望。

多头市场的特色是所有主要指数都持续联袂走高，拉回走势不会跌破前一个次级折返走势的低点，然后再继续上涨而创新高价。在次级的折返走势中，指数不会同时跌破先前的重要低点。主要多头市场的重要特质如下。

（1）由前一个空头市场的低点起算，主要多头市场的价格涨幅平均为77.5%。

（2）主要多头市场的期间长度平均数为两年又四个月（2.33年）。历史上的所有的多头市场中，75%的期间长度超过657天（1.8年），67%介于1.8～4.1年。

（3）多头市场的开始，以及空头市场最后一波的次级折返走势，两者之间几乎无法区别，唯有等待时间确认。

（4）多头市场中的次级折返走势，跌势通常较先前与随后的涨势剧烈。另外，折返走势开始的成交量通常相当大，但低点的成交量则偏低。

（5）多头市场的确认日，是两种指数都向上突破空头市场前一个修正走势的高点，并持续向上挺升的日子。

定理5：次级折返走势

也称“修正走势”，多头市场中的下跌走势，或空头市场中上涨走势。就此处的讨论来说，次级折返走势是多头市场中重要的下跌走势，或空头市场中重要的上涨走势，持续的时间通常在三个星期至数个月；此期间内折返的幅度为前一次级折返走势结束之后主要走势幅度的33%～66%。次级折返走势经常被误以为是主要走势的改变，因为多头市场的初期走势，显然可能仅是空头市场的次级折返走势，相反的情况则会发生在多头市场出现顶部后。

次级折返走势（修正走势；correction）是一种重要的中期走势，它是逆于主要趋势的重大折返走势。判断何者是逆于主要趋势的重要中期走势，这是道氏理论中最微妙与困难的一环；对于信用高度扩张的投机者来说，任何的误判都可能造成严重的财务后果。

判断中期趋势是否为修正走势时，需要观察成交量的关系，修正走势之历史或然率的统计资料，市场参与者的普遍态度，各个企业的财务状况、整体状况，“联邦准备理事会”的政策以及其他许多因素。走势在归类上确实有些主观成分，但判断的精确性却关系重大。一个走势，究竟属于次级折返走势，还是主要趋势的结束，经常很难判断，甚至无法判断。

笔者个人的研究与雷亚的看法相当一致，大多数次级修正走势的折返幅度，约为前一个主要走势波段（primary swing），介于两个次级折返走势之间的主要走势的1/3～2/3，持续的时间则在三个星期至三个月之间。对于历史上所有的修正走势来说，其中61%的折返幅度为前一个主要走势波段的30%～70%，其中65%的折返期间介于三个星期至三个月之间，而其中98%介于两个星期至八个月之间。价格的变动速度是另一项明显的特色，相对于主要趋势而言，次级折返走势有暴涨暴跌的倾向。

次级折返走势不可与小型折返走势相互混淆，后者经常出现在主要与次要的走势中。小型折返走势是逆于中期趋势的走势，98.7%的情况下，持续的期间不超过两个星期（包括星期假日在内）。它们对于中期与长期趋势几乎没有影响。截至1989年10月，“工业指数”与“运输指数”在历史上共有694个中期趋势（包括上涨与下跌），其中仅有九个次级修正走势的期间短于两个星期。

在雷亚对于次级折返走势的定义中，有一项关键的形容词：“重要”。一般来说，如果任何价格走势起因于经济基本面的变化，而不是技术面的调整，而且其价格变化幅度超过前一个主要走势波段的1/3，称得上是重要。例如，如果联储将股票市场融资自备款的比率由50%调高为70%，这会造成市场上相当大的卖压，但这与经济基本面或企业经营状况并无明显的关系。这种价格走势属于小型（不重要的）走势。另外，如果发生严重的地震而使一半的加州沉入太平洋，股市在三天之内暴跌600点，这是属于重要的走势，因为许多公司的盈余都将受到影响。然而，小型折返走势与次级修正走势之间的差异未必非常明显，这也是道氏理论中的主观成分之一。

将次级折返走势比喻为锅炉中的压力控制系统。在多头市场中，次级折返走势相当于安全阀，它可以释放市场中的超买压力。在空头市场中，次级修正走势相当于为锅炉添加燃料，以补充超卖流失的压力

二、《股市趋势技术》对道氏理论的总结

19世纪20年代福布斯杂志的编辑理查德·夏巴克，继承和发展了道氏的观点，研究出了如何把“股价平均指数”中出现的重要技术信号应用于各单个股票。而在1948年出版的由约翰·迈吉、罗伯特·D. 爱德华所著《股市趋势技术分析》一书，继承并发扬了查理斯·道及理查德·夏巴克的思想，现在已被认为是有关趋势和形态识别分析的权威著作。

《股市趋势技术分析》一书总结了道氏理论的基本要点如下。

（一）浪潮、波浪及涟漪

一位海滨的居住者在有海潮来临时，也须采用让一个来临的波浪推动海滨中的一只木桩到其最高点的方法来确定海潮的方向。然后，如果下一个波浪推动海水高出其木桩时，他就可以知道潮水是在上涨。如果他把木桩改换为每一波浪的最高水位记号，最终将会出现一个波浪在其上一记号处停止并开始回撤到低于这一水平，于是便可以知道潮水已经回转了，落潮开始了。这事实上就是道氏理论定义的股市趋势。

浪潮、波浪及涟漪的比较在道氏理论最早的时期就已开始了。并且更有可能，大海的运动对道氏理论也有一定的启发。但是，这一比喻也不能走得太远，股市中的浪潮与波浪远不

如大海的浪潮与波浪那样规则。用以预测每一次浪潮及海流的准确时间的时间表可以提前制作，但道氏理论却不能对股市给出一个时间表。

1. **平均指数包容消化一切（除了上帝“上帝的行为”）**

因为他们反映了无数投资者的综合市场行为，包括那些有远见力的以及消息最灵通的人士，平均指数在其每日的波动过程中包容消化了各种已知的可预见的事情，以及各种可能影响公司债券供给和需求关系的情况，甚至天灾人祸，但其发生以后就被迅速消化，并可包容其可能的后果。

2. **三种趋势**

“市场”一词意味着股票价格在总体上以趋势演进，而其最重要的是主要趋势，即基本趋势。它们是大规模地上下运动，通常持续几年或更长的时间，并导致股价增值或贬值20%以上，基本趋势在其演进过程中穿插着与其方向相反的次等趋势——当基本趋势暂时推进过头时所发生的回撤或调整（次等趋势与被间断的基本趋势一同被划为中等趋势）。最后，次等趋势由小趋势或者每一波动组成，而这并不是十分重要的。

3. **基本趋势**

如前所述，基本趋势是大规模的、中级以上的上下运动，通常（但非必然）持续 1 年或有可能数年之久。只要每一个后续价位弹升比前一个弹升达到更高的水平，而每一个次等回撤的低点（即价格从上至下的趋势反转）均比上一个回撤高，这一基本趋势就是上升趋势，这就称为牛市。相反，每一中等下跌，都将价格压到逐渐低的水平，这一基本趋势则是下降趋势，并被称作熊市（这些术语，牛市与熊市。经常在一些非严格场合分别用于各种上下运动，但在本书中，我们仅把它们用在从道氏理论出发的主要或基本趋势的情形）。

正常情况下（至少理论上是这样），基本趋势是三种趋势中真正长线投资者所关注的唯一趋势。他的目标是尽可能在一个牛市中买入（一旦他确定它已经启动），然后一直持有直到（且只有到）很明显它已经终止而一个熊市已经开始的时候。他认为，他可以很保险地忽视各种次等的回撤及小幅波动。对于交易人士来说，他完全有可能关注次等趋势，在本书后面的章节中将会发现可能因此而获利。

4. **次等趋势**

这是价格在其沿着基本趋势方面演进中产生的重要回撤。它们可以是在一个牛市中发生的中等规模的下跌或“回调”，也可以是在一个熊市中发生的中等规模的上涨或“反弹”。正常情况下，它们持续3周时间到数月不等，但很少再长。在一般情况下，价格回撤到沿基本趋势方面推进幅度的1/3～2/3。即是说，在一个牛市中，在次等回调到来之前，工业指数可能稳步上涨30点，其间伴随着一些短暂的或很小的停顿，这样在一轮新的中等规模上涨开始之前，这一次等回调可望出现10～20的下跌。然而，必须注意，这个1/3～2/3并不是牢不可破的，它仅仅是一种可能性，大多数次等趋势都在这个范围之间，许多在靠近半途就停止了，即回撤到前面基本趋势推进幅度的50%。很少有少于1/3的情况，但有些几乎完全看不出回调。

有两个标准用以识别次等趋势。任何与基本趋势方向相反、持续至少三个星期并且回撤上一个沿基本趋势方向上价格推进净距离（从上一个次等趋势的末端到本次开始，略去小幅波动部分）至少1/3幅度的价格运动，即可认为是中等规模的次等趋势。尽管这样，次等趋势经常令人捉摸不透。对其识别、确定其开始并进一步发展的时间等，对道氏理论的追随者来说都是最困难的事情。对此还将在以后加以讨论。

5. **小趋势**

它们是非常简短的（很少持续三周，一般小于6天）价格波动，从道氏理论的角度来看，其本身并无多大的意义，但它们合起来构成中等趋势。一般的但并非全是如此，一个中等规模的价格运动，无论是次等趋势还是一个次等趋势之间的基本趋势，由一连串的三个或更多的明显的小波浪组成。从这些每日的波动中作出的一些推论经常很容易引起误导。小趋势是上述第三种趋势中唯一可被人为操纵的趋势（事实上，尽管这仍然值得怀疑，甚至在目前的情况下他们可能为有意操纵到很重要的程度）。基本趋势与次等趋势不能被操纵。如果这样做的话，美国财政部的财源都会受到限制。

以大海的运动与股市的运动进行对比。主要趋势就像浪潮，可以把一个牛市比作一个涌来的浪潮，它将水面一步一步地向海岸推动，直到最后达到一个水位高点并开始反转。接下来的则是落潮或退潮，可以比作熊市。但是，无论是涨潮还是退潮的时候，波浪都一直在涌动，不断冲击海岸并撤退。在涨潮过程中，每一个连续的波浪都较其前浪达到海岸更高的水平，而其回撤时，都不比其前次回撤低。在落潮过程中，每一个连续的波浪上涨时均比其前浪达到的水位低一点，而在其回撤均比其前浪离开海岸更远一点。这些波浪就是中等趋势——基本的或次要的则取决于其运动与海潮的方向相同还是相反。与此同时，海面一直不断地被小波浪、涟漪及风冲击着，它们有的与波浪趋势相同，有的相反，有的则横向穿行——这好比市场中的小趋势，每日都在进行着的无关紧要的小趋势。

（二）基本趋势的几个阶段

（1）牛市——基本上升趋势，通常（并非必要）划分为三个阶段。

第一阶段是建仓（或积累），在这一阶段，有远见的投资者知道尽管现在市场萧条，但形势即将扭转，因而就在此时购入了那些欠缺勇气和运气的卖方所抛出的股票，并逐渐抬高其出价以刺激抛售，财政报表情况仍然很糟——实际上在这一阶段总是处于最萧条的状态，公众为股市状况所迷惑而与之完全脱节，市场活动停滞，但也开始有少许回弹。

第二阶段是一轮稳定的上涨，交易量随着公司业务的景气而不断增加，同时公司的盈利开始受到关注。也正是在这一阶段，技巧娴熟的交易者往往会得到最大收益。

第三阶段。随着公众蜂拥而上的市场高峰的出现，第三阶段来临，所有信息都令人乐观，价格惊人地上扬并不断创造“崭新的一页”，新股不断大量上市。此时，某个朋友可能会跃跃欲试，妄下断言“瞧瞧我知道行情要涨了，看看买哪种合适？”这就忽略了一个事实，涨势可能持续了两年，已经够长了，就到了该问卖掉哪种股票的时候了，在这一阶段的最后一个时期，交易量惊人地增长，而“卖空”也频繁地出现；垃圾股也卷入交易（即低价格且不具投资价值的股票），但越来越多的高质量股票此时拒绝追从。

（2）熊市——基本下跌趋势，通常（也非必定）也以三个阶段为特点。

第一阶段是出仓或分散（实际开始于前一轮牛市后期），在这一阶段后期，有远见的投资者感到交易的利润已达至一个反常的高度，因而在涨势中抛出所持股票。尽管弹升逐渐减弱，交易量仍居高不下，公众仍很活跃。但由于预期利润的逐渐消失，行情开始显弱。

第二阶段被称作恐慌阶段。买方少起来而卖方就变得更为急躁，价格跌势徒然加速，当交易量达到最高值时，价格也几乎是直线落至最低点。恐慌阶段通常与当时的市场条件相差甚远。在这一阶段之后，可能存在一个相当长的次等回调或一个整理运动，然后开始第三阶段。

第三阶段。那些在大恐慌阶段坚持过来的投资者此时或因信心不足而抛出所持股票，或由于目前价位比前几个月低而买入。商业信息开始恶化，随着第三阶段推进，跌势还不是很快，但持续着，这是由于某些投资者因其他需要，不得不因筹集现金而越来越多地抛出其所持股票。垃圾股可能在前两个阶段就失去了其在前一轮牛市的上涨幅度，稍好些的股票跌得稍慢些，这是因为其持股者一直坚持到最后一刻，结果是在熊市最后一个阶段，这样的股票往往成为主角。当坏消息被证实，而且预计行情还会继续看跌，这一轮熊市就结束了，而且常常是在所有的坏消息“出来”之前就已经结束了。

上文中所描述的熊市三阶段与其他研究这一问题的人士的命名有所不同，但笔者认为这是对过去30年中主要跌势运动更准确、更实际的划分。然而，应该提醒读者的是，没有任何两个熊市和牛市是完全相同的。也有一些可能缺失三个典型阶段中的一个或另一个，一些主要的涨势由始至终只是极快的价格升值。一些短期熊市的形成没有明显恐慌阶段，而另一些则以恐慌阶段结束，比如1939年4月。任何一个阶段，都没有一定的时间限制。例如，牛市的第三阶段，就是一个令人兴奋的投机机会，公众非常活跃，这一阶段可能持续至少一年也可能不过一二个月，熊市恐慌阶段通常不是几天就是几个星期之内就结束，但是从1929年至1932年间的萧条期，则至少有五个恐慌波浪点缀其间。无论如何，应时刻牢记基本趋势的典型特征。假如知道了牛市的最后一个阶段一般会出现的征兆，就不致被市场出现看涨的假象所迷惑。

（三）相互验证的原则

1. 两种指数必须相互验证

这是道氏原则中最有争议也是最难以统一的地方，然而他已经受了时间的考验。任何仔细研究过市场记录的人士都不会忽视这一原则所起到的“作用”。而那些在实际操作中将这一原则弃之不顾的交易者总归是要后悔的。这就意味着，市场趋势中不是一种指数就可以单独产生有效信号。以图17-1（本图为假想日图，表明了一个指数如何与其他道氏信号相互引证失败，短水平线本出的收市价与垂直趋势线连接起来使每日趋势更清晰了。）中虚拟的情况为例，在图上假定一轮熊市已持续数月，

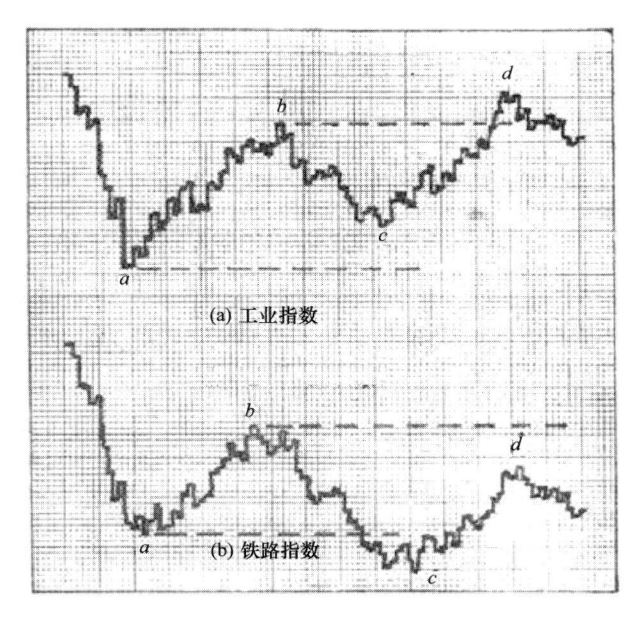

图17-1　假想日图

然后由a到b，是一个次等反弹，工业指数（伴随着铁路指数）上涨至b，然而在其下一个跌势中，工业指数只跌至c，高于a，随之弹升至d，高于b：从这一点看，工业指数已经显示出趋势由跌至涨的“信号”。但再观察这一时期的铁路指数，首先由b至c，低于a，随后由c涨至d。至此，铁路指数与工业指数未能相互验证，因而主要的趋势就仍认为是下跌的。如果铁路指数涨至高于b点的位置的话，就得到一个趋势转升的明确信号了，然而，就是在这样一个过程中，由于工业指数不会持续单独上扬，或迟或早总会为铁路指数再次阻碍，机会还是存在的，因而对于这一情况充其量只能认为主要趋势的方向还未定型。

上文阐述的不过是相互验证原则和应用的很多方式之一。同样，观察c点，仓时间迟早考虑，也可以说工业指数并未与铁路指数的持续下跌形成相互验证：但这种情况只有在一个现行趋势的持续或加强时才会出现。两种指数没有必要同一天确定。一般说来，两者常常会一同达至一个新的高点（或低点），在持续了几天、几周或一到两月的停滞状态之后会存在大量情况，一个交易者必须在错综复杂的情况下保持耐心，以等待市场自己显示出明显趋势。

2. “交易量跟随趋势”

人们谈起这一点，总是以一种庄严肃穆的口气，但图上内容却又那么令人难以理解，其实这一口头表达形式的意思就是主要趋势中价格上涨，那么交易活动也就随之活跃。一轮牛市中，当价格上涨时交易量随之增长。而在一轮熊市中，价格跌落，当其反弹时，交易量也增长。从小范围讲，这一原则也适合于次等趋势，尤其是一轮熊市中的次等趋势中，当交易行为可能在短暂弹升中显示上升趋势，或在短暂回撤中显示下降趋势。但对于这一原则也存在例外，而且仅根据几天内的交易情况，更不用说单一交易时间段，这都是不够的，只有一段时间内全面相关的交易情况才有助于人们作出有效的判断。进一步而言，在道氏理论中，市场趋势的结论性标志是在对价格运动的最终分析中产生的。交易量只是提供一些相关的信息，有助于分析一些令人困惑的市场行情。

3. “直线”可以代替次等趋势

道氏理论术语中，一条直线就是两种指数或其中的一种作横向运动，像其在图表上显示出的那样，这一横向运动时间内两到三周，有时甚至数月之久，在这一期间，价格波动幅度大约在5%或更低一些。一条直线的形成表明了买卖双方的力量大体平衡，当然，最终，或者一个价格范围内已没有人售出，那些需要购入的买方提高出价以吸引买方，或者那些急于脱手的卖方在一个价格范围内找不到买方，只得降低售价以吸引买方。因而，价格涨过现存“直线”的上限就是涨势的标志，相反，跌破下限就是跌势标志。总的说来，在这一期间，直线越长，价格波动范围越小，则是最后突破时的重要性也越大。

直线经常出现，以至于道氏理论的追随者们认为它们的出现是必需的，它们可能出现在一个重要的底部或顶部，以分别表示出货或建仓阶段，但作为现行主要趋势进程中的间歇，其出现较为频繁。在这种情况下，直线取代了一般的次级波浪。当一指数要经历一个典型的次等回调时，在另一指数上形成的可能就是一条直线。值得一提的是，一条直线以外的运动不论是涨还是跌，都会紧跟着同一方向上一个更为深入的运动，而不只是跟随因新的波浪冲破先前基本趋势运动形成的限制而产生的“信号”。在实际突破发生之前，并不能确定价格将向哪个方向突破。对于“直线”，一般给定的5%限度完全是经验之谈；其中存在一些更大幅度的横向运动，这些横向运动由于其界限紧凑明确，因而被看作是真正的直线。（在本书后文的进一步阐述中发现，道氏直线在很多方面与出现于个股图表中定义更严格的矩形形态极为相似。）

4. 仅使用收市价

道氏理论并不注重任何一个交易日收市前出现的最高峰和最低点，而只考虑收市价，即一个交易日成交股票最后一段时间售出价格的平均值。这是又一条经历了时间考验的道氏原则。其作用如下：假设一轮基本上升趋势中的中等趋势在某日上午11点达到顶点，此时工业指数，比方说是152.45；然后又回跌到150.70报收。那么前半日152.45这一高点就忽略不计。如果下一个交易日收市价高于150.70，行情就仍看涨。相反，如果下一个上涨阶段使价格在某一天当中达到一个高点，比如152.60，但这一天收市时价格却低于150.70，那么牛市趋势是否持续就很难判定了。

近年来，市场研究人士对于一个指数突破前一限度（顶点或底部数字）以标志（或确认或加强）一轮售出趋势的范围存在很多观点。道和哈密尔顿显然是把收市价上任何的突破，哪怕是0.01的突破都当作有效标志。而一些现代分析家已开始使用整点（1.00）。笔者认为原有观点存在一个最大争议就是，历史记录表明在实际结果中很少或几乎没有证据支持任何上述的修正。在下一章会提及1946年6月的情况，其显示了这一传统规则的决定性优势。

5. 只有当反转信号明确显示出来，才意味着一轮趋势的结束

这一原则可能比其他道氏原则更招致非议。但如果对其理解正确，正如已列举过的其他原则一样，这一原则同样也是建立在实际检验基础上的，也的确具有可行性。对于过去急躁的交易者，这无疑是一个警告，告诫交易者不要过快地改变立场而撞到枪口上。当然这并不是说当趋势改变的信号已出现时还要作不必要的拖延，而是说明了一种经验，那就是与那些过早买入（或卖出）的交易者相比，机会总是站在更有耐心的交易者一边。他们只有等到自己有足够把握时才会采取行动。这些机会无法以数字表示，比如2∶1或3∶1；事实上它们总在不断变化。牛市不会永远上涨而熊市也迟早会跌至最低点，当一轮新的基本趋势首先被两种指数的变化表现出来时，不论近期有任何回调或间歇，其持续发展的可能性都是最大的。但随着这一轮基本趋势的发展，其继续延伸的可能性就越来越小。因而每次接续的牛市再度确认（一个指数新的中等高点为另一指数一个新的中等高点所确认），都相应地具有更少的分量。当一轮牛市延展数月之后，买入的欲望及买入新的股票而能保证获利的前景都比这一轮牛市的初期更低或更不乐观，但道氏理论的第十二条要点表明：持有你的头寸，直到出现相反的指令。

这一要点的一个必然结果就是，趋势中的一个反转在这一轮趋势被确认后随时可能发生。这不像开始看上去那么矛盾。这就告诫道氏理论的投资者，只要他有任何一点头寸，他就应该随时关注市场。同时也对“道氏理论的缺陷”进行了探讨。

（四）道氏理论的缺陷

论及道氏理论时，作者们常会使用的“第二猜测”，这是一种道氏理论家在关键时刻发

生意见分歧时，就会经常产生的指责。即使是最富经验、最细心的道氏理论分析家也认为，在一系列市场行为无法支持其投机立场时就有必要改变其观点。他们并不否认这一点，但他们认为，在一个长期趋势中，这样暂时性的措施所导致的损失是极少的。许多道氏理论家将其观点定期发表出来，有助于交易者在交易前后和交易时作参考，在前面章节中，如果读者留意这样的记录，就会发现当时所给出的阐述，就是事先由当时公认的道氏分析家做出的。

1. “信号太迟”的指责

这是更为明显的不足。有时会有这样十分不节制的评论，“道氏理论是一个极为可靠的系统，因为它在每一个主要趋势中使交易者错过前三分之一阶段和后三分之一阶段，有的时候也没有任何中间的三分之一的阶段。”或者干脆就给出一个典型实例：1942年一轮主要牛市以工业指数92.92开始而以1946年212.5结束，总共涨了119.58点。但一个严格的道氏理论家不等到工业指数涨到125.88是不会买入的，也一定要等到价格跌至191.04时才会抛出，因而盈利最多也不过分65个点或者不超过总数的一半，这一典型事例无可辩驳。但通常对这一异议的回答就是：“去找出那么一个交易者，他在92.92（或距这一水平五个点以内）首次买进，然后在整轮牛市中一直数年持有100%的头寸，最终在212.50时卖出，或者距这一水平五个点以内”，读者可以试一试；实际上，他会发现，甚至很难找出一打人，他们干得像道氏理论那样出色。

由于它包括了过去60年每一轮牛市及熊市所有的灾难，一个较好的回答就是，详细研究过去的60年中的交易纪录。我们有幸征得查理·道尔顿先生的同意将其计算结果复制如下。从理论上讲，这一计算结果可以表明这样的情况。一笔仅100美元的投资于1897年7月12日投入道·琼斯工业指数的股票，此时正值道氏理论以一轮牛市出现，这些股票将在，并且只有在道氏理论证明确认的主要趋势中一个转势时，才会被售出或再次买入。

道氏理论的60年交易的纪录见表17–1。

表17–1　道氏理论的60年交易纪录

原投入资金$100.00	日　期	工业指数价格	百分比增长	收益
抛出	1910年5月3日	8.72	21.0	$312.6
收益再投入	1910年10月5日	81.91		
抛出	1913年1月14日	84.96	3.7	$324.17
收益再投入	1915年4月9日	65.02		
抛出	1917年8月28日	86.12	32.5	$429.53
收益再投入	1918年5月13日	82.16		
抛出	1920年2月3日	99.96	21.7	$522.74
收益再投入	1922年2月6日	83.70		
抛出	1923年6月20日	90.81	8.5	$567.17
收益再投入	1923年12月7日	93.80		
抛出	1929年10月23日	305.85	226.1	$1849.54
收益再投入	1933年5月24日	84.29		

续表

原投入资金$100.00	日　期	工业指数价格	百分比增长	收益
抛出	1937年9月7日	164.39	95.0	$3606.61
收益再投入	1938年6月23	127.41		
抛出	1939年3月31日	136.42	7.2	$3866.29
收益再投入	1939年7月17日	142.58		
抛出	1940年5月13日	137.50	−3.6	$3727.10
收益再投入	1943年2月1日	125.83		
抛出	1946年8月27日	191.04	51.9	$5653.71
收益再投入	1954年1月19日	288.27		
抛出	1956年1月10日	468.70	62.6	$11236.65

简而言之，1897年投入资金100美元到了1956年就变成了11236.65美元。投资者只要在道氏理论宣告一轮牛市开始时买入工业指数股票，在熊市到来之时抛出就可以了。在这一期间，投资者要做15次买入，15次卖出，或者是根据指数变化每两年成交一次。

这一纪录并非完美无缺。有一笔交易失误，还有三次再投入本应在比上述清算更高水平上进行。但是，在这里，我们几乎不需要任何防卫。同时，这一纪录并未考虑佣金以及税金，也未包括一名投资者在这一期间持股所得的红利；不用说，后者将会对资金增加许多。

对于那些信奉“只要买入好股票，然后睡大觉”这一原则的初学者来说，对照上述纪录，在这50年当中，他只有一次机会购入，就是在工业指数至最低点时，同样也只有一次机会抛出持股，即指数最高点。就是说，1896年8月10日达最低点29.64时，100美元的投资到这一时段的最高点，即60年后1956年4月6日的521.05元，只增值到1757.93元，这与遵循道氏规则操作所得结果11236.65元相去甚远。

2. **道氏理论并非不出错**

这是理所当然，其可靠程度取决于人们对其的理解和解释。但是，再强调一下，上述纪录本身就说明了问题。

3. **道氏理论常令投资者疑惑不定**

有时这是可能的，但并不总是这样。道氏理论对主要趋势走向的问题总会给出一个预测，而这一预测在新的主要趋势开始的短期之内是未必清楚和正确的。有时，一个优秀的道氏分析家也会说：“主要趋势仍然看涨，但已处于危险阶段，所以我也不知道是否建议你现在买进。现在也许太迟了。”

然而，上述这一异议常常只是反映批评者本身难以接受“股价指数包容了一切信息和数据”这一基本概念。对于“做何种股票”这一问题，道氏理论的原则往往与其他途径所得的结果不相一致，因而他就对道氏理论产生了怀疑，而毫无疑问，道氏理论往往更接近于事实。

这一评论在另一方面也反映了一种急躁心理。道氏理论无法“说明”的阶段可能会持续数周或数月之久（例如：直线形成阶段），活跃的交易者往往本能地做出有悖于道氏理论的决策，但在股票市场中与其他情况一样，耐心同样是一种美德，实际上，如果要避免严重的错误，这是必需的。

4. **道氏理论对中期帮助甚少**

完全正确。道氏理论对于中期趋势的转变几乎不会给出任何信号。然而，如果选准了股票购买，那么交易者仅从主要趋势中就可获利颇丰了。一些交易者在道氏理论的基础上总结出一些额外的规则，运用于中期阶段，但结果却不尽如人意。

5. **指数无法买卖**

这也完全正确，道氏理论只是以一种技术性的方式指示主要趋势的走向，这一点至关重要，正如本章开始时所提到的，大多数的个股票走势都与主要趋势一致。道氏理论不会，也不能告诉你该买进何种股票。

第十八章　艾略特波浪理论

一、波浪理论其本型态

“波浪理论”是技术分析大师艾略特（R.N.Elliott）于1939年所发表的分析工具，也是现今运用最多且最难于了解的分析工具。艾略特认为行情的波动，与大自然的潮汐一样，具有相当程度的规律性，即行情的波动也一浪跟着一浪，且周而复始。因此，投资者可以根据这些规律性的波动，来预测价格的未来走势，作为买卖策略依据。

依据波浪理论的论点，价格的波动从“牛市”到“熊市”的完成周期，包括了5个上升波浪与3个下降波浪（图18-1）。

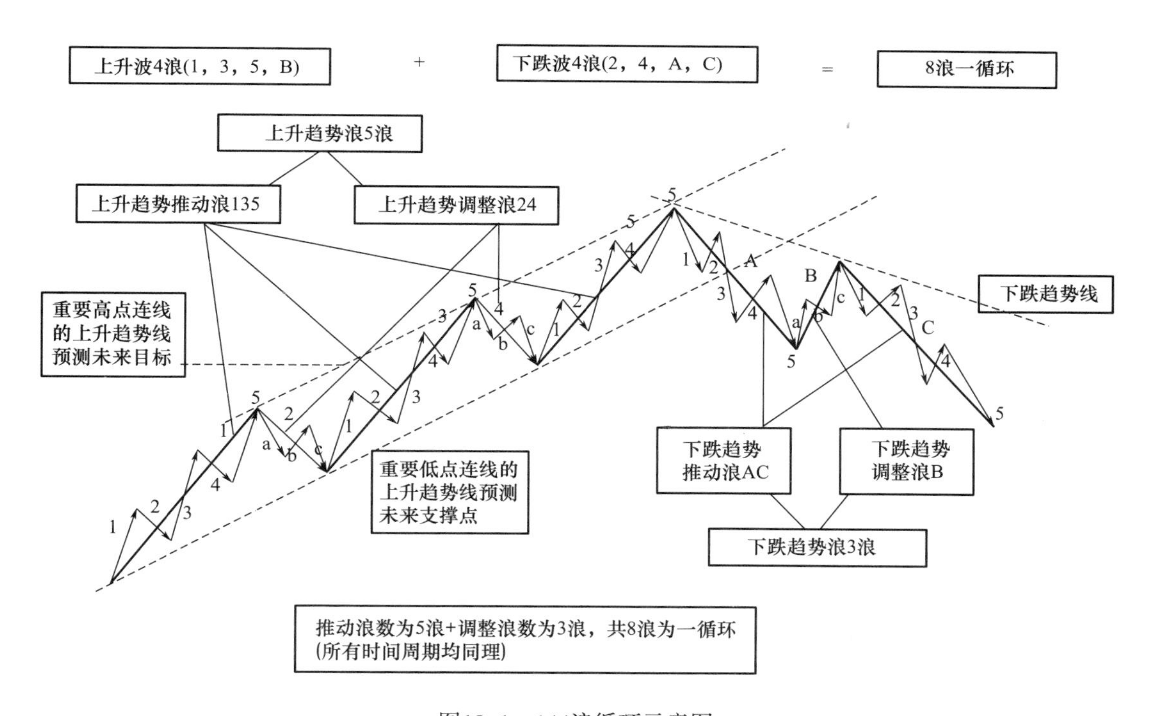

图18-1　144浪循环示意图

每一个上升的波浪，称作“推动浪”，如图18-1中的第1、第3、第5波浪。每一个下跌波浪，是一个上升波浪的“调整浪”，如图18-1中的第2、第4波浪。第2浪即为第1浪的调整浪，第4浪即为第3浪的调整浪。在整个大循环中，第1浪至第5浪是一个“大推动浪”，A、B、C三浪则为“大调整浪”。

在每一对上升的“推动浪”与下跌的“调整浪”组合中，浪中有小浪，也同样以8个波浪来完成较小的价格波动周期。一个大价格波动周期涵盖了34个小波浪。

波浪循环的级数，一共划分为九级。在不同的级数，每一波浪数字的标示法，各有习惯性的区别，如表18-1所示。

表18-1 波浪循环级数

波浪级数	上升浪（上升五波浪）					调整浪（下降三波浪）		
巨型循环	无须实用化标示符号，发挥想象							
超级循环	（Ⅰ）	（Ⅱ）	（Ⅲ）	（Ⅳ）	（Ⅴ）	（A）	（B）	（C）
循 环	Ⅰ	Ⅱ	Ⅲ	Ⅳ	Ⅴ	A	B	C
长 期	〈1〉	〈2〉	〈3〉	〈4〉	〈5〉	〈a〉	〈b〉	〈c〉
中 期	（1）	（2）	（3）	（4）	（5）	（a）	（b）	（c）
短 期	1	2	3	4	5	a	b	c
微型	（ⅰ）	（ⅱ）	（ⅲ）	（ⅳ）	（ⅴ）	—	—	—
超微型	ⅰ	ⅱ	ⅲ	ⅳ	ⅴ	—	—	—

二、波浪的特性

将波浪理论与道氏理论相比较，可以发现艾略特受到查理士·道的影响非常之大。道氏认为在一个上升的多头市场中，可分为三个上涨的阶段。艾略特则将之与自然界的潮汐循环相比较，综合得出波浪理论。

然而，艾略特本人并没有将这些波浪的特性加以详细说明。最初将不同波浪的个别特性加以详细解说的，是罗伯·派瑞特（Robert Prechter）的《艾略特波浪理论》一书。每一波浪的特性如下。

1. 第1浪

几乎半数以上的第1浪属于打底（Basing）的形态。其后的第2浪调整幅度通常很大。由于此段行情的上升，出现在空头市场跌势的反弹，缺乏买力的气氛，包括空头的卖压，经常使之回档颇深。另外半数的第1浪，出现在长期盘整底部完成之后，这类第1浪，升幅较为可观。

2. 第2浪

这一浪下跌的调整幅度相当大，可能调整第1浪的38.2%或61.8%，也可能吃掉第1浪升幅的100%，令市场人士误以为熊市尚未结束。当行情跌至接近底部（第1浪起涨点时，开始产生惜售心理），成交量逐渐缩小时，才结束第2浪的调整。出现传统图表中的转向型态，例如头肩底、双底等。

3. 第3浪

第3浪的涨势可以确认是最大、最有爆发力的，裂口性上升在第3浪中是常见的现象，它可协助第3浪的确认。该段行情持续的时间与行情幅度，经常是最长的。此时市场内投资者信心恢复，成交量大幅度上升，也可作为第3浪的另一可靠依据。尤其在突破第1浪的高点时，是为道氏理论所谓的买进信号。

该段行情的走势非常激烈，一些图形上的关卡非常轻易地被突破，甚至产生跳空，出现狂飙的局面。由于涨势过于激烈，第3浪经常出现“延长波浪（Extend Wave）”的情况。

数浪的第一个规则就是，第3浪必须长于第1浪和第5浪。第3浪通常是第1浪的1.618倍，也可能攀上2.618倍或其他奇异数字倍数。当确认了目前的行情是第3浪后，任何买卖都应顺势而为，逢低买入，而不应逆市沽空。

4. 第4浪

第4浪通常以较复杂的型态出现，也经常出现倾斜三角形的走势。此浪的最低点常高于第1浪的高点。其终点有下列四种可能性。

（1）调整第3浪的38.2%。

（2）回吐至次一级的第4浪范围之内，也即第3浪中的微型4浪。

（3）如果以平坦型或之字型出现，C浪与A浪的长度将会相同。

（4）可能与第2浪的长度相同。

数浪的另一个规则就是，第4浪的底不能低于第1浪的顶。第4浪接近尾声时，动力指标通常会出现极度抛售的情况。

当一组五个波浪上升市道完成之后，根据第4浪的特征，该组五个波浪的第4浪，通常构成下一次调整市道可能见底的目标。

5. 第5浪

在股票市场中，第5浪的涨势通常小于第3浪。且经常有失败的情况，即涨幅不见得会很大。但在商品期货市场，则出现相反的情况，第5浪经常是最长的波浪，且常常出现“延长波浪”。在第5浪中，第2、第3类股票常是市场内主导力量，其涨幅远大于第一类股票。

第5浪的上升目标，通常可以透过下列两个途径作出准确的预测。

（1）如果第3浪属于延长浪，则第5浪的长度将会与第1浪的长度相同。

（2）第5浪与第1浪到第3浪的长度，可能以奇异数字比例61.8%互相维系。

第5浪应该可以再划分为低一级的五个波浪。以上升力度分析，第5浪通常远不如第3浪，成交量也一样。因此，在动力指标的走势图上，第5浪的价位上升，而相对动力减弱，自然构成背驰现象。由于第5浪的力度有减弱的倾向，有时会形成斜线三角形的型态，或称为上升楔形开始的地方。

至于市场心理，普遍会出现一面倒的乐观情绪，与上升力度减弱及成交量下降配合分析，构成另一种背驰现象。另外值得注意的地方，就是第5浪有时会出现失败型态，即顶点不能升越第3浪的浪顶。不过，此类型态较为罕见，辨别的重点在于数出第5浪中完整的五个波浪。

6. 第A浪

A浪是三个调整浪的第一个波浪，A浪中市场内投资者大多数认为行情尚未逆转，此时仅为一个暂时回档调整的现象。实际上，A浪的回档下跌，在第5浪通常已有警告信号，如量价背离或技术指标上的背离。A浪多数可以再分割为低一级的五个波浪，反映整个调整市势会以之字形波浪运行。在折中情况下，根据顺流五个浪的基本原则，主流趋势将会依照A浪的方向行走，而B浪的回吐将为A浪的38.2%、50%、61.8%。不论之字形还是平坦形的调整市势，B浪永远以三个浪的组合出现。B浪不可能再划分为低一级的五个波浪。如果A浪以三个波浪的组合运行，B浪可能以不规则的形态而稍微超越A浪的起点。在此类形态中，B浪可能是A浪的1.236倍或1.382倍。

7. 第B浪

B浪通常成交量不大，一般而言是多头的逃命线。然而，其上升的型态，很容易使投资者误认为是另一波段的涨势，形成“多头陷阱”。

8. 第C浪

C浪是调整波浪的终点，通常跌势强烈。具有第3浪类似的特性，跌度大，时间持续较久。C浪应该可以再划分为低一级的五个波浪，因此，C浪也是顺流五个浪、逆流三个浪的反叛。C浪的五个波浪代表整个调整市势，市势走完，市势将会回头上升。

在平坦型的调整浪之内，C浪多数会低于A浪。常见的奇异数字比例是1，即A浪与C浪的长度相同。如果整个调整市势以不规则调整浪型态出现，C浪必会跌破A浪的底。在这种情况下，C浪的长度通常是A浪的1.618倍。

另一方面，A、B、C浪以之字形运行时，A浪与C浪的长度将会倾向于一致。换言之，C浪的低点自然会低于A浪浪底。

三、推动浪的型态

1. 延伸波浪型态

在正常的情形下，“推动浪”的上升型态是以五波浪的序列存在。在特殊的情形中，有所谓的“延伸波浪（Extensions）”发生，即在第1、第3、第5浪中的任一波段，发生的较次一级划分的5波段。下图即为延伸波浪分别在第1、第3、第5浪中出现的情形。偶尔也出现难于观察延伸波浪，而以5段波浪上升（或下降）的状况。

“延伸波浪”的存在，有助于对未来波段走势的预测分析。由于在经验法则中，延伸波浪仅出现在第1、第3、第5推动浪中的某一波段。因此，假如第1浪与第3浪的涨幅相等，则第5浪出现延伸波浪的可能性就会增大，尤其是在第5浪中的成交量高于第3浪中，延伸波浪更会出现。同样地，若延伸波浪出现于第3浪，则第5浪的型态涨幅约与第1浪相等。

延伸波浪有可能再衍生次一级的延伸波浪。在图18-2的例子当中，延伸波浪发生在第5推动浪中，而在延伸波浪的第5浪中又发生次一级的延伸波浪。但这种延伸波浪中的延伸波浪，较常出现在第3推动浪中。

2. 二次回档型态

如果在第5浪中发生延伸波浪的现象，那么，在接下来的调整浪中的下跌3浪，将会跌至延伸波浪的起涨点，并且随后跟着反弹，创下整个循环期的新高价。即第5浪的延伸波浪，通常跟随二次回档的调整，一次回档回跌至延伸波浪的起涨点，另一次回档则反弹回升至创新高价的高点。

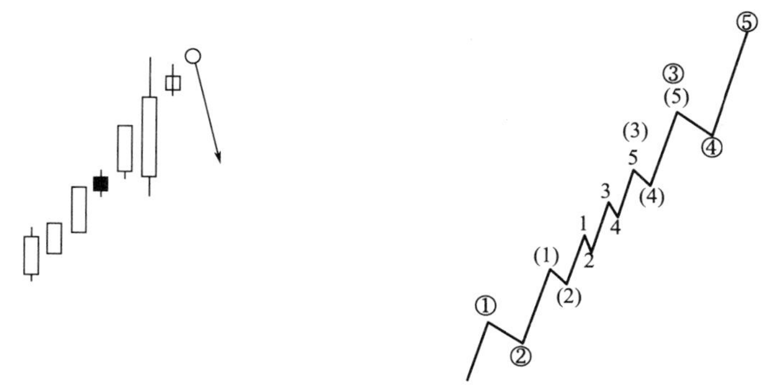

图18–2　延伸波浪

二次回档的型态又可分两种。

一是当这个“价格波动周期”属于较大周期中的第1浪或第3浪时，第一次回档回跌至延伸波浪的起涨点，即为大周期中的第2或第4浪低点；第二次回档则反弹回升形成第3浪或第5浪高点（图18–3）。

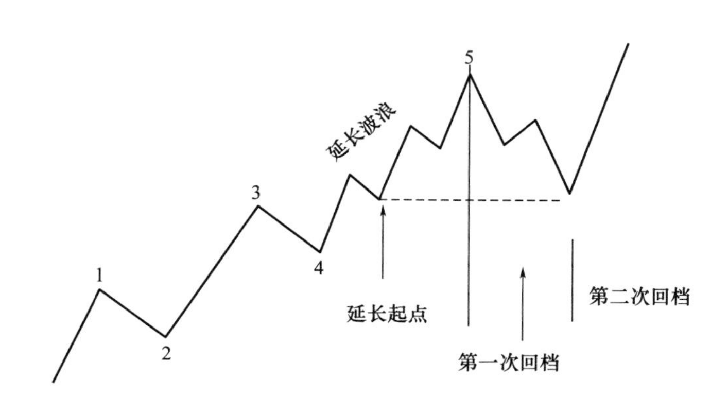

图18–3　第一种二次回档

二是当其整个周期属于较大周期的第（5）浪时，第一次回档回跌至延伸波浪的起涨点，是为调整浪A浪的低点；第二次回档则反弹创新高价，是为B浪的高点，C浪则以5浪下跌型态出现。

3．“倾斜三角形（Diagonal Triangles）”型态

“倾斜三角形”的型态发生在第5浪中，通常处于一段既长又快的飙涨之后，为第5浪的特殊型态。倾斜三角形由两条收敛缩小的支撑线与压力线形成，第1小浪至第5小浪都包含在两线之内（图18–4）。

此外，“倾斜三角形”可以存在两种特例。第一种是第1小浪至第5小浪均可再细分次一级浪，有别于延长波浪只出现于第1、第3、第5浪中其中之一浪的原则。第二种是第4小浪可以低于第1小浪高点。

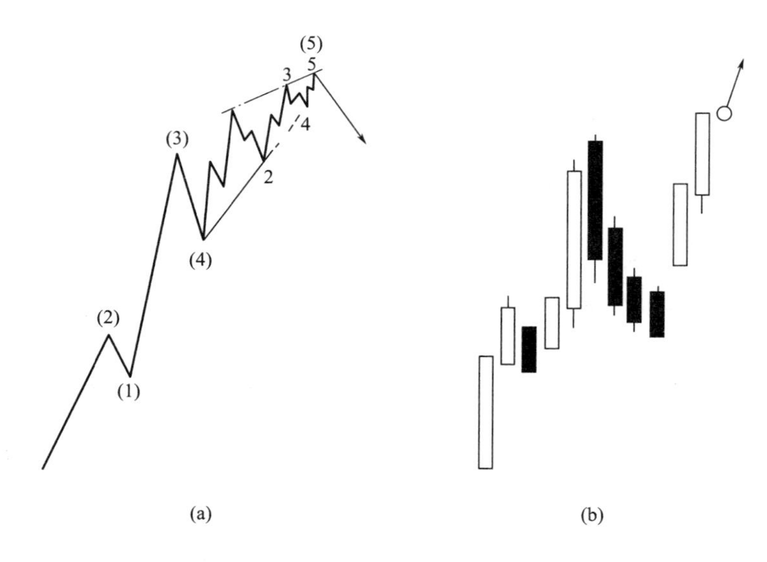

图18-4 倾斜三角形型态

“失败形态”经常在第5浪中出现。失败形态指第5浪的上升未能抵达第3浪的高点，形成所谓“双头形”或“双底形”（图18-5）。

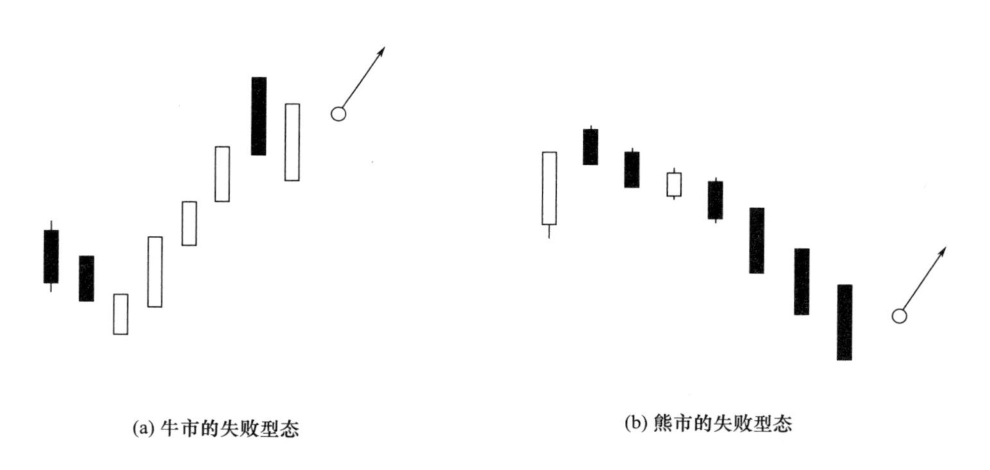

图18-5 第五浪的失败型态

四、调整浪的型态

调整浪的级数与浪数辨别，通常较推动浪困难、复杂。因而许多波浪理论的分析者，常常无法及时地辨别出目前行情到底属于何种级数与浪数，往往要到事后才恍然得以确认。

针对这种难题，波浪理论有一个最重要的原则，可以协助分析者用来辨认调整浪的型态，即“调整浪数绝不会是5浪”的原则。

调整浪一般可分为四种型态。

曲折型：以5—3—5的3浪完成调整，包括“双重曲折型”。

平实型：以3—3—5的3 浪完成调整，包括“不规则平实型”与“顺势调整型”。

三角形：以3—3—3—3—3型态完成调整，有4种形式，包括上升、下跌、收敛与扩张三角形。

双重3浪与三重3浪。

这四种型态分别说明如下：

1. **曲折型型态**

曲折型在一个多头市场中，是个简单的三浪下跌调整型态，可细分为5—3—5的波段，B浪高点低于A浪的起跌点（图18–6）。

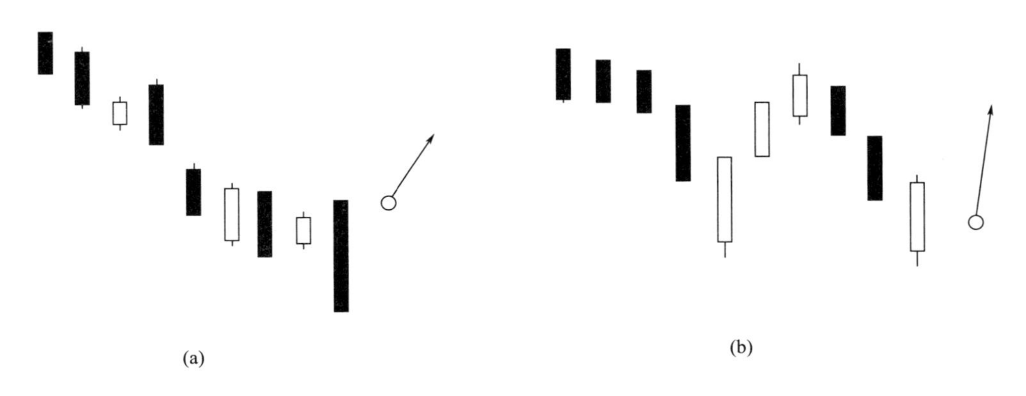

图18–6　曲折型调整浪

而曲折型在一个空头市场中，A—B—C的形态则以相反方向向上调整（图18–7）。

通常在较大的波动周期，会出现双重曲折型。

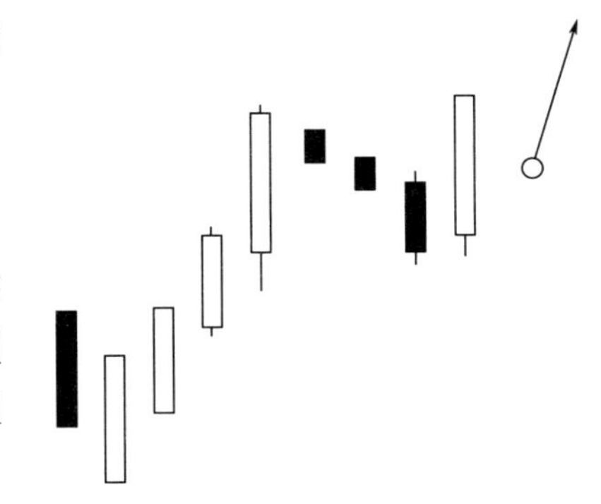

图18–7　双重曲折型

2. **平实型型态**

平实型与曲折型的不同之处，仅在于较小级数划分的不同，平实型是以3—3—5的型态完成调整浪。在平实型中，A浪的跌势较弱，以3段浪完成A浪，并不像曲折型A浪是以5浪完成的。

“平实型”调整浪型态的种类又可分细分为3种。

（1）普通平实型。此种型态B浪的高点约在A浪的起跌点附近，C浪低点与A浪低点相同。

（2）不规则平实型。如图18–8所示，此种型态B浪的高点超过A浪的起跌点，C浪低点则将跌破A浪的最低点。在另一种情形下，即B浪高点若不能高于A浪起跌点，则C浪的跌幅低点不低于A浪低点。

（3）顺势调整型。通常是在一个明显的多头涨势中，顺势以 A—B—C的向上倾斜型态，来完成调整浪。在这种型态中，C浪的最低点比A浪的起跌点还要高，图18–10中的第（2）浪即为顺势调整浪。

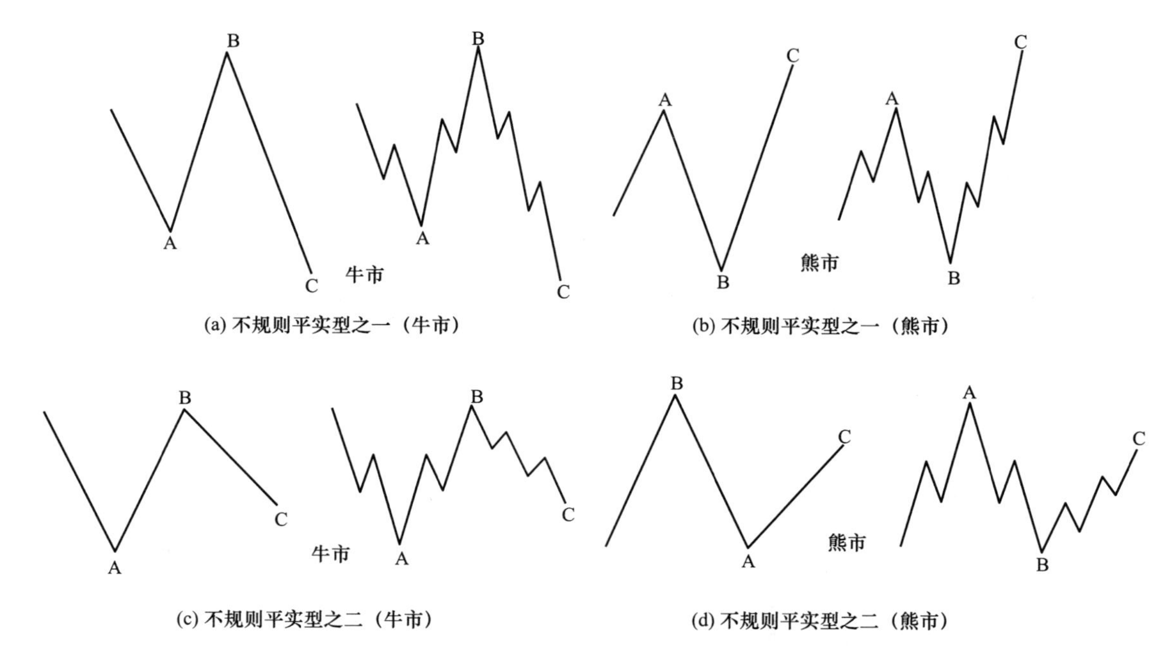

(a) 不规则平实型之一（牛市）

(b) 不规则平实型之一（熊市）

(c) 不规则平实型之二（牛市）

(d) 不规则平实型之二（熊市）

图18-8　不规则平实型

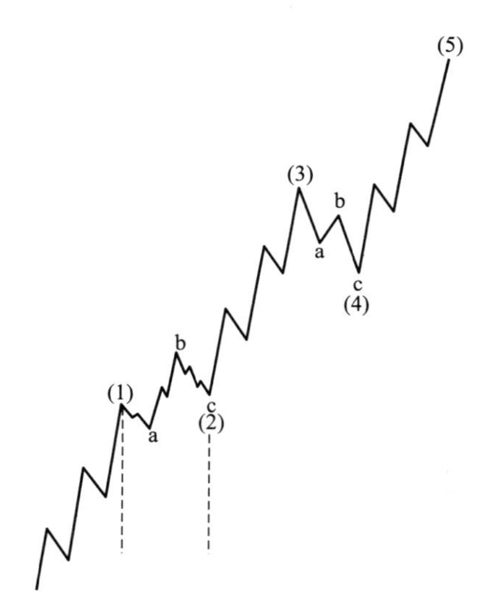

图18-9　顺势调整浪

在图18-9中，有一个相当重要的原则，即B浪是以3浪形式上升。若是5浪，则形成推动浪，应归划为第（3）浪。符合“调整浪绝不会是第5浪”的原则。

3. 三角形型态

“三角形”的调整浪型态仅出现在一段行情中的最后回档，即第4浪中。在这种状况中，多空双方势均力敌，来回拉锯形成牛皮盘档，成交量较低。通常以 3—3—3—3—3共15个小浪来完成调整。其型态可分为4种，如图18-10所示。

4. 双重3浪与三重3浪型态

所谓“3浪”是指曲折型3浪或是平实型3浪的调整。而“双重3浪”或“三重3浪”即以双重或三重的形式，出现曲折型或平实型。图18-11即双重3浪的示例和三重3浪的示例。

图18-11中，每一重3浪之间，夹杂着一段上升3浪“x”。通常这种走势的出现，意味着行情走势的不明显，调整3浪一再重复，多空双方蓄势待发，以等待有利于自己的基本分析消息。这种走势突破之后，行情会有一段强而有力的走势。

五、波浪理论的基本原则

1. 交替原则（The Rule of Alternation）

交替原则即调整浪的型态是以交替的方式出现。有单式（Simploe）与复式（Complex）

两种方式交替出现。

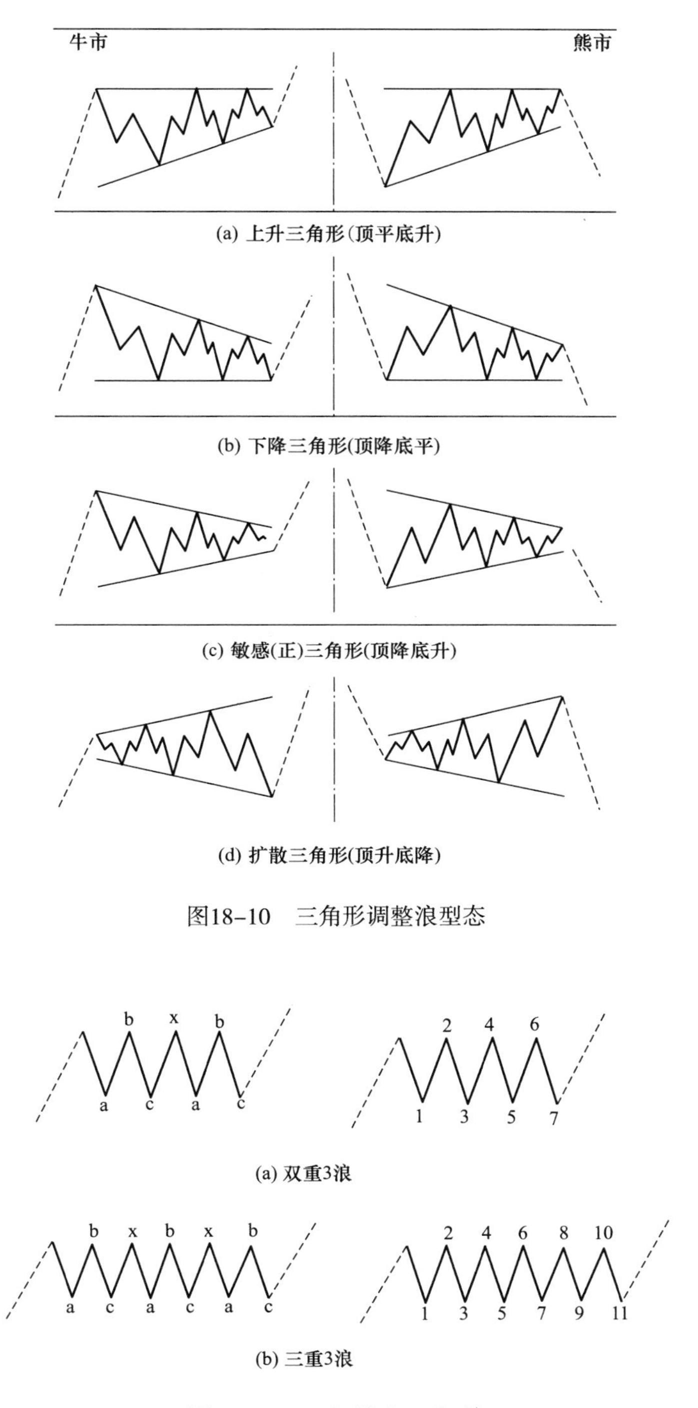

(a) 上升三角形(顶平底升)

(b) 下降三角形(顶降底平)

(c) 敏感(正)三角形(顶降底升)

(d) 扩散三角形(顶升底降)

图18-10　三角形调整浪型态

(a) 双重3浪

(b) 三重3浪

图18-11　双重3浪和三重3浪

假若第2浪是单式调整浪，那么在第4浪便会是复式调整浪。如若第2浪为复式，则第4浪便为单式（图18-12）。

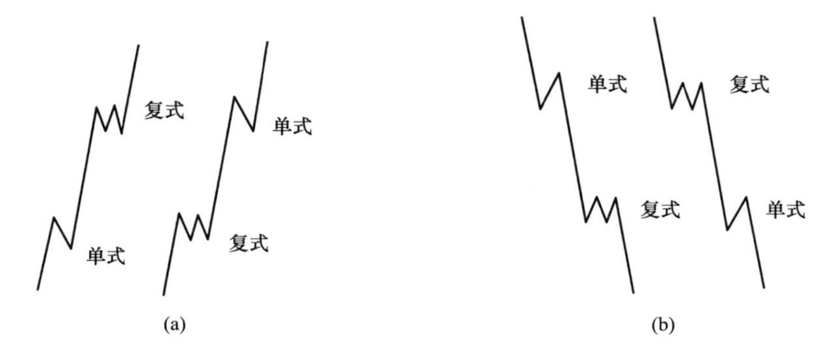

图18-12 交替出现的调整浪

在其他的情况下，在一个较大级的调整浪中，若出现平实型a—b—c完成A浪时，接下来有可能以曲折型a—b—c来完成B浪。反之亦然。如图18-13所示，若在较大级数中的A浪是以单式完成，那么在B浪中极可能出现复式。

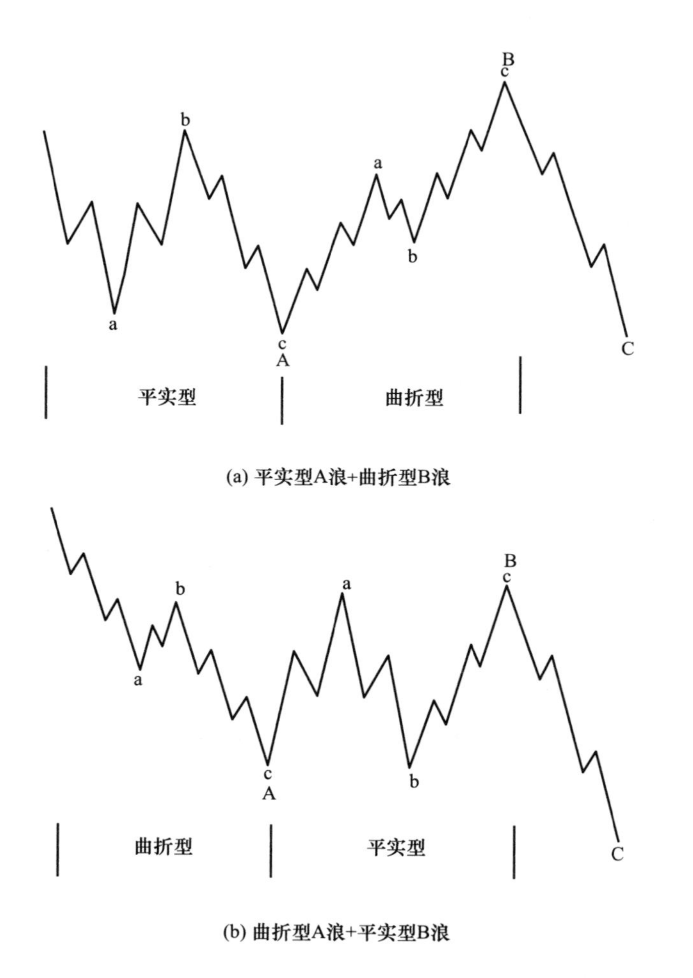

(a) 平实型A浪+曲折型B浪

(b) 曲折型A浪+平实型B浪

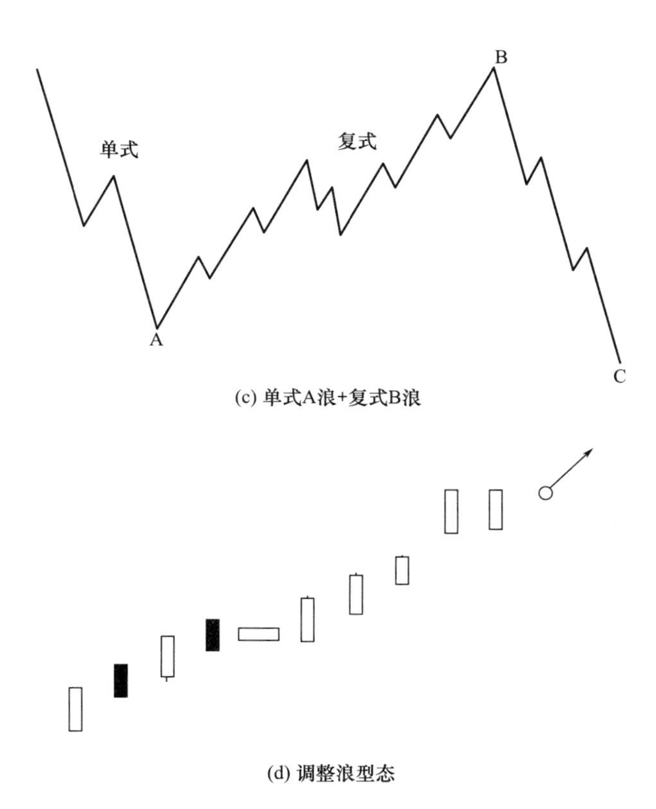

(c) 单式A浪+复式B浪

(d) 调整浪型态

图18-13　其他型交替出现的大级调整浪

2. 调整浪型态对后市行情的影响

行情趋势（涨势）的强弱，可经由调整浪的盘整形式，加以预测估计，如图18-14所示。

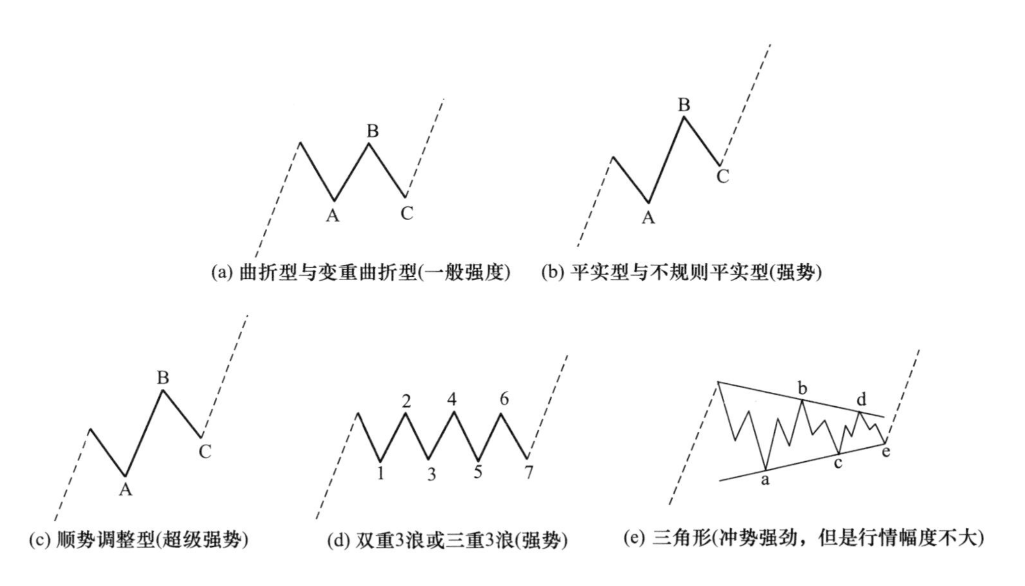

图18-14　利用调整浪的型态预测后市涨势强度

3. **调整浪的计数**

依据艾略特的“自然法则”，第4浪的低点不能低于第1浪的高点；第3浪的波幅经常是最长的，而且绝不是最短的一个推动浪。依此可以正确的辨认浪数，如图18-15所示。

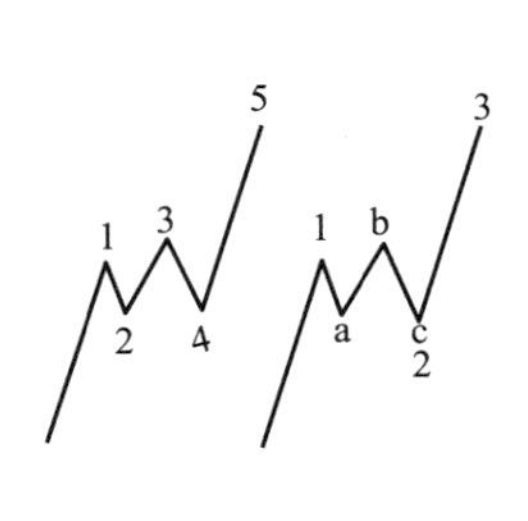

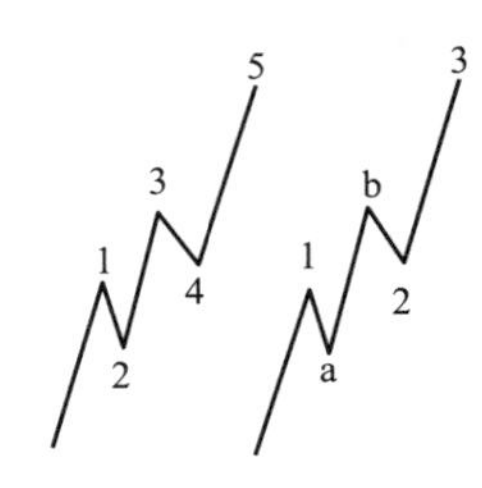

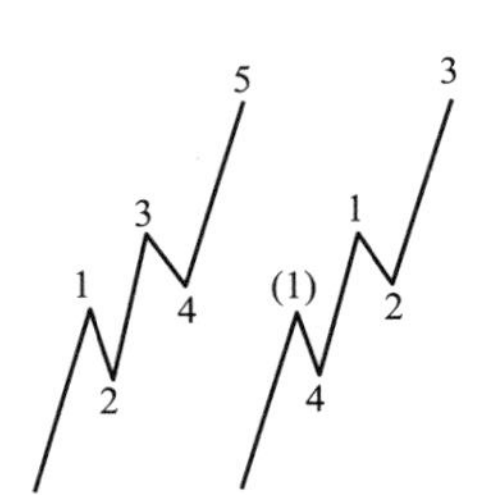

左：错误　右：正确　　左：错误　右：正确　　左：错误　右：正确

图18-15　调整浪计数

4. **波浪幅度相等原则**

在第1、第3、第5浪三个推动浪中，其中最多只有一个浪会出现延长波浪，而其他两个推动浪则约略相等，仍会以0.618的黄金比例出现对等的关系。

5. **轨道趋势**

艾略特认为波浪理论的走势，应该在两条平行的轨道之内，艾略特建议在较长期的图表绘制时，应使用半对数图表，用以表示价格涨升的倾向，以免在特别的高价圈中出现失真的图形趋势。

轨道的绘制须在第1浪完成之后，即有了第1浪的起涨点“0”，与第1浪的最高点“1”。然后根据第1浪的涨幅（0至1）乘以0.618得到“2”的假设位置。

在有了“0、1、2” 3个点之后，由“0”到“2”画一条延长直线；另一条平行线则经过“1”点画出。如此即得到一个轨道趋势。

假若第2浪的低点，无法接触到前面假设的支撑线时，便要将之修改。

当第3浪开始发动，若有不能与上面的平行线接触或者超过，仍然要加以修改。

同样的，第4浪的下跌调整，若是有所误差，也需要重新修改，当依据“2”“4”两点与“3”的平行轨道划出之后，即为最后正确的轨道。

有时一条平行线的确定，需要靠个人的经验。在许多的情况下，由“1”所绘制的平行线，其效果与意义，大于经过“3”所绘制的平行线。

六、费波尼西序列数（黄金律）

黄金律在美学或自然界中是一个相当重要的比例数字，举例金字塔的建造、书本纸张的长宽比例，均运用到黄金律的比例数字。

然而黄金律的原理直至公元13世纪，经由费波尼西序列数字（FibonacciSequence Number），才得以证明。所谓费波尼西序列数，有人称之为奇异数字，是由一数字序列所组成：1，1，2，3，5，8，13，21，34，55，89，144，…

1. **费波尼西序列数的特征**

（1）每两个连续的数字相加，即等于第3个数字。

（2）任何一个数字在比例上相当于后面一个数字的0.618倍（除了前面4个数字外）。

（3）任何一个数字为前一个数字的1.618。

（4）任何一个数字为其前第二个数字的2.618倍。

（5）任何一个数字为其后第二个数字的0.382倍。

从以上4个主要的比例数字，可以演算出以下的比例关系：

$2.618-1.618=1$　　$2.618\times0.618=1.618$

$1.618-0.618=1$　　$1.618\times0.618=1$

$1-0.618=0.382$　　$0.618\times0.618=0.382$

$2.618\times0.382=1$　　$1.618\times1.618=2.618$

2. **费波尼西序数在波浪理论上的应用**

艾略特在波浪理论中，一再地强调自然法则，可以发现波浪的数目与费波尼西序数相当吻合。每一波动周期以8浪完成，5浪上升，3浪下跌，较大波动周期有89浪，更大的有144浪，均为序列数字。

3. **黄金律在波浪理论上的应用**

在波浪理论中，每一波浪之间的比例，包括波动幅度与时间长度的比较，均符合黄金律的比例。对于技术分析者，这是一个相当重要的依据。

除了“波浪幅度相等原则”外，黄金律的比例分析，有下列经常出现的原则。

（1）第5浪的波动幅度，为第1浪起涨点至第3浪最高点间幅度的某一黄金律比例数字，包括0.382、0.618、0.5、1与1.618等类似比例。

（2）在调整浪中，C浪与A浪间的比例，也吻合黄金律的比例数字。通常C浪长度为A浪的1.618倍。在某些状况下，C浪的底部低点经常低于A点之下A浪长度的0.618倍。

在倾斜三角形中的震荡走势，每一浪长度为前一浪的0.618倍。

七、波浪理论小结

波浪理论基本纲要如下。

（1）一个完整的价格波动周期，包括8浪，其中5浪上升，3浪下降。

（2）划分为5浪的上升趋势，仅为一个较大周期趋势的部分阶段。

（3）调整浪划分为3浪。

（4）两种简单的调整浪型态为“曲折型”5—3—5与“平实型”3—3—5。

（5）三角形通常在第4浪出现，即在最后一浪之前出现，也可能在B浪的调整浪出现。

（6）波浪可结合组成更大周期的波浪，亦可细分更小的次级浪。

（7）通常一个推动浪出现延长波浪，其他两个推动浪的幅度与时间则相等（对等原则）。

（8）费波尼西序数为波浪理论的数学基础。

（9）波浪的数目与费波尼西序数相符合。

（10）黄金律的比例数字为行情回档的幅度测量。

（11）交替原则可以警告投资人行情并非一成不变。

（12）熊市中，调整底部不会低于第4浪低点。

（13）第4浪低点不会低于第1浪高点（在期货市场则非一定）。

（14）波浪理论依其重要顺序，着重型态、比例与时间。

（15）波浪理论主要使用于综合平均指数，对于个别股票而言功能未必显著。

（16）波浪理论适用于投资人大量参与的商品期货。

第十九章　江恩法则

江恩总结45年在华尔街投资买卖的经验，写成以下十二条买卖规则。

一、决定趋势

江恩认为，决定趋势是最为重要的一点，对于股票而言，其平均综合指数最为重要，以决定大市的趋势。此外，分类指数对于市场的趋势亦有相当启示性。所选择的股票，应以根据大市的趋势为主。若将上面规则应用在外汇市场上，则美元指数将可反映外汇走势的趋向。在应用上，他建议使用三天图及九点平均波动图。

三天图的意思是，将市场的波动，以三天的活动为记录的基础。这三天包括周六、周日。三天图表的规则是：当三天的最低水平下破，则表示市场会向下；当三天的最高水平上破，则表示市场会出现新高。

九点平均波动图的规则是：若市场在下跌的趋势中，市场反弹低于9点，表示反弹乏力；超过9点，则表示市场可能转势；在10点之上，则市势可能反弹至20点；超过20点的反弹出现，市场则可能进一步反弹至30～31点，市场很少反弹超过30点的。反之，在上升的趋势中，规则也一样。

二、在单底、双底或三底水平入市买入

当市场接近从前的底部、顶部或重要阻力水平时，根据单底、双底或三底形式入市买卖。

不过投资者要特别留意，若市场出现第四个底（图19–1）或第四个顶（图19–2）时，便不是吸纳或沽空的时机，根据江恩的经验，市场四次到顶而上破，或四次到底而下破的概率会十分大。

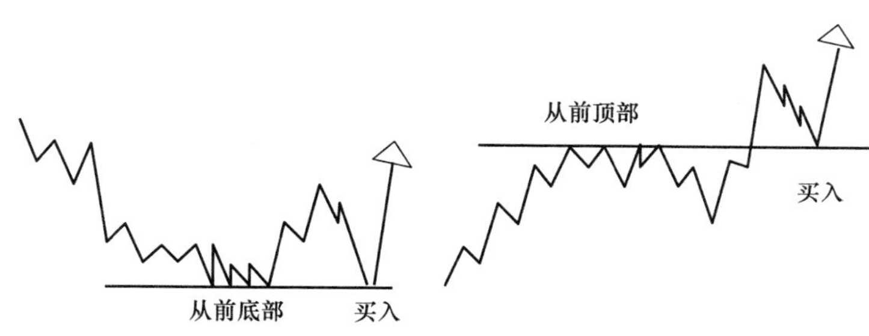

图19–1　市场四次触底

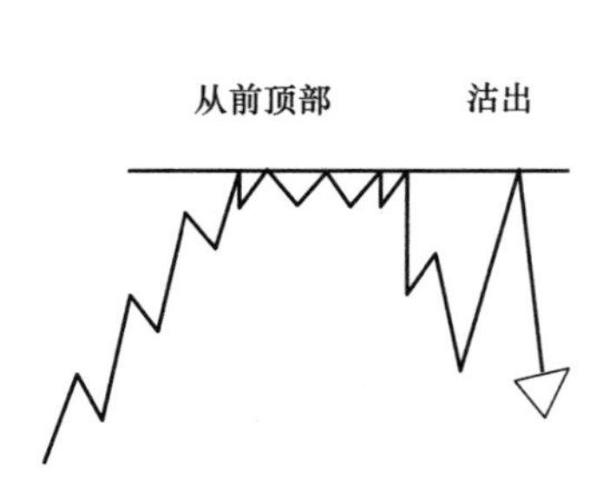

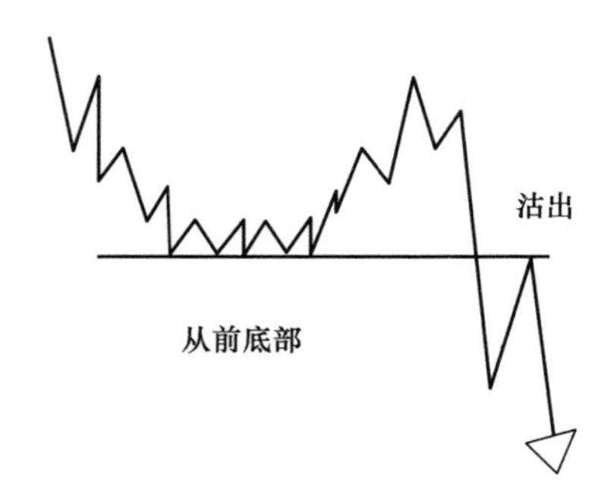

图19-2　市场四次到顶

在入市买卖时，投资者要谨记设下止损盘，不知如何止损便不应入市。止损盘一般根据双顶/三顶幅度而设于这些顶部之上。

三、根据市场波动的百分比买卖

顺应趋势有两种入市方法，如图19-3所示。

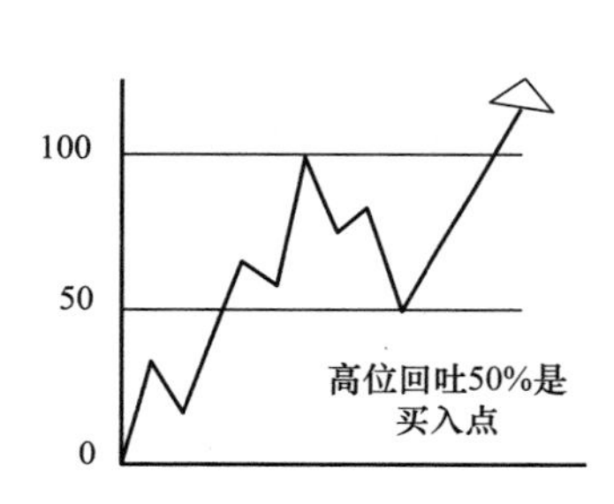

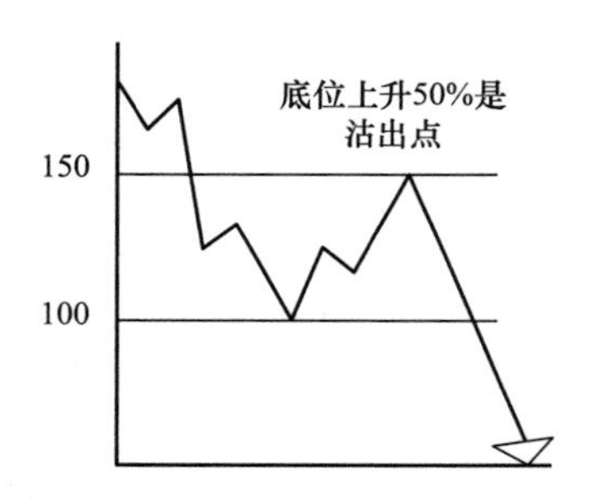

图19-3　顺应趋势的两种入市方法

若价格从高位回吐50%，是一个买入点。若价格在低位上升50%，是一个沽出点。此外，一个市场顶部或底部的百分比水平，往往成为市场的重要支持或阻力位，如图19-4所示有以下几个百分比水平值得特别留意。3%～5%、10%～12%、20%～25%、33%～37%、45%～50%、62%～67%、72%～78%、85%～87% 。其中，50%、100%以及100%的倍数皆为市场重要的支持或阻力水平。

四、根据三周上升或下跌买卖

（1）当趋势向上时，若价格出现三周的调整，是一个买入的时机。

（2）当趋势向下时，若价格出现三周的反弹，是一个沽出的时机。

（3）当市场上升或下跌超过30天时，下一个留意走势见顶或见底的时间应为42～29天。

（4）若市场反弹或调整超过45～49天时，下一个需要留意的时间应为60～65天。根据

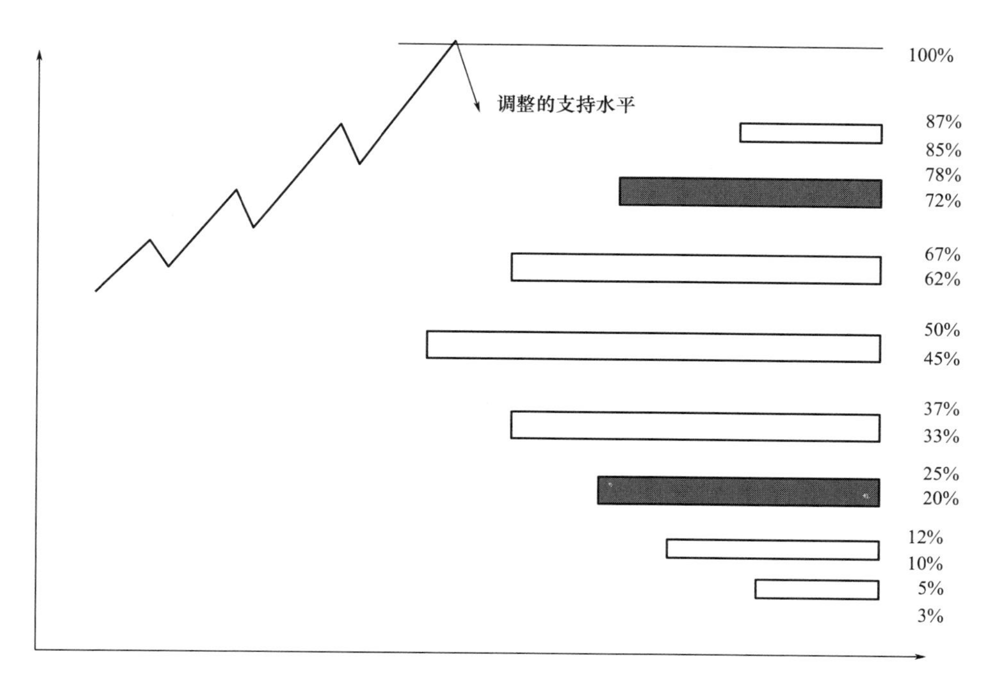

图19-4　市场的支持或阻力水平（百分比水平）

江恩的经验，60～65天为一个逆市反弹或调整的最大平均时间的幅度。

五、市场分段波动

在一个升势之中，市场通常会分为三段甚至四段浪上升。在一个下跌趋势中，市场也会分三段甚至四段浪下跌。这一条买卖规则的含义是，当上升趋势开始时，永远不要以为市场只有一浪上升便见顶，通常市场会上升、调整、上升、调整，然后再上升一次才可能走完整个趋势；反之，在下跌的趋势中亦一样。

江恩这个对市场走势的看法与艾略特的波浪理论十分接近。不过，对于一个趋势中究竟应该有多少段浪，江恩的看法则似乎没有艾略特般硬性规定下来，江恩认为在某些市场趋势中，可能会出现四段浪。

究竟如何处理江恩与艾略特之间的不同看法呢？一般认为有三种可能（图19-5）。

（1）所多出的一段浪可能是低一级不规则浪的B浪。

（2）所多出的一段浪可能是型态较突出的延伸浪中一个。

（3）所多出的一段浪可能是调整浪中的不规则B浪。

六、根据五或七点波动买卖

（1）若趋势是上升的话，则当市场出现5～7点的调整时，可作趁低吸纳，通常情况下，市场调整不会超过9～10点。

（2）若趋势是向下的话，则当市场出现5～7点的反弹时，可趁高沽空。

（3）在某些情况下，10～12点的反弹或调整，亦是入市的机会。

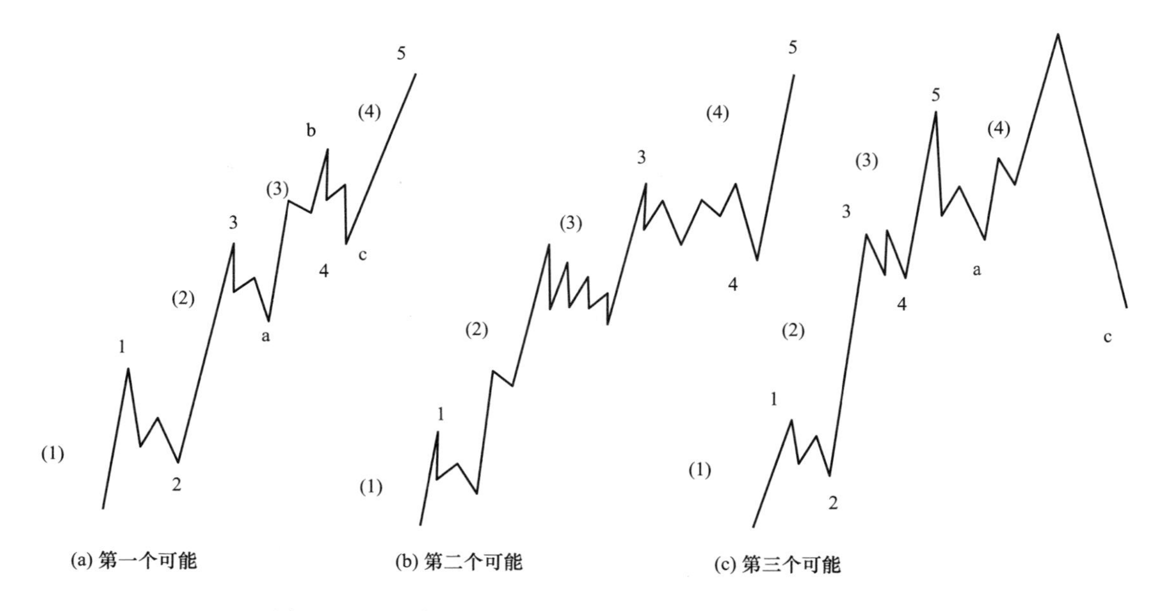

图19-5　江恩与艾略特对趋势中浪的段数的不同看法的处理

（4）若市场由顶部或底部反弹或调整18～21点水平时，投资者要小心市场可能出现短期的走势逆转。如图19-6所示。

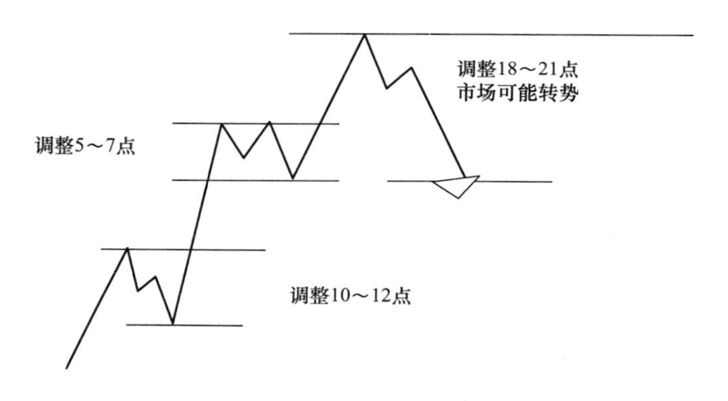

图19-6　市场调整的幅度决定市场会否转势

江恩的买卖规则有普遍的应用意义，他并没有特别指明是何种股票或哪一种金融工具，亦没有特别指出哪一种程度的波幅。因此，他的着眼点在市场运行的数字上，这种分析金融市场的方法是十分特别的。

若将上面的规则应用在外汇市场上，一般而言，短期波幅可看为50～70点，100～120点，而重要的波幅则为180～210点。若是超过210点的反弹或调整，要小心短线趋势逆转。

七、成交量

除了市场走势的趋势、形态及各种比例外，江恩特别将注意力集中在市场的成交量方面，以配合其他买卖的规则一并应用。他认为，经常研究市场每月及每周的成交量是极为重要的，研究市场成交量的目的是帮助确定趋势的转变。

利用成交量的纪录以确定市场的走势，基本以下面两条规则为主。

第一，当市场接近顶部的时候，成交量经常大增，其理由是：当投资者蜂拥入市的时候，大户或内幕人士则大手出货，造成市场成交量大增，当主力出货完毕后，坏消息浮现，亦是市场见顶的时候。因此，大成交量经常伴着市场顶部出现。

第二，当市场一直下跌，而成交量逐渐缩减的时候，则表示市场抛售力量已近尾声，投资者套现的活动已近完成，市场底部随即出现，而价格反弹亦指日可待。在利用成交量分析市场趋势逆转的时候，有以下规则必须结合应用，可以收预测之效：时间周期——成交量的分析必须配合市场的时间周期，否则收效减弱；

支持及阻力位——当市场到达重要支持阻力位，而成交量的表现配合见顶或见底的状态时，市势逆转的机会便会增加。

大成交量通常表示见顶，低成交量通常表示见底（图19–7）。

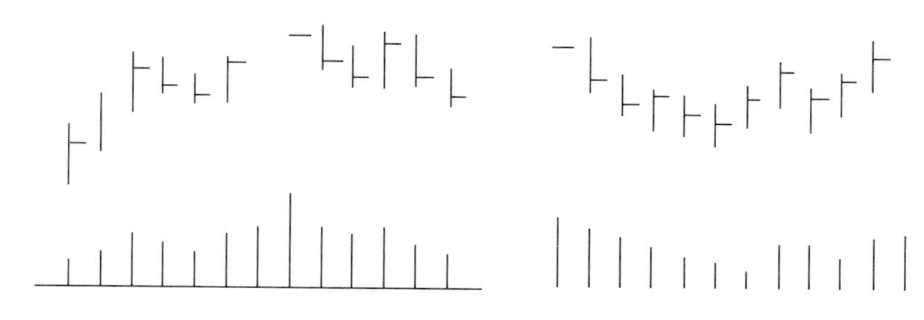

图19–7　成交量有助于判断市场见顶或见底

八、时间因素

江恩认为在一切决定市场趋势的因素之中，时间因素是最重要的一环。原因如下。

1. 时间可以超越价位平衡

这是江恩理论的专有名词，“时间超越平衡”的意思是：当市场在上升的趋势中，其调整的时间较之前的一次调整的时间为长，表示这次市场下跌乃是转势。此外，若价位下跌的幅度较之前一次的幅度为大的话，表示市场已经进入转势阶段。

在下跌的趋势中，若市场反弹的时间第一次超越前一次的反弹时间，表示趋势已经逆转。同理，若市场反弹的价位幅度超越前一次反弹的价位幅度，亦表示价位或空间已经超越平衡，转势已经出现。

在市场即将到达转势时间时，通常趋势是有迹可寻的。在市场分三至四段浪上升或下跌时候，通常末段升浪无论价位还是时间的幅度上都会较前几段浪为短，这现象表示市场的时间循环已近尾声，转势随时出现。如图19–8所示。

2. 当时间到达，成交量将增加而推动价位升跌

金融市场是受季节性循环影响的。因此，只要将注意力集中在一些重要的时间，配合其他买卖规则，投资者可以很快察觉市场趋势的变化。在一年之中每月重要的转势时间，非常具有参考价值，详列如下：

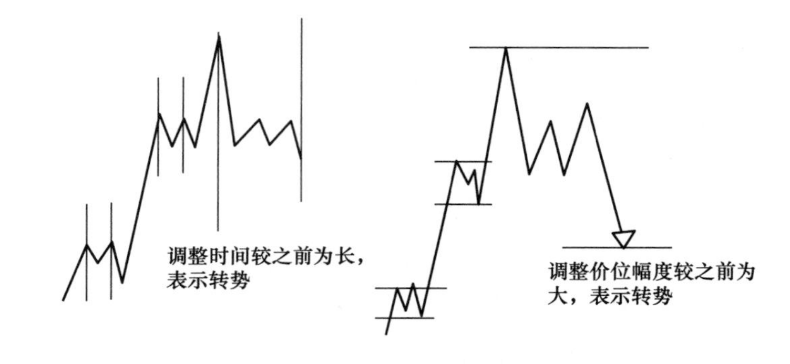

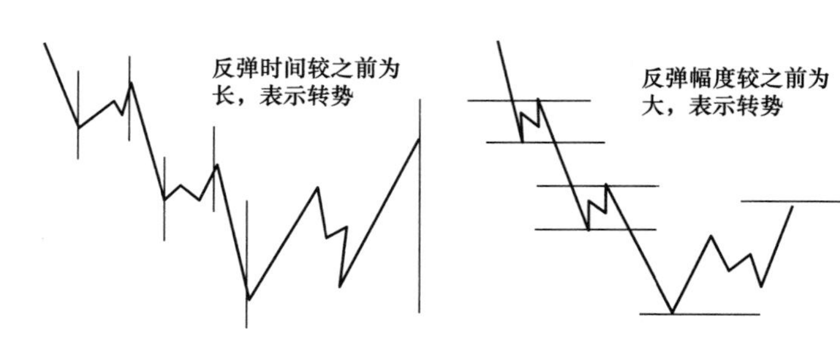

图19-8　转势

1月：7～10日、19～24日。是年初最重要的日子，所出现的趋势可延至多周，甚至多月。

2月：3～10日、20～25日。重要性仅次于1月。

3月：20～27日。短期转势经常发生，有时甚至是主要的顶部或底部的出现。

4月：7～12日、20～25日。较1、2月次要，但也经常引发市场转势。

5月：3～10日、21～28日。是十分重要的转势月份，与2月的重要性相同。

6月：10～15日、21～27日。短期转势会在此月份出现。

7月：7～10日、21～27日。重要性仅次于1月，此时，气候转化影响五谷收成，上市公司多在这段时间结派息，影响市场活动及资金的流向。

8月：5～8日、14～20日。转势的可能性与2月相同。

9月：3～10日、21～28日。是一年之中最重要的市场转势时候。

10月：7～14日、21～30日。也是十分重要的市场转势时候。

11月：5～10日、20～30日。在美国大选年，市场多会在11月初转势，而其他年份，市场多在11月末转势。

12月：3～10日、16～24日。圣诞前后，是市场经常出现转势的时候。

在上面所列出的日子中，每月共有两段时间，细心一看，便可以明了江恩所提出的市场转势时间，相对于中国历法中的24个节气时间。从天文学角度，乃是以地球为中心，太阳行走相隔15度的时间。由此可见，江恩对市场周期的认识，与气候的变化息息相关。

江恩理论认为，要掌握市场转势的时间，除了留意一年里面多个可能出现转势的时间外，留意一个市场趋势所运行的日数，是异常重要的。基于对“数字学”的认识，江恩认为市场的趋势是根据数字的阶段运行，当市场趋势运行至某个日数阶段，市场是可能出现转势的。

由市场的重要底部或顶部起计，以下是江恩认为有机会出现转势的日数：

7～12天、18～21天、28～31天、42～49天、57～65天、85～92天、112～120天、150～157天、175～185天 。

在外汇市场中，最重要的为以下三段时间：短期趋势——42～49天；中期短势——85～92天；中/长期趋势——175～185天。

以美元、马克及瑞士、法郎的趋势为例，以下是一些引证：

中期趋势——美元兑瑞士法郎由1992年10月5日1.2085上升至1993年2月15日，共上升94天；

短期趋势——美元兑瑞士法郎由1993年3月5日1.55下跌至5月7日，共44天；

长期趋势——美元兑马克由1991年12月27日至1992年9月2日两个底部相差共176天。

江恩理论的引人入胜之处，乃是江恩对于市场重要顶部或底部所预测的时间都非常准确。对于所预测的顶底时间，江恩当然在图表分析上下了不少功夫，在他的著作中，他介绍了三种重要的方法，颇值得投资者参考。

第一，江恩认为，将市场数十年来的走势作一统计，研究市场重要的顶部及底部出现的月份，投资者便可以知道市场的顶部及底部常会在哪一个月出现。他特别指出，将趋势所运行的时间与统计的月份作一比较，市场顶部及底部的时间便容易掌握。

第二，江恩认为，市场的重要顶部及底部周年的纪念日是必须密切留意的。在他的研究里，市场转势，经常会在历史性高低位的月份出现。纪念日的意义是，市场经过重要顶部或底部后的一年、两年，甚至十年，都是重要的时间周期，值得投资者留意。

第三，重要消息的日子，当某些市场消息入市而导致市场大幅波动。例如战争、金融危机、贬值等，这些日期的周年都要特别留意。此外，分析者要特别留意消息入市时的价位水平，这些水平经常是市场的重要支持或阻力位水平。

九、当出现高低底或新高时买入

当市价开创新高，表示趋势向上，可以追市买入；当市价下破新低，表示趋势向下，可以追沽。如图19-9所示。

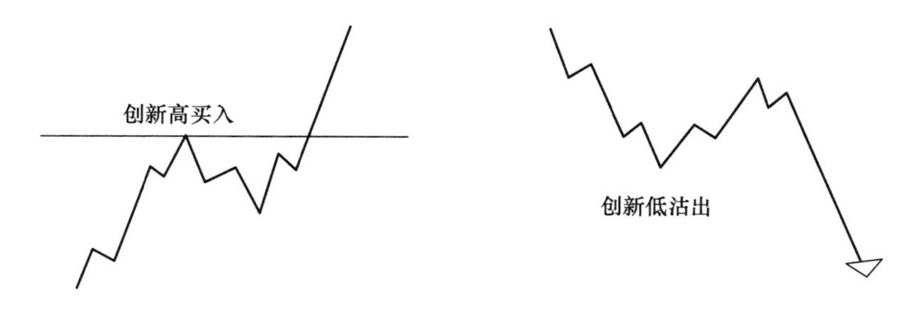

图19-9　关键买（卖）时机点

不过，在应用上面的简单规则前，江恩认为必须特别留意时间的因素，特别要注意以下几点：由从前顶部到底部的时间；由从前底部到底部的时间；由重要顶部到重要底部时间；由重要底部到重要顶部的时间。

江恩的规则，言下之意是如果市场上创新高或新低，表示趋势未完，投资者可以估计市场下一个转势的时间，这个时间可以从前文所述的“数字学”而计算。若所预测者为顶部，则可从顶与顶之间的日数或底与顶之间的日数配合分析；相反，若所预期者为底部，则可从底与底之间及顶与底之间的日数配合分析，若两者都到达第三的日数，则转势的机会便会大增。

除此之外，市场顶与顶及底与顶之间的时间比例，例如1倍、1.5倍、2倍等，亦顺理成章地成为计算市场下一个重要转势点的依据。如图19-10所示为量度市场顶底之间的关系，有助于预测市场转势。

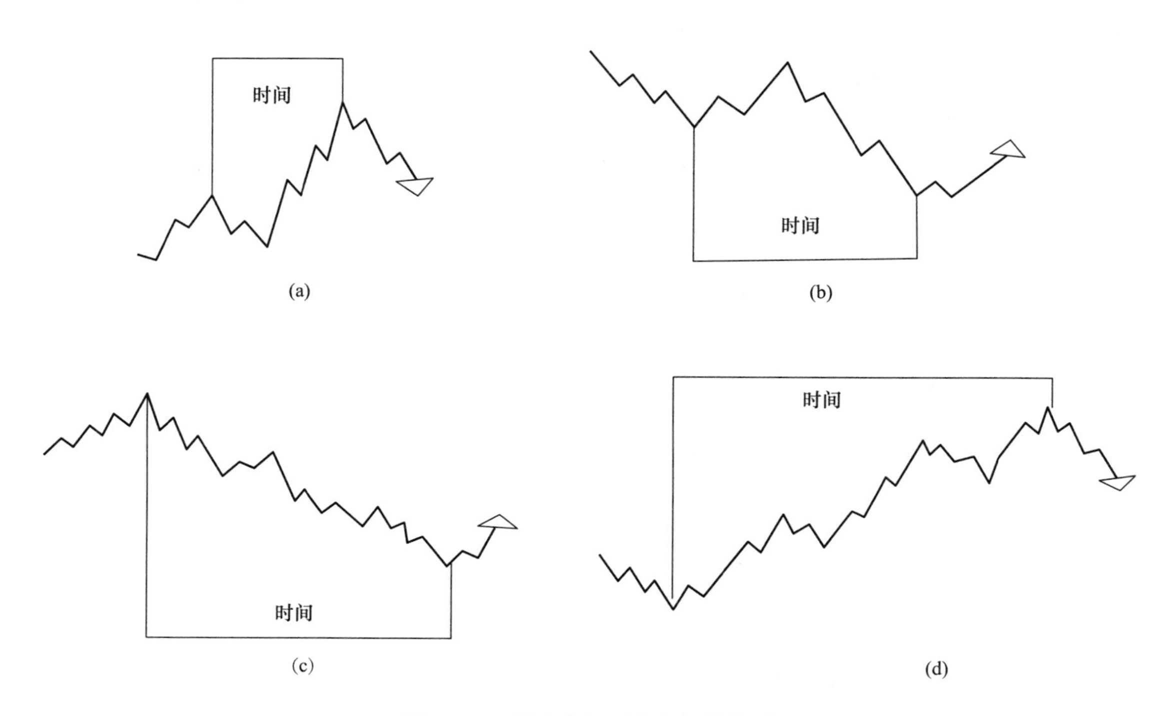

图19-10　量度市场顶底之间的关系

十、决定大市趋势的逆转

1．时间周期

根据江恩对市场趋势的研究，一个趋势逆转之前，在图表形态上及时间周期上都是有迹可循的。在时间周期方面，江恩认为有以下几点值得特别留意。

（1）市场假期。市场的趋势逆转，通常会刚好发生在假期的前后。

对于汇市来说，美国市场主导了其走势，因此要留意的乃是美国假期的前后时间：1月3日新年、5月10日美国纪念日、7月4日美国独立日、9月初劳动日后、10月10日至14日哥伦布日、11月3日至8日大选年时、11月25日至30日感恩节、12月24日至28日圣诞节。

（2）周年纪念日。投资者要留意市场重要顶部及底部的1、2、3、4或5周年之后的日子，市场在这些日子经常会出现转势。

（3）趋势运行时间。由市场重要顶部或底部之后的15、22、34、42、48或49个月的时间，这些时间可能会出现趋势逆转。

2. 价位形态

在价位形态方面，江恩则给出以下建议。

（1）升势。当市场处于升势时，可参考江恩的九点图及三天图。若九点图或三天图下破上一个低位，是趋势逆转的第一个信号。

（2）跌势。当市场处于跌势时，若九点图或三天图上破上一个高位，表示趋势见底回升的概率十分大。如图19–11所示。

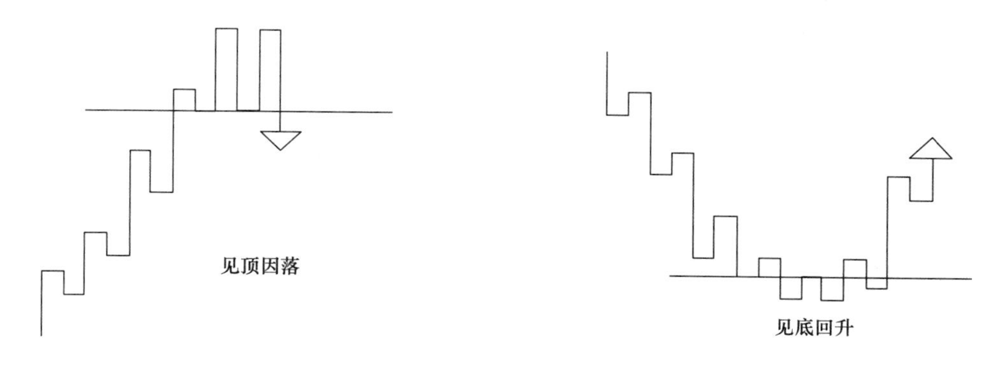

图19–11　价位形态

十一、最安全的买卖点

出入市的策略亦是极为重要的，江恩对于跟随趋势买卖，有以下忠告。

（1）当市势向上的时候，追买的价位永远不是太高。

（2）当市势向下的时候，追沽的价位永远不是太低。

（3）在投资时谨记使用止损盘以免招巨损。

（4）顺势买卖，切忌逆势。

（5）在投资组合中，使用去弱留强的方法维持获利能力。

至于入市点如何确定，江恩的方法非常传统：在趋势确认后再入市是最为安全的。

在趋势向下时，价格见底回升，出现第一个反弹，之后会有回吐，当市价无力破底而转头向上，上破第一次反弹的高点的时候，便是最安全的买入点。止损位则可设于回吐调整浪底之下；在趋势向上时，价格见顶回落，出现第一次下跌，之后价格反弹，成为第二个较低的顶，当价格再下破第一次下跌的底部时，便是最安全的沽出点，止损位可设于第二个较低的顶部之上。如图19–12所示。

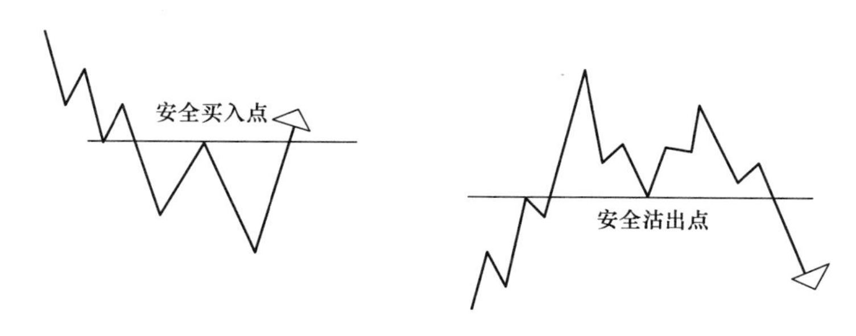

图19–12　安全入市（退出）点

根据江恩的研究，在一个快速的趋势中，市价逆市反弹或调整，通常只会出现两天，是一个判断市场的有效方法。

十二、快市时的价位滚动

价格上升或下跌的速度，成为界定不同趋势的准则。江恩认为，以价格平均每天上升或下跌1点，若市场是快速的，平均每天上升或下跌2点，则市场已超出正常的速度，趋势不会维持过久。这类的市场速度通常发生于升市中的短暂回吐，或者是跌市中的短暂反弹。

在应用上要特别注意：江恩所指的每天上升或下跌一点，每天的意思是日历的天数，而非市场交易日，这点是江恩分析方法的特点。

在图表上将每天上升或下跌10点连成直线，便成为江恩的1×1线，是界定市场好坏的分水岭。若市场出现升势中的调整或跌势中的反弹，速度通常以每天20点运行，亦即1×2线。江恩法则其中一个重要的观察是“短暂的时间调整价位”。江恩认为，当市场处于一个超买阶段，市场要进行调整，若调整幅度少，则调整所用的时间便会相对长。相反而言，若市场调整的幅度大，则所需要的时间便会相对少。

第二十章　技术分析知识要点

一、道氏理论

道氏理论主要阐述了市场运行过程中的趋势性原理，其精要点可以归结如下。

（1）市场价格指数可以解释和反映市场的大部分行为。这是道氏理论对证券市场的重大贡献。目前，世界上所有的证券交易所都采用资本市场的价格指数，计算方法大同小异，都是源于道氏理论。

（2）市场波动的三种趋势。道氏认为价格的波动尽管表现形式不同，但是，最终可以将它们分为三种趋势，即，主要趋势（Primary Trend）、次要趋势（Secondary Trend）和短暂趋势（Near Term Trend）。三种趋势的划分为其后出现的波浪理论打下了基础。

（3）交易量在确定趋势中的作用。趋势的反转点是确定投资的关键。交易量提供的信息有助于解决一些令人困惑的市场行为。

（4）收盘价是最重要的价格。道氏理论认为，所有价格中，收盘价最重要，甚至认为只用收盘价，不用别的价格。

（5）应用道氏理论应该注意的问题。

①道氏理论对大的形势的判断有较大的作用，对于每日每时都在发生的小的波动则显得有些无能为力。道氏理论甚至对次要趋势的判断也作用不大。

②它的可操作性较差。一方面，道氏理论的结论落后于价格，信号太迟；另一方面，理论本身存在不足，使得一个很优秀的道氏理论分析师在进行行情判断时，也会产生困惑，得到一些不明确的东西。

③道氏理论的存在已经上百年了，对今天来说，相当部分的内容已经过时，不能照老方法。近30年以来，出现了很多新的技术，有相当部分是道氏理论的延伸，这在一定程度上弥补了道氏理论的不足。

二、艾略特波浪理论

（一）基本概念和规则

波浪理论是在道氏理论、趋势理论的基础上对股市进行的定量分析。

波浪理论的关键主要包括三个部分：波浪的型态（波形）；浪与浪之间的比例关系（波幅比例）；作为浪间的时间间距。

1．*波浪的基本组成*

五升三降是浪的基础（图20-1）。

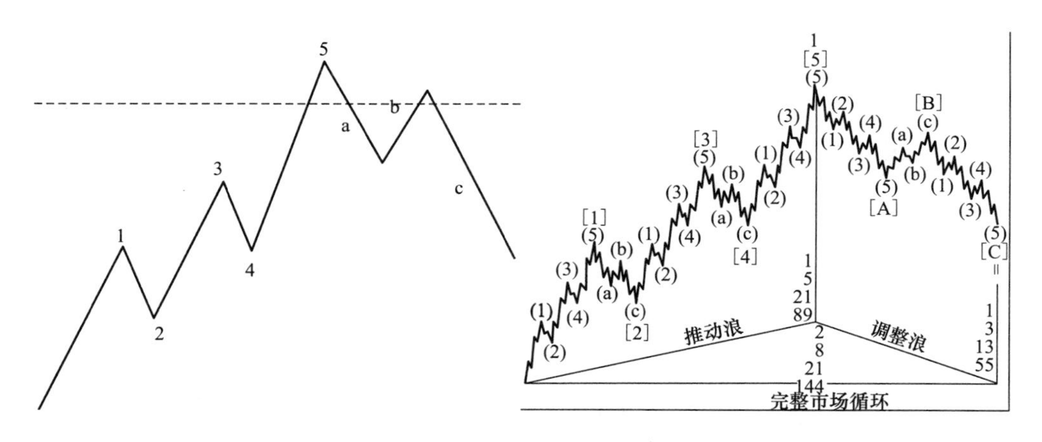

图20-1　波浪

（1）股票市场的发展遵循着五浪上升、三浪下降的基本型态，从而形成包含八浪的完整周期。

（2）五浪所组成的波浪是股市运行的主要方向，而后三浪所组成的波浪是股市运行的次要方向。（如主要方向运行向下即为熊市）

（3）第1、第3、第5浪称为推动浪，第2、第4浪则称为修正浪；A、B、C浪为次要方向的大修正浪。

（4）八浪在运行过程中，经常性地会出现延伸现象，尤其是第3浪的延伸最为常见。

2．*波浪的级别*

完整的8浪周期结束之后，随之而来的是第二个类似的周期变动，如此不断重复，由此而形成了大级别套着中级别浪，中级别套着小级别浪。

（1）大级别浪：超大循环浪、大循环浪、循环浪。

（2）中级别浪：基本浪、中型浪、小型浪。

（3）小级别浪：细浪、微浪、次微浪。

3．*波浪形成的基本概念*

（1）股价运行不会单纯呈一直线，而是如波浪起伏变化的，同时一个浪型运动之后必有相反的运动发生。

（2）主趋势上的推进波与主趋势方向相同，通常可分为更低一级的五个浪；修正浪与主趋势方向相反（或上升或下降），通常可分为更低一级的三个波。

（3）8个波浪运动（5个上升，3个下降）构成一个循环，自然又形成上级波动的两个分支。

（4）市场形态并不随时间改变。波浪时而伸展时而压缩，但其基本型态不变。在实践中，每一个波浪并不是相等的，它可以压缩，可以延长，可以简单，可以复杂。总之，一切以型态为准。

4. 波浪运行的基本规则

（1）第3浪（第3推动）永远不允许是第1至第5浪中最短的一个浪。在股价的实际走势中，通常第3浪是最具有爆炸性的一浪，也经常会成为最长的一个浪（如果是短的一定会出现延伸）。

（2）第4浪的底部，不可低于第1浪的浪顶（如是这个波浪则不成立）。

5. 每一波浪的特性

第1浪：筑底启涨。属于筑底形态的一部分。成交量及市场宽度出现一定程度的增加。场内人士只把它当成是一次大的反弹行情。

第2浪：整理洗盘。调整幅度大，往往吃掉第1浪的大部分。成交量萎缩，波动幅度慢慢变窄，很多人以为熊市没有结束。2浪调整最低点不能低于1浪起点。

第3浪：强劲拉升。最具爆发性的1浪，上升空间和幅度往往最大，多数会发展成一涨再涨的延伸浪。成交量急剧放大，体现出具有上升潜力的动能。3浪的初始上升是缓慢的，并且到浪1高点会出现很多抛盘，交易者并不确定这是一次向上的趋势。

第4浪：获利回吐调整。为第5浪制造泡沫打底。从形态的结构来看，第4浪常以三角形的调整型态进行。是一次有序的获利回吐。

第5浪：持续上涨。股票价值严重高估。此浪涨幅大多数情况下比第3浪小，市场中原先的领头羊退居二线，二三线股普遍上升，但成交开始背离，市场人气高涨，欢乐气氛充斥着市场。

A浪：调整转势浪。在上升循环中，此浪紧随第5浪而产生的，大多数人认为大势并未逆转，并未有防备之心，只以为是个短暂调整。但量能明显跟不上。

B浪：转势反弹浪。市场的多头陷阱。很多人以为新一轮上涨已经展开；成交稀疏，量价明显背离，上升量能明显接济不上。

C浪：急速下跌。由于B浪的完成顿使许多市场人士醒悟，一轮多头行情已经结束，期望继续上涨的希望彻底破灭，所以，大盘开始全面下跌，从性质上看，其破坏力较强。C浪往往要大于A浪的跌幅。

A、B、C浪可变成熊市的前三波。

三、江恩法则

交易中交易者不可能不受自己的七情六欲所干扰，于是以自我为中心的情绪化交易是不可避免的，而这些恰恰是资本市场交易中的大忌，造成的后果是灾难性的并很可能是不可逆转的。因此为了克服情绪化交易，必须用无情的规章制度来控制个人情感和欲望，用具体的交易法则来规范交易行为。江恩先生的28条交易纪律正是交易的有效保障。

（1）每次交易的损失绝对不能超过交易本金的10%！即交易本金的10%是每次交易所能容忍亏损额度的最大值。

因此严禁裸奔。切记10%是最大的容忍值！不要惧怕止蚀。

假如一个投机者能够在自己投资失误的交易上迅速止损，那么即使他在10次交易中只有3～4次的正确概率，他也能够赚到大钱。（伯纳德巴鲁克）

（2）入市之后绝不可以因为缺乏耐心而进行盲目的了结（平仓）。

行情的展开是需要时间的，在市场没有证据证明你的操作是错误的之前，要有足够的信心和耐心。即在没有触发你的止蚀盘或止盈标准时要耐心地持有！

（3）谨慎地使用止蚀盘，以减低每次操作出错的概率。

所谓止蚀盘，就是建立头寸后为了防止市场出现反方向运动产生亏损而事先特定设置的了结标准。触发后自动强制平仓了结。止蚀盘的设置是需要技巧的，而技巧则来自于经验和所谓的技术。止蚀盘的设置要灵活，胡乱地设置止蚀盘和使用止蚀盘是相当危险的。

（4）绝不可以进行过量交易！即严格禁止超过自身承受能力的放大交易！

什么是过量交易？是频繁交易吗？错，超过自身承受能力的放大交易叫过量交易。

（5）应避免发生获利回吐现象，即利用技术和经验进行有效的调控。

用你的经验和技术进行适当的调控，即不断地调校你的止盈标准线。

（6）绝对不可逆大势而进行交易。

尤其做期货的，逆大势者死。识别市场的总体趋势，这一点相当重要，因为它决定了你将使用怎样的交易策略。

（7）市势不明则应立即停止操作。

市势不明即无趋势状态，要停止任何操作，待到市势明朗后再操作不迟。

（8）只在活跃的市场中进行交易。

什么是活跃的交易市场？哪个板块活跃，被激活，就要做哪个板块。期货尤为重要。集中注意力研究当日行情最突出的那些股票。如果不能从领头的活跃股票上赢得利润，也就不能在整个市场赢得利润。

（9）只可以选择2～3个交易标的进行同时交易。

因为个人的精力有限，太多则难以兼顾。对于头寸很少的公众交易者，一定要把资金集中起来，因为只有攥紧了的拳头才能打人。所以风险的控制不是交易标的的分散程度，而是对价格的控制，这才是风险控制的根本。

（10）关键时刻绝不可以限价交易，否则可能会因小失大。

什么叫限价交易？操作者发出的交易指令通过一系列服务器传输至交易所，这期间有着大约几秒钟的时间延滞，因此下单价格不能按屏幕显示的现价打单，成交往往会失败。因此严禁挂现单交易，特别是期货，涡轮（权证）更不用说了，限价交易必亏，多选择市价成交。

（11）获利后，要将部分利润抽走备用。

投机者唯一能从华尔街赚到的钱，就是当投机者了结一笔成功交易后从账户里提出来的现金。

我唯一的遗憾是，没有在自己的职业生涯中始终贯彻这一原则。在某些地方，它本会帮我走得更平稳一些。（杰西·利弗莫尔）

（12）操作正确而有了利润之后，切不可随意平仓，可用（移动）止盈标准作为保证，放胆赚取更加丰厚的利润。

我要卖掉股票吗？我要全部卖出吗？这一次答案很简单，那就是屡试不爽而且值得信任

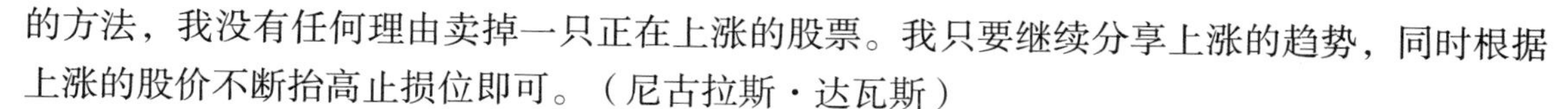

的方法，我没有任何理由卖掉一只正在上涨的股票。我只要继续分享上涨的趋势，同时根据上涨的股价不断抬高止损位即可。（尼古拉斯·达瓦斯）

（13）绝不可为了蝇头小利而随便入市交易。

（14）绝不可以追加死筹，即绝不将损失进行平均化。

当交易出现亏损时，即出现了死筹，说明对市势的判断可能出错了，继续加码只能招致更大的损失。

我绝不在市场向下回撤时买进做多，也绝不在市场再度向上反扑时卖出做空。此外，还有一个要点是：如果你的头笔交易已经处于亏损状态，就绝不要继续跟进，否则你就是太执迷不悟了。绝不要企图摊低亏损的头寸。一定要把这个想法深深地刻在你的脑子里。（杰西·利弗莫尔）

（15）胜少负多的交易方式要彻底摒弃。

（16）入市之后，不可以随便取消止蚀盘（止蚀标准）！ 进场后一定要设hedge（海琴）保护，严禁裸奔。

（17）交易次数不宜过多！ 一个趋势性行情的展开需要与之对应的形态，这就需要时间，一年之中，行情的次数是有限的，所以不宜过多地进行交易，即避免频繁地进出市场。

为了取得真正的成功，交易者就不得不等待合适的交易良机出现。而这一点有的时候也意味着交易者要在很长一段时间内什么也不交易。这种不作为的行为对于那些积极交易的交易者来说特别难以做到。（尼古拉斯·达瓦斯）

我要向那些视投机买卖为一项严肃事业的普通同行竭力阐述下列原则，我也不遗余力地重复这些原则：一厢情愿的想法必须彻底消除；假如你不放过每一个交易日，天天投机，就不可能成功；每年仅有寥寥可数的几次机会，可能只有四五次，只有在这些时机，才可以允许下场开立头寸；在上述时机的空档里，你应当置身事外，让市场逐渐酝酿下一场大幅运动。 记住：在你什么都不做的时候，那些觉得自己每天都必须买进卖出的投机者们正在为你的下一次投机打基础，你会从他们的错误中获得利益。（杰西·利弗莫尔）

（18）顺势操作，即按市场的变化进行交易。 市场变了你要因时、因势而改变。这里指的是察而顺变!

（19）绝不可以因贪低而买入，亦绝不可因恐高而卖出，一切都应以市势的走势变化而定！ 价格的高低是由市场而定的，是日后才能发现的，所以绝不可以主观臆想。

（20）应避免在交易一路顺利之后追加头寸，即避免追加成本。

（21）应选择势头凌厉的交易标的进行金字塔式操作，了结时则相反。此条主要针对期货。

（22）出错时，应立即平仓，切忌锁仓操作。 锁仓是不愿意认错的一种表现，在资本市场中赔与赚，都是很正常的，出错时拒不认错不但会招致更大损失，而且还会导致错过下一次获利的机会。

（23）绝不可随便由好仓转为淡仓或由淡仓转为好仓（好仓就是多头，淡仓就是空头），每次交易都必须经过详细而周密的计划，待理由充分且条件都具备之后，方可以进行操作。

（24）交易得心应手时，切忌随意加码，此时最容易出错！

（25）切莫预测市场的顶或者底，一切皆应由市场来自行确定。

当一只股票的价格开始下滑时，没人能够说清楚它到底还要跌多深。在一轮普遍的上涨行情中，同样没人能够说清楚一只股票最终顶部在哪儿。绝不要因为某只股票看起来价格过高而卖出它。反过来，绝不要因为某只股票从前一个最高点大幅下滑而买进它。（杰西·利弗莫尔）

（26）绝不可轻信他人的意见！ 因为市场是瞬息万变的。而一个没有主见的人是不适合在其中生存的，更何况他人的意见也未必是正确的，所以他人的意见仅能作为参考而已。

（27）入市出市皆错固然不妙，但是入市正确而出市错误亦是不应该，两者都应该避免！

（28）出错时认真查阅以上条例，并能以此为鉴，交易技能必将进入一个崭新的境界。

一定要养成高度的自律性，因为一切成功交易的唯一保障就是能够严格地执行交易纪律。在交易行为中没有人能够帮助他人“介错”，一切都取决于自己。

第二十一章　技术分析的三个基本假定

约翰墨菲在道氏理论、江恩法则、艾略特波浪理论基础上，进一步使技术分析三大理论提升，最终归纳出技术分析的三个基本假定：市场行为包容消化一切；价格以趋势方式演变；历史会重演。

这三个基本假定构成了技术分析的理论基础，在技术分析的迷宫当中不能自拔的时候，回归原始的原始是一种最好的选择。回归这三个原始的基础（假设）是一种对技术分析的再认识和再思考，毕竟一座大厦根据的可靠性应该是最值得信赖的或推敲的。在进行对技术分析三大假设的根本性思考中，思维会随着记忆的延伸获取新的材料，忽视表面的诸多指标或形状不可靠的技巧性，更加坚持对原始的执着。在思维的过程中，三个原始的基础能否被正确理解，是技术分析能否产生正确结论的必要条件。

三大假设构成了技术分析理论的坚实基础。如果愿意理解技术分析，首先当然要承认这种基础，而在运用中出现了些许的偏差之后，回顾基础的时候， 技术分析可能会对基础加以虚化，对具体的例子采用的是基础不符合的解释。可是，如果它不能概括市场的特性，难道就能成为分析市场工具的基础吗？这是一个悖论。当反对性的辩论在思维中出现的时候，技术分析的支持性思维认为只有对理论基础予以承认才能讨论的辩护是对反对性辩论的有力回击。毕竟这种基础太过原始，证伪在任何市场分析理论中都是有可能实现的，更何况在这三个原始的理论基础中承载了太多人的期望，即使在真正面对其失效的时刻，行动上的表现远远和心理上的痛惜还是不一致的。

一、市场行为包容消化一切信息

“市场行为包容消化一切”构成了技术分析的基础。除非已经完全理解和接受这个前提条件，否则学习技术分析就毫无意义。技术分析者认为，能够影响某种商品期货价格的任何因素（基础的、政治的、心理的或任何其他方面的）实际上都反映在其价格之中。由此推论，必须做的事情就是研究价格变化。

这个前提的实质含义其实就是价格变化必定反映供求关系，如果需求大于供给，价格必然上涨；如果供给过于需求，价格必然下跌。供求规律是所有经济预测方法的出发点。把它倒过来，那么，只要价格上涨，不论是因为什么具体的原因，需求一定超过供给，从经济基础上说必定看好；如果价格下跌，从经济基础上说必定看淡。归根结底，技术分析者不过是通过价格的变化间接地研究基本面。大多数技术派人士也会同意，正是某种商品的供求关系，即基本面决定了该商品的看涨或者看跌。图表本身并不能导致市场的升跌，只是简明地显示了市场上流行的乐观或悲观的心态。

图表派通常不理会价格涨落的原因，而且在价格趋势形成的早期或者市场正处在关键转折点的时候，往往没人确切了解市场为什么会如此这般古怪地动作。恰恰是在这种至关紧要的时刻，技术分析者常常独辟蹊径，一语中的。所以随着市场经验日益丰富，遇到上边这种情况越多，“市场行为包容消化一切”这一句话就越发显出不可抗拒的魅力。

顺理成章，既然影响市场价格的所有因素最终必定要通过市场价格反映出来，那么研究价格就够了。实际上，图表分析师只不过是通过研究价格图表及大量的辅助技术指标，让市场自己揭示它最可能的走势，而并不是分析师凭其精明“征服”了市场。今后讨论的所有技术工具只不过是市场分析的辅助手段。技术派当然知道市场涨落肯定有缘故，但他们认为这些因素对于分析预测无关痛痒。

另外，市场行为包容消化一切，一方面，表明市场价格的变化反映了外在信息的变化；另一方面，外在信息的变化在价格变化上是否完全体现或过度体现，也需要重点思考。一条或多条利多信息在被市场得知时，价格可能已经有了一段上涨，那么需要加以理解和分析利多信息是完全被价格的上涨消化了，还是未被消化（即能继续推动价格上涨）或是已经被透支消化（即价格涨过了头，会进行反向回落，也是通常意义上的利多变成利空）。

二、市场运行以趋势方式演变

“趋势”概念是技术分析的核心。研究价格图表的全部意义，就是要在一个趋势发生发展的早期，及时准确地把它揭示出来，从而达到顺着趋势交易的目的。事实上，技术分析在本质上就是顺应趋势，即以判定和追随既成趋势为目的。

从市场价格可以自然而然地推断，对于一个既成的趋势来说，下一步常常是沿着现存趋势方向继续演变，而掉头反向的可能性要小得多。 这当然也是牛顿惯性定律的应用。还可以换个说法：当前趋势将一直持续到掉头反向为止。虽然这句话差不多是同语反复，但这里要强调的是：坚定不移地顺应一个既成趋势，直至有反向的征兆为止。

趋势终有转变的时刻，在趋势进行转变的时期，可能仍以原来的趋势方式对价格进行预判，而这正是导致在前一轮的牛市中获胜，而在后面的熊市中失败的原因，这正提醒了人们，在研究分析价格变化的时候，不能以主观上的多（空）预推后市的多（空），否则，分析将失去客观，从而陷入唯心主义了。

三、历史会重演

技术分析和市场行为学与人类心理学有着千丝万缕的联系。比如价格形态，它们通过一些特定的价格图表形状表现出来，而这些图形表示了人们对某市场看好或看淡的心理。其实这些图形在过去的几百年里早已广为人知，并被分门别类了。既然它们在过去很管用，就不妨认为它们在未来同样有效，因为它们是以人类心理为根据的，而人类心理从来就是“江山易改本性难移”。“历史会重演”说得具体点就是，打开未来之门的钥匙隐藏在历史里，或者说将来是过去的翻版。

历史会重演，但却以不同方式进行“重演”，现实中没有完全相同的两片树叶。投资者经常在相似的历史变化中寻求投资“真理”，但最后却伤痕累累，这也正说明了市场是变幻无穷的。阴阳两种K线，却能构造百年来华尔街的风风雨雨，只因K线形似却神不似，历史重演却不重复。

在金融投资市场中使用技术分析方法来进行研究分析，就有如基本面分析一般，必须在正确理解的基础上，才能更进一步地用好技术分析的基础，从而做出正确的分析结论。而好的投资决策需要正确的分析方法。因此，进行技术分析时，需要正确理解技术分析的三大假设。

第二十二章　技术分析在黏胶短纤市场分析中的应用

前面已经就黏胶短纤市场运行趋势做了一系列探讨，包括产业链运行分析、可替代纺织品运行分析、宏观经济趋势与黏胶短纤市场运行趋势分析、中国传统文化的视角看待黏胶短纤市场运行等。尽管有这么多种工具去研判黏胶短纤市场，但是在实际过程中，往往会发现多种分析路径打架的情况。甚至在用各种手段分析后，还是看不明朗市场如何运行，因为黏胶短纤市场实际运行过程中，出现2～3个月横盘现象属于常有的事情，但不能说横盘久了就必涨或者必跌。技术分析往往在这个时候，能够起到“中流砥柱”作用，很多时候能够起到意想不到的效果。主要对2005年至今的黏胶短纤市场价格运行趋势通过技术分析方法进行趋势性分析。

一、波浪理论在黏胶短纤市场运行中的应用

将2005～2015年黏胶短纤市场价格应用波浪理论进行划分，可以得出一个结论：2005～2014年底是完整的一个波浪理论大循环，因为其包括1浪—2浪—3浪—4浪—5浪—A浪—B浪—C浪—衰减浪（图22-1）。

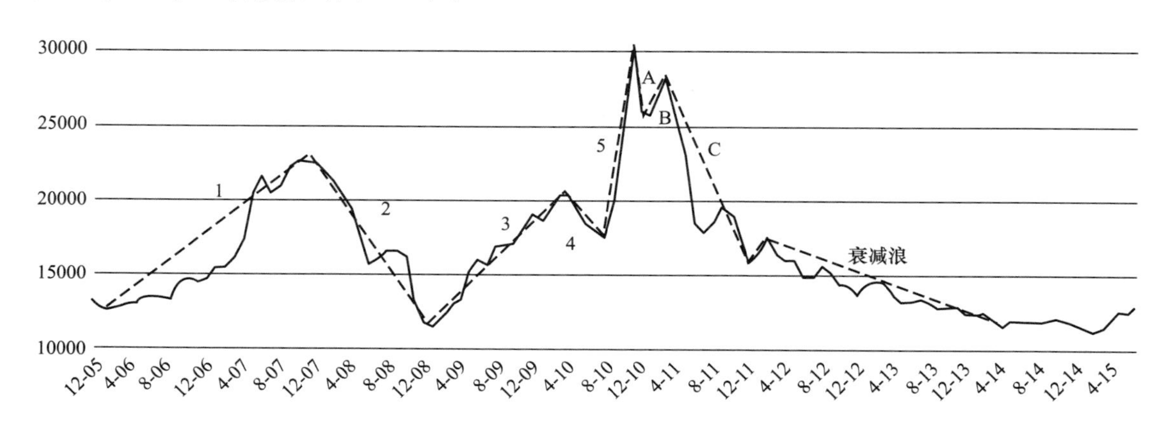

图22-1　2005～2015年黏胶短纤市场价格运行波浪理论分析

1浪运行时间区间为：2006年2月至2007年11月，价格区间为：12700～22500元/吨；

2浪运行时间区间为：2007年11月至2009年2月，价格区间为：22500 ~ 12000元/吨；
3浪运行时间区间为：2009年2月至2009年10月，价格区间为：12000 ~ 19400元/吨；
4浪运行时间区间为：2009年10月至2010年8月，价格区间为：19400 ~ 17500元/吨；
5浪运行时间区间为：2010年8月至2010年11月，价格区间为：17500 ~ 30200元/吨；
A浪运行时间区间为：2010年11月至2011年1月，价格区间为：30200 ~ 25800元/吨；
B浪运行时间区间为：2011年1月至2011年3月，价格区间为：25800 ~ 28200元/吨；
C浪运行时间区间为：2011年3月至2012年3月，价格区间为：28200 ~ 16345元/吨；
衰减浪运行时间区间为：2012年3月至2014年4月，价格区间为：16350 ~ 11670元/吨。

将各个波浪运行时间段进行计算，得出表22-1数据。结合斐波那契数列34数量级以下的排列进行分析。斐波那契数列34数量级以下的数列为：1，1，2，3，5，8，13，21，34。

可以发现，2006 ~ 2015年黏胶短纤各浪运行时间段中出现的数据为：2，3，5，8，21。其中，15≈13长度，25≈21长度，8≈10 长度。如果将各个大浪中的子浪进行分析，那么就与斐波那契数列较为接近。也就是说，当一个市场趋势持续2 ~ 3个月的时候，需要考虑市场变化的可能性，而一个趋势运行至8 ~ 12个月的时候，更需要考虑市场是否存在转向的可能性。

表22-1 2006 ~ 2015年各浪运行时间长度

波浪	起始时间点	终结时间点	月数差	天数差
1浪	2006年2月	2007年11月	21	638
2浪	2007年11月	2009年2月	15	458
3浪	2009年2月	2009年10月	8	242
4浪	2009年10月	2010年8月	10	304
5浪	2010年8月	2010年11月	3	92
A浪	2010年11月	2011年1月	2	61
B浪	2011年1月	2011年3月	2	59
C浪	2011年3月	2012年3月	12	366
衰减浪	2012年3月	2014年4月	25	761

上述波浪理论在黏胶短纤市场运行中的实际分析时最重要的一点，即计算趋势持续的时间长度。这种趋势的存在来源，总体来说符合技术分析的三大假设。对于市场的实际指导意义在于，可以将原先看一个星期左右的市场行情视野放大至一个月甚至3个月左右。从而有利于企业决策者在看不清市场的情况下，多一个决策渠道。

二、趋势线的实际应用

如果说波浪理论在于计算时间，那么趋势线则在于判断具体时空上的价格走势，将2014 ~ 2018年黏胶短纤价格运行趋势进行趋势线剖析，则可以明显看出，2015年2月的11400

元/吨是这一轮价格上涨的起始点位置，至2015年10月以14600元/吨出现了第一轮价格回调。当价格回落至14300元/吨后，原先的上升趋势线已经变成了上涨的压力线，此时则应该开始做好未来一段时间内，价格有大幅度下跌的准备。在调整结束后，2016年1月的12300元/吨则是第二轮价格上涨的起始点，至2017年3月跌破15900元/吨的时候，则要小心，做好价格再次下跌的准备。而在此之后，虽然价格又有一轮上涨，但是，已经被下跌的压力线死死压住，此时，在实际操作中，则要做好心理准备，市场上涨趋势已经结束，即将进入下降通道中。而事实上，2017年9月后，整个黏胶短纤市场基本呈现下跌态势，市场价格一直处于下降通道中。如图22-2所示。

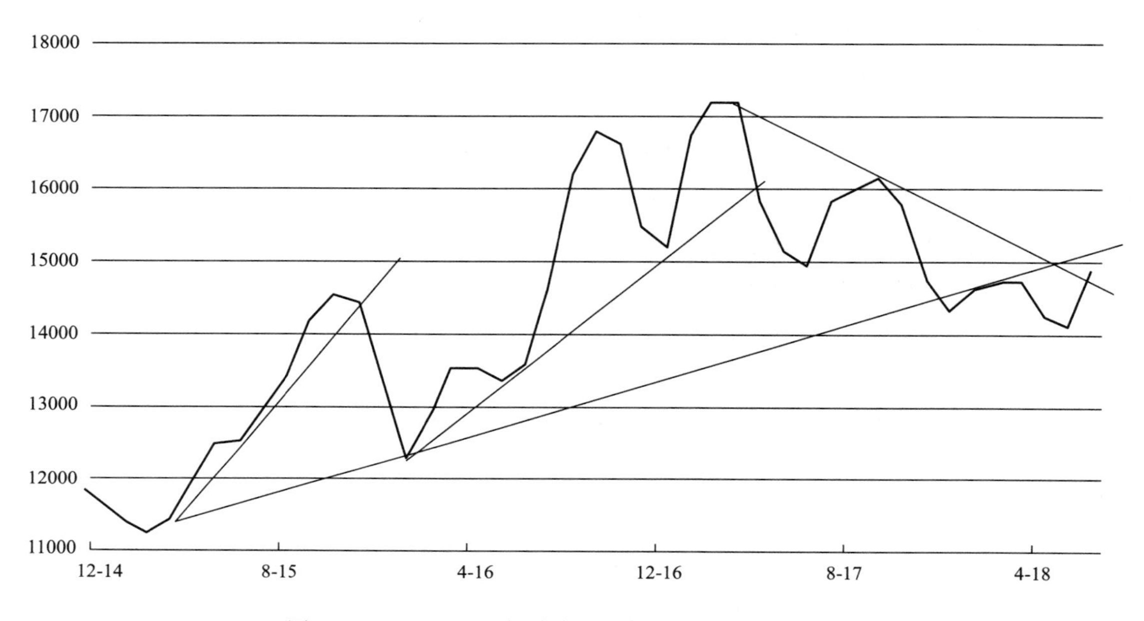

图22-2　2014～2018年黏胶短纤市场价格运行趋势分析

以2015年2月的11400元/吨与2016年1月的12300元/吨两点进行连接，可以明显看出，2015年2月至2017年10月，黏胶短纤市场一直处于上升趋势中，但是2017年10月黏胶短纤市场价格跌破14300元/吨后，原先的上涨趋势线已经明确地转变成下降通道中的压力线。2017年3月的17800元/吨与2017年9月的16200元/吨进行连线的下降压力线，也给出了市场明确向下的答案。

但是，2015年2月的11400元/吨与2016年1月的12300元/吨两点进行连接的上涨线的延伸线变成压力线后，与2017年3月的17800元/吨与2017年9月的16200元/吨进行连线的下降压力线在2018年5月进行了交汇，之后市场出现了一轮价格在1000元/吨的涨幅，也标志着市场在此时有可能进行反弹，且从现在的历史运行数据看，市场的确出现了一轮出乎意料的价格反弹。但市场最终是反转还是反弹主要决定于市场价格是否能在2018年9月突破15200元/吨。

此时，技术分析只能暂时停摆，静等市场的自我运行。这就需要结合前面所说的宏观政策，产业链上下游进行分析。在实际决策中，此时最佳的做法在于，黏胶短纤工厂按需生产，下游纺织厂按需拿货，这也就意味着市场出现横盘的概率较大，主要表现为：下游纱

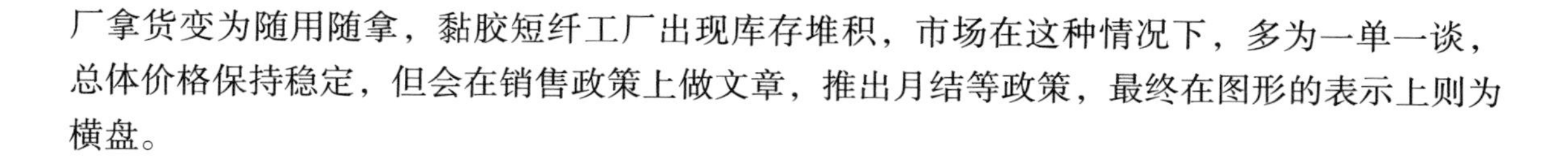

厂拿货变为随用随拿，黏胶短纤工厂出现库存堆积，市场在这种情况下，多为一单一谈，总体价格保持稳定，但会在销售政策上做文章，推出月结等政策，最终在图形的表示上则为横盘。

三、小结

总体来说，技术分析仅仅是前面多种分析方法的一个有机补充，技术分析并非万能，但是可以通过技术分析研究判断市场价格运行的大趋势，只要大趋势总体没有问题，那么在实际决策中，就可以不因为消息面或者宏观政策面发生不确定而感到恐惧或者疯狂。总体来说，技术分析减少了博弈中的干扰性因素，消化了市场上的情绪，能够得到一个客观的市场评判结论。

第六篇

黏胶短纤市场未来的运行情况探讨

第二十三章　差别化黏胶短纤现状评述及未来展望

一、研究背景

习近平总书记在中国共产党第十九次全国代表大会的报告中明确指出：我国经济已由高速增长阶段转向高质量发展阶段，正处在转变发展方式、优化经济结构、转换增长动力的攻关期，建设现代化经济体系是跨越关口的迫切要求和我国发展的战略目标。2018年1月24日，中央政治局委员、中央财经领导小组办公室主任刘鹤在第48届达沃斯世界经济论坛的主旨演讲中进一步提出：高质量发展的主要内涵，就是从总量扩张向结构优化转变，就是从“有没有”向“好不好”转变。这是在开放状态下探索新的发展模式，将为诸多新产业的发展创造巨大的空间，比如与消费升级相关的制造业和服务业，与新型城市化相关的节能建筑、智能交通、新能源等诸多绿色低碳产业，这些不仅为中国，而且为全球企业创造着新机会。

2018年我国将释放77万吨的黏胶短纤新产能，这些产能释放后，我国的黏胶短纤总产能将达到481万吨。根据党中央以及政府高层提出的“产业要以高质量发展为主要内涵”这一要求，黏胶短纤将伴随着产能的提高而出现差别化率的提高，开启由“量变到质变”的转换之门。2018年1月4日，工信部公布符合《黏胶纤维行业规范条件》生产企业名单（第一批）（表23-1），从企业名单看，第一批符合规范条件的生产企业合计产能为270.9万吨，占全国产能66%。这份名单的公布，意味着未列入这份名单的黏胶短纤生产企业需要对环保环节继续整改。

表23-1　符合《黏胶纤维行业规范条件》生产企业名单（第一批）

序号	所属省市	企业名单	产能（万吨）
1	河北	唐山三友集团兴达化纤有限公司	50
2	河北	唐山三友远达纤维有限公司	
3	河北	河北吉藁化纤有限责任公司	5
4	吉林	吉林化纤股份有限公司	16.5
5	江苏	南京法伯尔纺织有限公司	2
6	江苏	阜宁澳洋科技有限责任公司	17
7	江苏	兰精（南京）纤维有限公司	17
8	浙江	浙江富丽达股份有限公司	18
9	福建	赛得利（福建）纤维有限公司	20
10	江西	赛得利（江西）化纤有限公司	16
11	江西	赛得利（九江）纤维有限公司	12
12	山东	山东雅美科技有限公司	32
13	山东	恒天海龙（潍坊）新材料有限责任公司	17
14	山东	山东银鹰化纤有限公司	8
15	河南	新乡化纤股份有限公司	5
16	湖北	湖北金环新材料科技有限公司	1.4
17	四川	宜宾丝丽雅股份有限公司	18
18	四川	成都丽雅纤维股份有限公司	10
19	四川	宜宾海斯特纤维有限责任公司	6
合计			270.9

工信部的介入，不仅使得行业内优胜劣汰进程加速，也使得黏胶短纤行业不得不加速提升黏胶短纤的差别化率。这主要体现在以下方面。

（1）没有能力整改的黏胶短纤工厂将可能退出产业圈，意味着我国的黏胶短纤生产工厂及生产过程将达到环境友好要求，不再以污染环境来谋求企业利润。

（2）本次公布的仅仅是第一批，后面应该还会有第二批企业名单，第二批名单公布后，预计符合规范条件的生产企业合计产能为380万吨。

（3）如果380万吨产能仍以目前的普通纤维领域市场为主体，那么2019年我国黏胶短纤产能达到481万吨时将出现供过于求的格局。

（4）要摆脱供过于求的魔咒，只有提升黏胶短纤的差别化率，积极开发新市场。

黏胶短纤作为最古老的人造纤维之一，拥有近120年的发展历史，早在20世纪70年代世界黏胶短纤处于黏胶短纤第一生命周期最高峰的时期，黏胶短纤的差别化率就已经很高，而且当时很多产品在现在看来仍不过时。后来因为可持续发展理念的提出，以及合成纤维作为化纤主体登上历史舞台，黏胶短纤开始走向落寞。但2000年以后，黏胶短纤在中国得到长足发展，开启其第二生命周期，至2018年，黏胶短纤正处于其第二生命周期里的高速成长期，黏胶短纤的差别化率在这一时期将迎来倍数级放大。

二、差别化黏胶纤维现状评述

笔者根据从业十多年的经验，将目前市面上能够见到的差别化黏胶短纤搜集罗列，按照黏胶短纤生产工艺流程在各个环节中不同的处理，按照溶剂介质的不同、纺前处理以及后处理三大块对黏胶短纤进行分类（图23-1），其中纺前处理及后处理以普通黏胶短纤为主体。

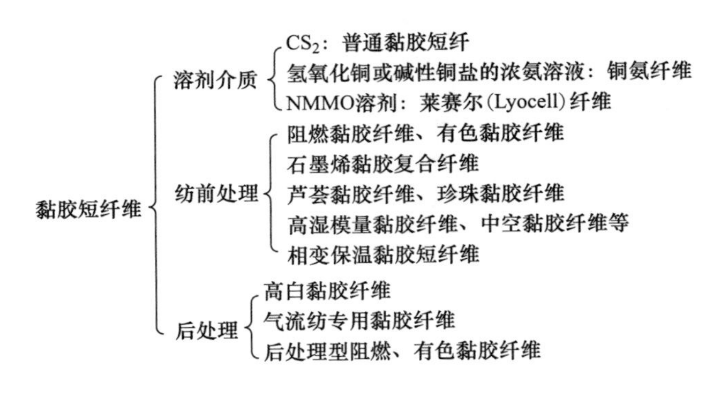

图23-1　黏胶短纤维分类

（一）莱赛尔（Lyocell）纤维

以NMMO（全称：季胺类氧化物*N*–甲基吗啉–*N*–氧化物）为溶剂纺制纤维素纤维，首先由英国考陶尔兹（Courtaulds）公司提出开发理念，1980年荷兰Akzo Nokel公司首先取得发明专利，1989年布鲁塞尔国际人造丝及合成纤维标准局（BISFA）将其命名为Lyocell纤维，1992年美国联邦贸易委员会也确认其纤维分类名为Lyocell。Courtaulds公司与奥地利Lenzing公司分别于1993年和1997年实现工业化生产，2004年5月，Lenzing公司收购了Courtaulds公司的Lyocell纤维业务，至此Lenzing公司一统Lyocell纤维江湖，其商标名为Tencel，也就是我们常说的天丝。

1. Tencel主要型号及分类

Tencel主要有三种型号，第一种为标准型（G100），为原纤化Tencel；第二种为A100型，称为非原纤化Tencel，也称交联型Tencel；第三种为Tencel LF，为低原纤化Tencel，介于G100与A100之间。

Tencel G100与Tencel A100两者在生产工艺上的区别：

Tencel G100：木浆→NMMO溶解→过滤→纺丝→凝固浴凝固→水洗→干燥卷曲→切断成纤维

Tencel A100：未烘干的纤维丝束→交联剂处理→高温焙烘→水洗→烘干→卷曲

普通型Tencel G100纤维具有很高的吸湿膨润性，特别是径向，膨润率高达40%～70%。

当纤维在水中膨润时，纤维轴向分子间的氢键等结合力被拆开，在受到机械作用时，纤维沿轴向分裂，形成较长的原纤。利用普通型Tencel G100纤维异于原纤的特性可将织物加工成桃皮绒风格。

交联型Tencel A100纤维素分子中的羟基与含有三个活性基的交联剂反应，在纤维素分子间形成交联，可以减少Tencel纤维的原纤化倾向，可以加工光洁风格的织物，而且在服用过程中不易起毛起球。

2. Tencel纤维的主要性能

（1）具有高的干、湿强力，干湿强比为85%。

（2）具有较高的溶胀性：干湿体积比为1：1.4。

（3）独特的原纤化特性，即天丝纤维在湿态中经过机械摩擦作用，会沿纤维轴向分裂出原纤，通过处理后可获得独特桃皮绒风格。

（4）良好可纺性。可纯纺，也可与棉、毛、丝、麻、化纤、羊绒等纤维混纺交织。适用纺制各类机织纱、针织纱。

3. Tencel纤维的应用情况

（1）天丝/真丝及天丝/绢丝等系列产品。采用天丝A100 60s以上高支纱以及天丝/绢混纺纱。

（2）天丝/麻类产品。有天丝与麻混纺及交织产品，如天丝14s × 14s（亚麻）交织布及天丝45/亚麻55混纺布。

（3）天丝牛仔布产品。是天丝主要用途之一，采用16s左右中支纱，织制中磅、轻磅优良牛仔布。

（4）天丝棉型机织产品。

①细支纱产品。有30 ~ 40s天丝及其棉、竹、粘、涤、混纺纱织制的平纹、府绸、斜纹类产品。

②20 ~ 30s中支纱织制斜纹、卡其、灯芯绒、细帆布，用作休闲服面料。

（5）天丝棉型针织产品，主要采用天丝A100型30 ~ 40s，有纯纺及与棉、竹、涤、粘混纺，特别是天丝与竹纤维混纺，给竹纤维纱提供了强力，增加可纺性，一般只要混30%的天丝就足够了。

（6）天丝毛型针织产品，天丝在毛针织行业应用十分理想。

①天丝与羊绒及其他纤维的混纺高档针织纱成为我国特有的产品，其采用天丝1.25旦 × 38mm散纤混纺而成。

②天丝与多种原料的交并纱，如天丝/绢/棉/醋酸、天丝/黏胶丝/醋酸丝、天丝/腈纶/醋酸交并纱，即用单根天丝纱与其他单根原料纱交并而成。

③采用天丝毛条和其他毛型原料如毛、绢、腈、麻等混纺而成的毛型针织纱。

④采用新型纺纱技术如喷气纺、赛络纺来加工纯天丝及其混纺纱。

4. 我国目前Lyocell纤维生产状况

2004年上海纺织集团、北京高新公司和上海大盛公司共同出资1.4亿元组建上海里奥企业发展有限公司，启动产能1000吨/年莱赛尔纤维产业化项目。2006年，第一束国产莱赛尔纤维在上海里奥企业发展有限公司顺利投产，标志着我国打破了原有的外企垄断格局，为我国莱赛尔纤维项目的产业化发展迈出了重要一步。

2009年11月保定天鹅新型纤维制造有限公司成立Lyocell项目组，于2010年决定引进奥地利ONEA公司Lyocell生产技术，并于2012年顺利投产。该生产线产能为1.5万吨，标志着我国第一条万吨级Lyocell生产线顺利运营投产。时至今日，保定天鹅已经将发展目标定为6万吨/年的生产能力。

2015年4月16日年产1.5万吨新溶剂法纤维素纤维生产线在山东英利实业有限公司顺利投产运营。该项目突破了多个关键技术。创造性地集成了万吨级新溶剂法纤维素纤维生产装备，优化了生产工艺，首次实现了万吨级新溶剂法纤维素纤维的稳定达标生产；在万吨级新溶剂法纤维素纤维生产线上，首次完成纤维生产全过程计算机控制系统的设计、集成、软件开发，实现了纤维生产全过程自动化，掌握了核心控制技术；开展了系统的理论研究，获得了影响产品性能的生产实际规律，突破了纤维制备的理论瓶颈，同时攻克了溶剂净化回收、浓缩技术，整个生产技术拥有自主知识产权。正源于此，该项目于2016年获得中国纺织工业联合会“纺织之光”科技进步一等奖。表23-2所示为国内天丝生产企业一览表。

表23-2　国内天丝生产企业一览表

厂家	品名	产能（吨）
上海里奥企业发展有限公司	—	1000
保定天鹅新型纤维制造有限公司	元丝	15000
山东英利实业有限公司	英赛尔	15000
中纺院绿色纤维股份公司	希赛尔	15000

2015年6月，中国纺织科学研究院和新乡化纤股份有限公司、甘肃蓝科石化高新装备股份有限公司共同出资4亿元，组建中纺院绿色纤维股份有限公司。该公司年产1.5万吨Lyocell纤维产业化项目作为国内首条全套装备国产化，拥有中纺院自主知识产权的生产线。自2016年12月23日项目投料开车成功，打通了整个工艺流程后，公司上下以及中纺院整个项目团队秉承精益求精的原则，对生产线设备及工艺进行了几十次的完善和优化，在实践中不断探索，反复印证，攻克了多个关键技术点，同时通过不断完善各项管理流程，提高生产管控能力，使设备连续运行的稳定性以及产品质量得到不断提升。2017年7月17日，中纺院绿色纤维股份公司年产1.5万吨Lyocell纤维产业化项目实现全线开车达产。

（二）高白黏胶纤维

高白黏胶纤维全称为洁净高白度黏胶短纤维，其定义为白度高、残留量低、表面活性物少、水溶物含量低的黏胶短纤维。产品以消光程度来分类，分别为有光、半消光以及全消光三类。生产工艺，主要在常规黏胶短纤切断后进行后处理的方法，其工艺流程为：水洗→脱硫→水洗→漂白→水洗→酸洗→水洗→上油→烘干→打包。

高白黏胶短纤维主要应用领域为水刺非织造布。由于高白黏胶短纤维具有良好的吸湿性、透气性、环保性、自然降解等性能，使用该原料做出的水刺非织造布被广泛应用于医疗、卫生等领域，如包洁布、纱布等专用材料。此外，过滤材料、海绵、婴儿尿不湿、手术衣、防护服、医用绷带等方面也被广泛应用。

近几年，我国的水刺非织造布行业发展较为迅速。根据不完全统计，至2017年末，国内共有水刺企业约130余家，水刺非织造生产线270余条，总生产能力超过85万吨，实际产量约60万吨，开工率为70.59%。2018年国内预计新增水刺非织造布生产线20条以上，新增产能8万~10万吨。2017年水刺卫生材料生产量约为60万吨。其主要原材为涤纶短纤与黏胶短纤。其中，涤纶短纤使用量约为38万吨；黏胶短纤使用量为25万吨。

目前，黏胶短纤供应商主要来源于：印度尼西亚兰精（SPV）、南京兰精、唐山三友、赛得利、印度博拉。其中兰精公司以及唐山三友占据主流供应商角色，赛得利与印度博拉客户在革基布基材方面应用较多。

随着近年来欧美以及日本等发达国家推行可冲散型非织造布湿巾替代厕用纸提升环境友好政策，使得“散立冲”非织造布近年走俏。“散立冲”水刺非织造布原料以0.9~1.0dtex黏胶纤维为主体，再融入相关的黏胶纤维采用水刺非织造技术形成产品。其具有良好的干态强力，与纸品相比具有更加优异的湿态强力和柔软性、亲肤性。在冲散性能和生物降解性能方面，也优于纸品相关产品，同时由于其在水冲压力下分散为纤维状，不会造成下水道堵塞。预计随着厕所无纸化的进一步推广，“散立冲”水刺非织造布将给超细且高白黏胶短纤维带来广阔的发展空间。

（三）有色黏胶纤维

自从2014年史上最强环保法出台后，环保监管工作在中国越来越严格。2015~2017年，尤其是2016年1月4日中央环保督查组正式亮相后，我国的印染行业经历着史上最强的一次整顿以及行业整合。2016年春节后，绍兴将近100多家印染企业停产整顿一事在整个印染甚至纺织行业内引起了广泛关注。印染是白坯布到成品布之间不可缺少的一个环节，但由于大量印染厂被停车整顿，导致了下游服装企业在选择面料的时候面临巨大的挑战。自此，本来已经沉默的原液着色黏胶纤维又开始焕发青春。

原液着色黏胶纤维主要是在纺前加入着色剂给黏胶纤维上色。目前生产工艺较为成熟的是印度博拉公司，其彩虹纤维系列有色黏胶纤维已经研发了将近1000种颜色，其研发的颜色种类可谓业内最全，而且因为其色差小几乎被业内公认为标准色卡。

国内有色黏胶纤维生产巨头主要为三友化纤，其有色黏胶纤维不仅仅实现量产，更主要的是已经开发出高湿模量的着色黏胶纤维，并且形成量产。目前国内的有色黏胶纤维主要以黑色系为主，多数企业均掌握着生产技术，按色浆以及工艺控制不同，目前业内的黑色黏胶纤维主要分为两类：一种是黑色发红光，另一种是黑色发青光（藏青）。

（四）阻燃黏胶纤维

阻燃黏胶纤维生产工艺主要是在纺前加入阻燃的纳米级粉剂或溶剂生产的永久功能黏胶纤维。因为其具有黏胶纤维的吸湿性、透气性，良好的染色性能、衣着舒适性和可生物降解等特点，被广泛应用于服装面料，如部队作战服、装饰面料及床上用品。目前美国有相关法案规定，其床上用品、酒店地毯、窗帘等纺织品必须用阻燃纤维系列产品，以防止大面积火灾发生。而从出口数据看，目前我国的阻燃纤维主要出口国也为美国。但随着近年世界各国大型火灾发生率上升，预计在不久的将来，包括中国在内，多数国家或者组织将效仿美国出台相关的预防火灾方案，届时阻燃黏胶纤维的用量将进一步增加。目前业内能够量产阻燃黏胶纤维的企业有三友化工、山东海龙、阜宁澳洋科技等。

（五）其他差别化黏胶纤维评述

近年来，人们对于衣着的需求不再是简单地解决保暖问题，随着科技的发展，一些新材料也逐步被开发出来。由山东圣泉与青岛大学合作开发的石墨烯黏胶复合纤维正是在这一背景下的产物。其生产工艺主要是将石墨烯和黏胶纺丝液共混后制备出石墨烯黏胶复合纤维，其性能主要具有有益的机械、阻燃、防紫外线等功能，由于其提升了黏胶纤维的附加值，其市场前景较为可观，但目前由于技术原因未能实现量产。

相变保温黏胶纤维则是在纺前将微胶囊技术开发的具有储热、放热双向温度调节功能的材料与黏胶纺丝原液共混生产的黏胶纤维。这种纤维将服装从传统的被动式防御保暖方式转变成主动的变热调温方式，其在军用纺织品、服装纺织品、家用纺织品、医用纺织品领域均具备较广阔的市场前景。

此外，通过微胶囊技术开发的差别化黏胶纤维产品还有：芦荟黏胶纤维、珍珠黏胶纤维，具备美容美白效果；板蓝根黏胶纤维，具备保健效果。但由于技术原因，这些纤维仅仅停留在概念型纤维上，没有被量产。故不做具体评述。

三、未来展望

综上所述，差别化黏胶纤维如Lyocell纤维、高湿模量黏胶纤维、高白黏胶纤维、有色黏胶纤维、阻燃黏胶纤维等均达到了量产阶段，如果下游市场需求被打开，那么黏胶短纤的差别化率将会有较大的提高。而停留在概念型的差别化黏胶纤维，则会随着人们对于服装的功能性需求，在不久的将来因为技术的进步以及市场的需要从小众的实验室产品逐步走向量产。

第二十四章　黏胶短纤期货上市可行性研究探讨

2008年全球金融危机爆发之后，为了应对金融危机爆发后宏观经济的低迷走势，中国央行启动了4万亿救市计划，随后在2009～2012年，黏胶短纤经历了一轮大起大落的行情走势。在这轮行情中，黏胶短纤由11000元/吨暴涨至32500元/吨，随后又回落至20000元/吨之下。同样也在这一轮行情波动中，黏胶短纤以“黏住你”的代称与“蒜你狠”“姜你军”“豆你玩”等价格波动较大的产品第一次出现在行业从业者的口中。为了应对黏胶短纤的暴涨暴跌，当时在国家政策允许的情况下，柯桥轻纺城曾经推出过一段时间的黏胶短纤电子盘交易，但因为电子盘交易缺乏实物交割程序，最终不能实现中短期黏胶短纤的价格发现功能，从而退出历史舞台。但是，黏胶短纤作为“金融标的物”的身份却得到了行业从业者的认可，由此开启了业内摸索黏胶短纤期货交易的开端。

2017年开始，黏胶短纤进入新一轮的产能扩张周期，通过计算，本轮扩张周期中，2020年我国黏胶短纤产能有望达到500万吨/年以上，如果以近五年的黏胶短纤均价15100元/吨计算，届时黏胶短纤产业总市值将达到755亿元。该产业体量与现行的部分期货品种相比，来得更大，黏胶短纤产业具备大宗商品期货上市的体量基础。目前距离2020年仅剩下不到2年的时间，此时提出黏胶短纤期货上市可行性研究探讨正当其时。

一、期货基本概念及理论

我国期货市场的发展可分为三个阶段：理论准备与试办时期（1987～1993年），清理整顿时期（1993～2000年），规范发展时期（2000年至今）。1993～1998年，我国期货市场处于初期发展的草莽市场阶段，当时的期货市场发展非常混乱，先后上市的品种多达几十种，申请成立的商品交易所多达十几家，彼此之间恶性竞争严重。1998年国务院发文整顿我国期货市场，最终保留郑州、大连、上海三家交易所。从此时开始，三家交易所中，上海期货交易所品种以金属钢材、能源化工为主；大连、郑州两个期货交易所以农产品以及传统工业品为主。至2017年底，我国的期货期权品种已经扩容至56个。2018年3月，原油期货也在上海期货交易所旗下子公司挂牌上市。目前57个期货期权品种中与纺织品相关的品种有PTA、棉花、棉纱等商品期货，这些商品期货均在郑州交易所上市，其中棉纱商品期货上市时间为

2017年8月。

期货与现货相对，期货现期交易对象是标的物的合约，在将来某个特定的时间进行实物交割。有标的物的种类可以将期货分为两类，一类是商品类期货，另一类是金融类期货。商品期货的标的物是某种具体的实物，交易的是标的物的标准化合约，合约规定了买卖双方约定好的价格，交易日到来时，对一定数量、品质的实物进行交割，比如螺纹钢、棉花、PTA等。金融类期货的标的物可以是金融工具或者金融指标，比如外汇、国债、股票等。这类期货金融指标作为一种合约标的物，在指定交易场所内通过公开透明的价格，以约定的价格买入或者卖出一定数量的金融商品，并承诺在未来特定时间内完成交割，比如股指期货等。

（一）期货合约

期货合约是由交易所制定的，约束在未来某个时间、地点，对一定数量、质量的商品进行交割的合约，其最主要的特点是标准化。期货交易建立在远期交易的基础上，可看作是远期交易合约的标准化，在远期交易合约中，商品的价格、数量、等级、交货时间地点等是买卖双方根据当时自身情况协商达成的，而不具备普遍性，导致其合约转让困难，出现突发状况，致使一方毁约时，这种远期交易合约便会给另一方带来巨大的风险。

在实际交易中，标准化的合约保证了交易的进行，而所有标准化的合约都由交易所制订并具有便利性和杠杆性，其要求在规定的时间、地点交割合约指定数量和品质的标的物，相比远期合同，期货合约的标准性、强制性、有效性等特征使其流通性大大加强，同时为投机者参与期货投机奠定了基础。

目前，纺织品原料期货主要有PTA、棉花、棉纱三种期货合约。比如棉花期货，合约规定了棉花的数量、品质、价格、交割时间、交割地点和价格最大波动幅度等问题。

（二）期货市场功能

期货市场的主要功能有两个：价格发现功能和套期保值功能。价格发现功能是指，期货市场中合约买卖双方在运行机制的作用下，形成的真实性、连续性、未来性的价格过程，价格发现功能以期货市场中信息的充分流动为基础，能对未来一段时间内商品现货的价格进行预测。纺织品期货市场的价格发现功能有助于指导纺织行业的各个企业合理调节生产，并增强了其生产的预见性。套期保值功能是指，由于产品现货中存在价格波动、宏观政策调控、违约等市场风险，生产者和贸易商为保护自己的权益、防范风险发生、降低利润损失而产生了避险需求，这种避险需求可以在期货市场中得到满足，套期保值是利用两个市场价格变动的联动性，在两个市场中进行方向相反的操作，以实现用一个市场的获利来弥补另一个市场的亏损的目的。

（三）期货新品种上市的制度管控

我国期货新品种上市机制采用审批制，需要期货交易所对期货新品种上市交易提出方案，经过与证监会的商议和研究，在达成共识后由证监会向相关部委发出报告并征询意见，各部委研究通过后证监会正式进行审批，审批通过后此产品才能在指定的期货交易所上市交易。此模式耗时、效率低下，严重制约了我国期货市场开发新品种上市交易的能力，但某种意义上审批制降低了投资者的承受风险以及商品被投机过度的可能性。

（四）期货新品种上市交易应具备的条件

期货市场是由现货市场发展而来，但并非所有商品都适合作为期货，适合作为期货新品种上市交易的产品应具有以下特点。

（1）易于储藏及运输。由于期货合约规定在合约到期时，按照合约所规定的内容进行实物交割，从合约生成到实物交割的这段时间里标的物储存在交易所指定的交割仓库中，往往交割仓库与商品产地不在同一地区，为了保障期货标的物的品质及交易日实物交割的顺利进行，并有效降低储藏成本，故要求商品期货新品种具有易于储藏及运输的性质。

（2）易于标准化。期货市场中所交易的合约都是标准化的合约，与远期合同相比，标准化的期货合约具有更强的流通性，方便转手。标准化的期货合约是期货交易可以顺利进行的基础，标准化的期货合约由期货市场统一制定，规定在未来的某一特定时间、特定地点来交割一定数量和规范品质的标的物的合约。期货新品种需要具有易于标准化的性质，它确保了标的物的同质性，只有易于标准化的商品的合约才能保证交易日来临时实物的顺利交割，并能有效地保护交易双方的合法权益。

（3）价格的波动性。当一种商品的价格频繁波动时，市场参与主体（包括生产商、加工商、销售商和出口商）为了分担该商品价格波动所带来的利润损失的风险，会选择通过期货市场的套期保值的方式来保护自己的权益，从而增加了该商品成为期货新品种上市交易的可能性。同时，可以借助期货市场的监管制度来规范和管理该商品的投机行为，一定程度上减少了恶意投机的行为。

（4）产品的金融属性。产品的金融属性表现为产品与期货市场、货币市场、外汇市场相结合组成复合金融体系，导致产品市场的运行受金融市场及金融衍生市场的影响日益加深，原有的价格形成机制受到了巨大冲击。2010年后，纺织原料的金融属性逐渐深化，纺织原料由单纯消费属性向资本化发展的属性多元化转变中，纺织原料期货市场和地方电子盘交易的杠杆作用对纺织原料价格的影响日益显著，在大宗纺织品的供给关系没有受到显著冲击时，大宗纺织品金融属性的日益增强成为价格波动的主要原因。

（5）较大的现货市场。首先，现货市场是期货市场得以发展和完善的基础，较大的现货市场的支持是一种产品能够成为期货品种的重要因素，所以该产品的产量和市场需求量的大小将决定其是否适合作为期货品种进行上市交易。其次，随着2050年我国将成为经贸强国的目标被提出，相关产业人士或者机构已经开始主张将一些国际竞争力强的商品作为期货新品种进行上市交易，提出这种观点的原因是由于商品国际贸易中，期货价格对商品的定价有较强的影响力。最后，该产品的产业链越长，该产品价格波动时，处在同一条产业链上的厂商为了分担该商品价格波动所带来的利润损失的风险，会选择通过期货市场的套期保值的方式来保护自己的权益，从而推动了该产品期货的发展。

（6）成熟的期货市场。稳定的、成熟的期货市场是期货新品种上市交易、到期顺利交割的基本保障，成熟稳定的期货市场能保证其价格发现和套期保值功能的高效发挥。在成熟的期货市场中，完善的监管机制能有效防止过度投机行为的发生。同时，期货新品种的上市，能够丰富现有的交易品种，优化期货产品的结构，有助于我国商品期货市场的健康发展。

二、黏胶短纤期货上市的现货条件

（一）黏胶短纤生产状况

2017年世界黏胶短纤产能 588 万吨，中国产能 405 万吨，占世界产能的 69%；中国黏胶短纤产量在 359万吨附近，占世界产量的 72%。根据2017年底黏胶短纤行业在建项目及新建项目的申请情况看，江苏盐城可能出现一个业内“巨无霸”项目，如果该项目得以批复，至2025年附近，我国黏胶短纤产能将可能超过1050万吨，届时我国将会成为名副其实的黏胶短纤产业大国。

关于黏胶短纤生产状况以及下游的生产现状，在新媒体“老季时间”栏目中，已经提及不少，具体的黏胶短纤产业链现状以及未来分析可以参考《新旧产能交替中的黏胶短纤产业形势分析——2017～2019年黏胶短纤市场回顾与展望》《中国黏胶短纤产业安全现状及应对策略》等文章。

（二）黏胶短纤价格波动

在现货操作中，黏胶短纤价格波动较为频繁，关于黏胶短纤价格波动的具体情况，可以参考“老季时间”栏目中的相关文章。这里仅对黏胶短纤价格波动情况做如下总结。

（1）黏胶短纤价格波动趋势明显，上涨、下跌、平稳震荡三种模式均呈现大型趋势性走势。

（2）各个大趋势走势中，存在一定程度的上涨、下跌、平稳震荡三种模式嵌套走势的小趋势。这主要受制于宏观政策、货币政策、黏胶短纤及下游纱线出口贸易状况等因素。

（3）黏胶短纤价格波动三种模式在风格转换的时候有一定的规律可循。故黏胶短纤价格波动特性具备现有工业品或者棉花等纺织原料期货价格波动的区间特性。

（三）黏胶短纤的金融属性

工业商品的金融属性表现为工业商品与期货市场、货币市场、外汇市场相结合组成复合金融体系，从而导致工业商品市场的运行受金融市场及金融衍生市场的影响日益加深，原有的工业商品价格形成机制受到了巨大冲击。

2012年大跌行情之后，为了应对黏胶短纤价格暴涨暴跌给整个行业造成的货值损失，黏胶短纤行业的贸易商开始尝试推出“融资型贸易”模式。这种交易模式解决了黏胶短纤因为市场低迷造成的库存积压，也解决了下游纱厂资金紧张不想拿货的现象，从而被黏胶短纤工厂与纱厂接受。其实这种“融资型贸易”模式，就是一种变相的期货交易模式。比如一个纱厂看到黏胶短纤价格会在未来的两到三个月出现连续价格上涨，但是受制于仓库不大以及资金实力有限，就不能进行囤货操作。但是通过“融资型贸易”模式就可以将这种涨价预期变成盈利。其可以找到提供“融资型贸易”服务的机构或者贸易公司，给贸易公司一定额度的押金，可以拿到其想要的货物数量。而提供“融资型贸易”的贸易公司在接到客户的定金后，会全款从黏胶短纤工厂手中买下纱厂所需要的黏胶短纤数量。最终在预期进行兑现时，黏胶短纤工厂拥有充足的现金流，纱厂兑现了自己的看涨预期，而提供“融资型贸易”的贸易公司则拿到了提供资金所产生的资金利息，如果贸易公司自己还参与一部分交易的情况，贸易公司也会获得由看涨预期兑现所产生的额外收益。

这种操作在没有期货的情况下，行业从业者利用有限的资源以及资金对黏胶短纤进行“类期货”的操作，是黏胶短纤本身金融属性的体现。如果黏胶短纤不具备与期货市场、货币市场、外汇市场组合成复杂的金融系统的条件，那么就不会出现“融资型贸易”这一贸易形式。而现实操作中，已经出现“融资型贸易”这一贸易模式，并且被纺织产业供应链从业公司作为供应链中必须出现的品种之一，则是黏胶短纤的金融属性被市场从业者发现并且被应用兑现的最好体现。某种程度上，黏胶短纤期货已经拥有了较好的群众基础。

（四）黏胶短纤标准化及储运性质

黏胶短纤作为重要的纺织原料之一，国家质量监督检验检疫总局与国家标准化管理委员会特别为其制定了国家标准，现行使用的国标GB/T 14463—2008，标准名为《黏胶短纤维》。该标准于2008年8月发布，2009年6月实施。由于2010年后，尤其是2013年后黏胶短纤行业的生产设备及生产工艺优化后，目前大型黏胶短纤工厂生产的黏胶短纤质量均高于国家标准。如果黏胶短纤期货决定上市，笔者觉得有必要对该国标进行一次系统性修订，以减少黏胶短纤期货上市后，在交割程序中发生因质量达不到客户要求而引发的质量纠纷问题。这种质量纠纷主要来源于，目前的黏胶短纤工厂出厂的黏胶短纤质量均高于国家标准，容易发生交割商品的质量达到国家标准，但达不到客户使用标准的现象。

在储存方面，黏胶短纤一般在一年内进行使用，基本不会发生因为黏胶短纤放置时间过长而引发质量降等，但超过一年以上，需要考虑因为存放时间过长引发的质量降等因素。所以，黏胶短纤具备目前主流商品期货的储放要求。

在运输方面，黏胶短纤现行的现货交割发货方式有汽运、铁路运输、水运等三种方式。同时有实力的黏胶短纤企业，在福建、浙江等黏胶短纤产量较少但需求量大的省份，均设有仓库以及办事处，基本保证了交割过程中发货的及时性以及便利性。

（五）小结

根据上述黏胶短纤生产现状以及2025年附近产能突破1050万吨的形势看，黏胶短纤具备大宗商品期货上市的交易量的基础，而从黏胶短纤现货销售贸易看，其已经开始不自觉地使用了期货模式在进行销售。通过比对大宗商品期货上市条件，最终除了国标需要进行修订外，其余各方面指标均符合大宗商品期货上市条件。通过观察发现，近年来政府对于一些标准不一的部分农产品以及工业品均放开了上市条件，所以，在目前国标较低的情况下，黏胶短纤期货上市也不是没有可能性，但在未来的几年内，如果国家标准委员会对黏胶短纤维标准进行修订，则基本可以保证其上市的可能性。

三、黏胶短纤期货交易合约设计

在实际交易中，标准化的合约保证了交易的进行，而所有标准化的合约都由交易所制定并具有便利性和杠杆性，其要求在规定的时间、地点交割合约指定数量和品质的标的物，相比远期合同，标准性、强制性、有效性等特征使其流通性大大加强，同时为投机者参与期货投机奠定了基础。

表24-1所示为期货合约主要条款及含义。

表24-1 期货合约主要条款及含义

主要条款	含义
合约名称	品种名称及上市交易所
交易单位	每张（手）合约代表的商品数量
报价单位	商品的货币计量单位
最小变动价格	单位商品货币价格的最小变动数值
每日价格最大波动限制	一个交易日内期货合约价格波动的最大幅度，机涨跌停板
合约交割月份	期货合约到期交割的月份，通常用交割月份对不同交割期限的合约进行标识
交易时间	期货合约可在交易所进行交易的时间
最后交易日	期货合约到期交割前进行交易的最后一个交易日
交割日期	合约交割月份中进行商品交割的具体日期
交割等级	期货交易所统一规定的可用于交割的商品质量等级
交割地点	期货交易所统一规定的进行交割的指定交割仓库
交易保证金	期货交易所按合约价值的一定比例对买卖双方收取的保证金
交易手续	期货交易所按一定方式对买卖双方收取的交易费用
交割方式	实物交割或现金交割
交易代码	期货交易所指定的期货品种标识
上市交易所	合约上市交易的交易所名称

在设计黏胶短纤期货交易单位时，需要以现实交易为基础，同时要考虑黏胶短纤期货上市后的交易量，交易单位的大小应与交易需求量相适应。应综合考虑黏胶短纤现货市场的规模、交易者的资金规模、交易的灵活性等因素，当交易单位设置过大时，由于中小企业无力承担，或买入合约后大大减小了其资金的周转性，使其参与的积极性下降，最终导致黏胶短纤合约成交量下降，不利于黏胶短纤期货的健康发展。若交易单位设置过小，对合约需求量较多的大型企业来说，则会增加投资者的交易次数，从而增加了成本。

投资者在保证金账户中的资金称为保证金，按照相关规定，期货主体在参与交易过程中必须向交易所缴纳所持合约价值一定比例的金额。交易保证金的比例根据期货品种的不同而有所差异，一般为期货合约的5%～10%。由于黏胶短纤投机性较强，故考虑提高其交易保证金，防止其投机炒作过热。

黏胶短纤交割等级，可以参照国家质量监督检验检疫总局与国家标准化管理委员会制定的GB/T 14463—2008《黏胶短纤维》中的1.67dtex×38mm一等品为标准。当然，因为现货操作中，多数黏胶短纤工厂出厂的黏胶短纤维均高于此标准，实际操作中，可以将该标准作为裁决黏胶短纤维质量的参考指标，依据实际产品的质量对交割价格进行50～100元/吨的等级补偿。

交割月份是指由期货交易所统一规定的，期货合约到期后需进行实物交割的月份。合约交割月的确定与该商品生产、消费、加工、流通、储藏等因素有关，同时也受到环境等因素的影响，因此不同品种的期货产品的交割月份不尽相同。黏胶短纤因为是连续性生产的工业化品种，故可以参照现货体系进行每月交割。但考虑到期货交割量需要由交易所纳入的厂家进行提供，故为了减轻黏胶短纤生产企业压力，进行逢双月交割设计，即2月、4月、6月、8月、10月、12月交割。当然，如果日后黏胶短纤在某个节点超出500万吨/年的产能后，可以更改为逐月交割。交割仓库是由期货交易所统一指定的，保证一定时间内期货商品的数量、品质得以维持，保障合约双方的利益得以顺利实现。所以，在设计交割仓库时，选用了棉纱的交割仓库方式，即期转现交割、仓库交割、厂库交割、厂库非标准仓单交割。具体的仓库交割方式可以查询现行的棉纱期货交割方式部分。

结合黏胶短纤的现货操作特性，以及对现有纺织原料大宗商品期货上市的情况看，建议黏胶短纤期货上市交易所放在郑州商品交易所。因为棉花、棉纱等纺织原料期货均在郑州商品交易所上市，其拥有多年的纺织原料期货上市操作经验，可以为黏胶短纤期货上市进行前期的行业辅导，以保证其顺利上市。

表24-2所示为黏胶短纤期货标准化合约设计。

表24-2　黏胶短纤期货标准化合约设计

合约名称	黏胶短纤维1.67dtex × 38mm期货合约
交易单位	10 吨/手
报价单位	元（人民币）/吨
每日价格最大波动限制	不超过上一交易日结算价的 3%
合约交割月份	2月、4月、6月、8月、10月、12月
交易时间	上午9：00–11：30；下午1：30–3：00
最后交易日	合约交割月份的倒数第七个交易日
交割日期	合约交割月份的第一个交易日至最后交易日
交割等级	标准交割品：符合 GB/T 14463—2008
交割地点	交易所指定交割仓库
交易保证金	合约价值的 10%
交易手续	2元/手
交割方式	实物交割
交易代码	VSF
上市交易所	郑州商品交易所

四、结论及建议

（一）结论

2018年3月，银监会与保监会合并为银保监会后，证监会被保留下来构成了现行的“一行两会”格局，这标志着证监会在未来的工作中任重道远；也意味着中央对扩大直接融资寄予厚望，证券市场将在未来中国经济中发挥更重要的作用。

期货作为证券市场中的一个重要市场，在未来的社会生产中，在保留其发现价格与套期保值两个功能的基础上，可能还会增加“维稳现货市场价格”的功能。“维稳现货市场价格”的功能主要建立在目前期货两个基本功能基础上，让大家对商品市场价格走势出现一种合理的心理预期，最终在价格变化的时候坦然接受物价涨跌的变动，以达到市场不再因为价格涨跌而产生心理焦虑，实现现货市场价格维稳。

黏胶短纤近年来的价格走势虽然为业内从业者接受，但是在价格涨跌的过程中，黏胶短纤生产企业、上游溶解浆生产企业、下游纺纱企业或者坯布甚至服装企业等市场各方参与者均产生了心理焦虑，而由于心理焦虑会带来市场恐慌。这种心理焦虑与市场恐慌在现货交易价格上表现为变化速度与幅度较大，最终体现在整个产业链产值出现扩张或者萎缩。本章提出黏胶短纤期货上市设想，其根本目的在于想通过期货的价格发现与套期保值两大功能实现“维稳现货市场价格”功能，最终让我国黏胶短纤产业安全中的金融安全有所保障，实现我国黏胶短纤在产能扩张周期中的大国向强国转变。

（二）建议

根据上市研究结论，结合我国黏胶短纤现货操作现状，为提高黏胶短纤期货上市可行性特提出如下建议。

（1）黏胶短纤行业内的大型企业加速与国家质量监督检验检疫总局与国家标准化管理委员会联系修订GB/T 14463—2008《黏胶短纤维》标准，让标准跟得上黏胶短纤实际产品的一等品指标。

（2）工信部严格执行《黏胶纤维行业规范条件（2017版）》和《黏胶纤维行业规范条件公告管理暂行办法》，通过政策加市场双重压力，加速黏胶短纤行业的产业升级及产品的结构化调整，以确保黏胶短纤工厂出来的黏胶短纤产品质量尽量均一，为黏胶短纤期货上市提供标准标的货源。

（3）化纤行业协会及相关产业委员会与证监会进行沟通，为黏胶短纤期货上市提供政策性指导及咨询服务。必要的时候可以开展研讨班或者培训班，让黏胶短纤企业了解到一旦黏胶短纤期货上市，给其带来的有利及有害因素。

（4）从产业安全中的金融安全角度看，黏胶短纤期货越早上市，对于整个行业做强越有利。因为目前一些电子盘并没有全部禁止，一旦电子盘再次出现黏胶短纤作为标的物，如果电子盘设计思路及市场影响较正面还好，一旦出现2014～2016年期间的一些电子盘违约，则会打消业内对于黏胶短纤期货上市的热情，并且对其会产生恐惧感。故在目前业内对黏胶短纤期货上市热情度还较高的情况下，相关部门包括郑交所宜及早研究黏胶短纤期货上市事宜。

第二十五章　中美贸易战对中国溶解浆与黏胶短纤产业安全再评估

中美贸易摩擦在历史上曾经出现过3次，第一次在20世纪90年代，在1990年美国就将中国升级列为“重点观察国家名单”，并分别在1991年4月、1994年6月以及1996年4月三次使用特别301条款对中国知识产权实施特别301调查（分别历时9个月、8个月、2个月），最终通过谈判分别达成了三个知识产权协议。第二次在2009～2012年，美国对原产于中国的轮胎、风力发电产业、光伏电池产业以及其他高端制造业进行反倾销。第三次，也就是2018年1月起至今仍在发酵的“中美贸易战”。

2018年的中美贸易摩擦升级为中美贸易战的过程，可谓一波三折。从2018年1月的双方开始磋商进出口贸易业务开始，逐步引起中美贸易摩擦升级；之后又进入双方寻求和解阶段。到2018年6月15日，美方宣布对从中国进口的1102种产品总额500亿美元商品征收25%关税；同天，中国国务院关税税则委员会决定对原产于美国的659项约500亿美元进口商品加征25%的关税，此时标志着中美贸易摩擦进入到双方强硬试探阶段。

7月6日，美国针对340亿美元中国商品的关税开征，中方随后发表相关声明，并开出对等的加税措施，中美贸易战正式打响第一枪。

中美贸易战核心逻辑点在于随着中国基础经济的发展，中国对经济增长质量提出更高的诉求，政府将《中国制造2025规划》提上日程，并付诸实际行动；而美国因为从1990年以后，实体经济存量减少，一直至2016年特朗普上台后，提出美国制造，美国也需要发展实体经济，创造更多的就业机会，以解决美国经济发展的瓶颈问题。而两者之间本身有一个很好的交汇点，就是《中国制造2025规划》涉及的智能制造项目。但由于两国的文化不同，两国政府间的执政理念不同，最终将本来可以通力合作就可以攻克的一些高科技项目，逐步演变成现在的中美贸易战，从此点看，中美贸易战美国表现出来的思维模式与当年“美苏争霸”时的冷战思维如出一辙。

黏胶短纤作为纺织品重要纤维原料之一，在2018年上半年，随着中美贸易战发酵过程中的每一个节拍进行价格上的波动，但纵观2018年上半年，黏胶短纤产业在价格波动中，已经表露出一些不安全因素，最明显的一点莫过于2018年第二季度，整个产业出现了1000～1400

元/吨的亏损。这种亏损，主要来源于黏胶短纤产业安全里面的原材料溶解浆采购策略安全以及黏胶短纤销售策略安全两个方面。笔者在中美贸易摩擦前曾经对溶解浆与黏胶短纤产业安全现状做过专题分析，但2018年中美贸易战正式打响后，形势已经有了新的变化，故本文针对这一变化对溶解浆与黏胶短纤产业安全进行再评估。

一、中国溶解浆产业安全现状

1. 当前全球溶解浆产能分布情况

2018年至今，全球溶解浆产能基本与2017年保持平衡，约845万吨。全球溶解浆主要生产地区为美洲、非洲、欧洲、亚洲。其中美洲占比44%，非洲占比13%，欧洲占比15%，亚洲占比28%，由此可见，美洲与亚洲两地合计占全球溶解浆产能的72%，全球溶解浆产能分布相对集中在这两个地区。将四大主产地细化后，其分布比例为：美洲部分，美国占比24%；加拿大占比11%；巴西占比9%。非洲主要是南非，占比13%。欧洲以挪威、瑞典、捷克、芬兰、法国、奥地利等国家为主，占比15% 。亚洲部分，印度尼西亚、印度占比8%；日本、泰国占比5%，中国占比15%。从细化角度看，美国、中国、欧洲为主要溶解浆生产基地，中国是继美国之后的第二大溶解浆生产国。溶解浆具体产能分布详见图25-1。

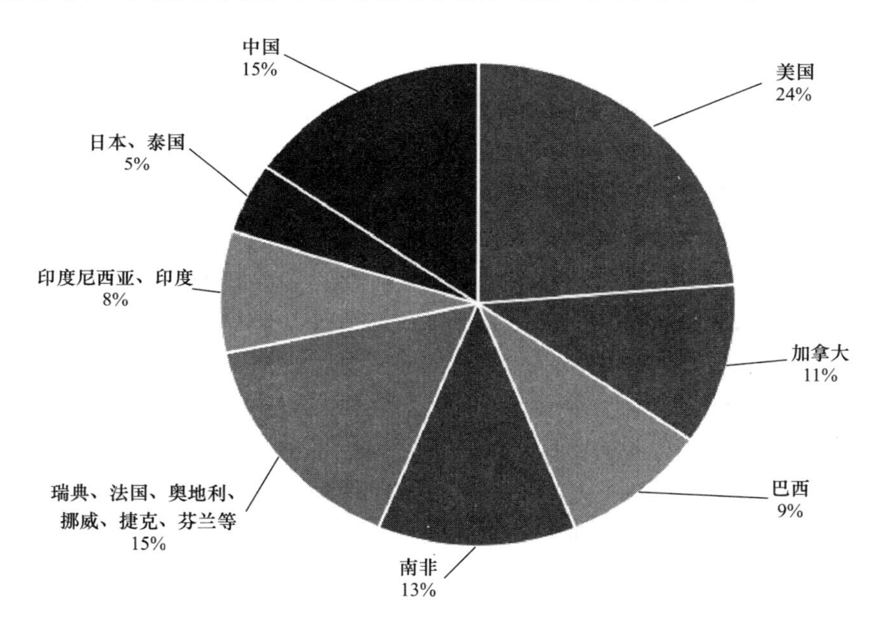

图25-1 2017年全球溶解浆分布情况

2. 全球溶解浆生产成本

溶解浆的成本的主要构成如下。原材料：木片；辅材：化工料；能源：水、电；人工及财务费用五大部分组成。从原材料看，中国从20世纪末开始实施退耕还林等生态环保制度，伐木成本相对高昂，多数溶解浆企业目前所用的木材均从国外进口，获取木片资源成本相比其他国家相对高昂。人工方面，美国、欧洲、中国人工及财务费用较高，巴西、南非两国相对低廉。故木片与人工成本是拉开全球溶解浆生产成本的主要因素。2017年全球溶解浆主要产区成本估算见表25-1。

表25-1　2017年全球溶解浆主要产区成本估算

溶解浆产区	产能（万吨/年）	生产成本（美元/吨）
巴西	78.5	480
南非	105	530
美国	200	550
欧洲	130	610
中国	130	850

从表25-1可以看出，巴西、南非、美国等国家的溶解浆成本处于较低水平，其生产均价在550美元/吨以下。中国的溶解浆成本是全球最高，主要是因为中国的木片资源有限，造成了中国的溶解浆生产成本在850美元/吨附近。

3. 2018年中国溶解浆产业安全动态

（1）溶解浆进口情况变化。2013～2017年国内浆粕供应情况见表25-2。

表25-2　2013～2017年国内浆粕供应情况

年份	2013年	2014年	2015年	2016年	2017年
棉浆生产量（万吨）	75	67	58	46	35
国内木溶解浆生产量（万吨）	80	60	55	98	105
竹浆和改性浆生产量（万吨）	6	8	9	55	40
木溶解浆进口量（万吨）	180	209	225	225	262
进口木溶解浆占总用量比例（%）	52.79	60.76	64.84	53.07	59.28

从2013～2017年国内浆粕供应情况看，2013年起，我国的棉浆用量呈现逐年降低的格局，2017年与2013年相比，棉浆的使用量降幅达53.33%；根据表25-2数据显示，减少的棉浆使用量主要被木溶解浆以及竹浆与改性浆所替代。

2017年中国黏胶纤维产量为391万吨，消耗溶解浆约394万吨。而2017年全球溶解浆产量约为620万吨，即中国黏胶纤维消耗溶解浆量占全年全球产量的63.57%，如果加上中国的纤维醚以及醋酸纤维使用量，该数据为71.29%。这标志着中国是全球最大的溶解浆使用国。

2017年中国溶解浆产能约为130万吨/年，国内的溶解浆生产量仅有105万吨，除去国内的改性浆、棉浆等作为自己生产的补充外，仍有262万吨的进口量（含黏胶纤维、莱赛尔、醋酸纤维、纤维素醚等用浆），2017年进口量占全年使用量比例为59.28%。

由于2018年4月起，中国海关数据因技术性问题，不再进行分类更新，所以第二季度的溶解浆进口数据没有官方渠道来源。但2018年1～3月的进口溶解浆总量根据海关数据公告总量为65.3万吨，2017年1～3月中国溶解浆进口总量为62.64万吨，基本呈现稳定进口状态。

但中美贸易摩擦不断升级的过程中，中国商务部再次重申“对原产于美国、加拿大、巴西等国家的溶解浆反倾销”，溶解浆进口检验开始变得从严，尤其对原产于涉案国家的溶解浆抽检频次比之前增加许多，表现在实际情景中即溶解浆报关速度明显变慢，到达黏胶短纤工厂的周期变长。

（2）人民币汇率波动对进口溶解浆的影响。

从2018年人民币对美元汇率走势图（图25–2）可以看出，2018年人民币对美元汇率波动的幅度较大，具体表现在，2018年1～2月，我国人民币汇率在两个月不到的时间内由6.5直接变为6.27附近；2018年6月中下旬～7月上旬，两周不到的时间内，人民币汇率由6.35附近直接变为6.7附近。人民币的升值与贬值，直接影响溶解浆进口商结汇时所付的人民币资金，以整个产业每月平均进口18万吨溶解浆为标的，溶解浆每月平均价格在980美元/吨进行计算，在人民币升值过程中，一个月进口溶解浆的量所需要少付的资金：

$$980 \times (6.5-6.27) \times 18=4057.2\text{（万元）}$$

即升值过程中，相当于溶解浆价格没有变动的情况下，因为汇率的急剧升值，整个进口溶解浆产业在升值的区间内，可以一个月少支付4057.2万元人民币。同样，可以计算得出，如果6～7月结汇，整个进口溶解浆产业在人民币贬值区间内，将要多支付6174万元人民币。

当然，上述的这种风险属于整个参与进口溶解浆操作的系统性风险。但在实际进口过程中，外贸层面在订合同的时候针对汇率波动有锁汇的业务，如果进口溶解浆企业能够利用好这一工具，就可以避开这种系统性风险；但如果操作不得当，可能造成的损失比系统性风险更多。

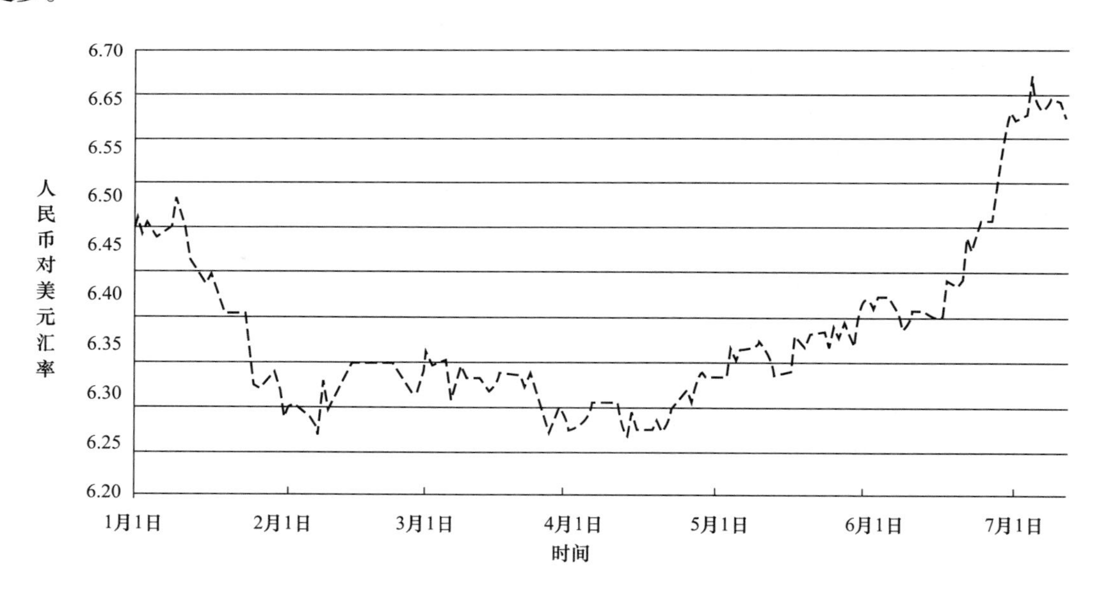

图25–2　2018年人民币对美元汇率走势图

4. 中国溶解浆产业安全评述

从上述数据分析看，中国虽然是溶解浆的最大使用国，但自给能力比较弱，进口量占比过大；同时由于国家劳动法、生态、环保政策等原因，中国溶解浆生产成本远高于其他国家。在WTO公平贸易原则下，中国的溶解浆在国际市场上不具备竞争力优势，也不具备定价优势，更谈不上定价权的问题。虽然中国溶解浆产能已经排名世界第二，但是与美国相比，或者与南非、加拿大、欧洲等国家与地区相比，仍有很多短板需要攻克。中国是溶解浆使用大国，在与下游产业对接过程中，具备地域空间与运输时间优势，同时进口量大，为产业的发展提供了更为开阔的空间。这就需要找出目前中国溶解浆产业安全存在的问题，解决这些问题的过程，就是中国溶解浆发展做强的过程。

针对2018年中美贸易战，黏胶短纤企业在评估溶解浆产业安全时，需要加入进口周期，解决进口周期的问题，只能做出提前订货的动作。但是，人民币汇率波动幅度较大，出现了暴涨暴跌的现象，黏胶短纤需要培养一批优秀的外贸人员与金融产业人员，外贸人员的主要职责在于根据工厂的生产需要，提前做好溶解浆的采购工作；而金融产业人员，主要是培养一批研究汇率波动的从业人员，为外贸人员是否进行锁汇操作提供参考依据，以降低系统性风险带来的损失。

二、中国黏胶短纤产业安全现状

1. 产能产量稳居世界第一

2017年世界黏胶短纤产能588万吨，其中中国产能405万吨，占世界产能的69%。西欧产能主要来自于奥地利兰精公司；印度产能主要来自于博拉公司，其他地区有泰国、印度尼西亚等。2018年世界黏胶短纤产量预计达到500万吨，中国黏胶短纤产量在359万吨附近，占世界产量的72%。从数据看，中国的黏胶短纤产能产量已经稳居世界第一位，这表明中国已经是黏胶短纤生产大国。

2. 产品差别化率正在逐步提高

2009年起，中国纤维素纤维产业开始取得长足发展，比如莱赛尔纤维能够实现单体1.5万吨生产线量化生产；醋酸长丝在某些研究机构与公司进行研发其工艺制作；而黏胶短纤作为纤维素纤维产业里的代表性品种，其产能以30%的年增长率高速发展，多年位居全球产量第一。国内差别化纤维素纤维品种见表25-3。

表25-3 国内差别化纤维素纤维一览表

生产单位	高白纤维	竹纤维	有色纤维	阻燃纤维	莱赛尔纤维	莫代尔纤维
吉林化纤		√	√	√		
唐山三友	√	√	√	√		√
河北吉藁		√				
恒天海龙			√	√		√
银鹰化纤	√	√	√	√		
澳洋科技			√	√		
丝丽雅		√	√			
上海里奥					√	
恒天天鹅					√	
山东英利					√	
中纺院					√	

由表25-3可见，中国多年来追求量的激增外，技术创新正在逐步提升。目前国内纤维素纤维改性方面，主要以高白纤维、竹纤维、有色纤维、阻燃纤维、莱赛尔纤维为主。打破了2010年之前高附加值差别化产品相对匮乏，对差别化、功能化产品需求主要依靠进口的局面。国家也在差别化国创新上给予支持，从竹浆黏胶纤维的开发到国内莱赛尔纤维项目都有相关技术、资金支撑。

长期以来，莱赛尔纤维生产技术一直被国外垄断。但相关数据显示，国内的年需求量有望达到100万吨左右，而目前国内产能只有4.5万吨（量产线含保定天鹅、中纺院绿色纤维股份公司与山东英利实业有限公司），远远不能满足市场需求。为打破国外技术垄断，早在1999年，中纺院便着手自主研发绿色纤维项目，该项目被确定为国家发改委、财政部、科技部的重点支持项目。2009年11月保定天鹅新型纤维制造有限公司成立莱赛尔纤维项目组，与2010年决定引进奥地利ONEA公司莱赛尔纤维生产技术，并于2012年顺利投产。该生产线产能为1.5万吨，标志着我国第一条万吨级莱赛尔纤维生产线顺利运营投产。时至今日，保定天鹅已经将发展目标定为6万吨/年的生产能力。

莱赛尔纤维在中国实现量产，标志着中国已经打破国外莱赛尔纤维技术垄断；也标志着中国再生纤维素纤维的差别化率有了质的提高；也标志着中国由纤维素纤维生产大国开始向纤维素纤维生产强国转变迈出了关键一步。

3. 出口量占产量权重小

中国虽然是黏胶短纤大国，但在世界市场上，中国的黏胶短纤占有率并不是太高。从2014～2017年中国黏胶短纤使用量表观数据看（表25-4），近几年中国黏胶短纤进口量占表观需求量的平均比例在5%附近，出口量占表观需求量的平均比例在9%附近。且根据不同的年份，黏胶短纤出口量还有所起伏。如2015年与2017年，出口比例均比2014年与2016年出现了1%～2%的下降。这说明，中国的黏胶短纤出口均以常规品种为主，当国外出现产能降负的时候，中国黏胶短纤作为他国的备用量有所体现，而国外负荷正常的情况，中国黏胶短纤出口量有所下降。要想打破这种现状，需要黏胶短纤产业内开拓出口渠道，让国外用户形成稳定的使用量；同时还需加大差别化黏胶短纤生产力度，调整产品结构，用差别化产品来占据国外空缺市场。

表25-4　2014～2017年黏胶短纤供需情况

年度	2014 年	2015年	2016年	2017年
产量（万吨）	283	295	336	359
进口量（万吨）	11.5	13.64	18.81	20.58
出口量（万吨）	25.75	21.6	29.99	29.75
表观需求（万吨）	268.75	287.04	316.2	349.82
进口量占比（%）	4.28	4.75	5.95	5.88
出口量占比（%）	9.58	7.53	9.48	8.50

4. 黏胶短纤产业安全现状评述

从上述数据分析看，中国已经是黏胶短纤生产大国，且由于差别化率的提高，以及莱赛尔纤维的量产，标志着中国正在由大国向强国转变。但是，中国黏胶短纤市场价格波动幅度以及速度较大，证明其销售方案上存在一定的问题，缺少在整个黏胶短纤产业链中的话语权；且出口率占表观需求量较低，说明中国在世界黏胶短纤产业中的市场占有率高，缺少国际贸易市场中的话语权。

三、黏胶短纤产业安全中存在的问题

1．原材料溶解浆进口量长期维持在60%以上

纵观2014～2017年中国溶解浆进口情况，2016～2017年虽然比2014～2015年进口比例有所下降，黏胶短纤原料自给率有一定的提高。仔细分析，不难发现 2016～2017年中国黏胶短纤自给率高，主要得益于改性浆以及竹浆的产量有所提高。但是在2017年7月后，中国造纸浆价格开始飞涨，至第四季度后，改性浆基本因为没有合适价格的原料而多数停产；而棉浆在2017年则是由于环保继续从严检查，产量也出现了下滑。由于这两种原料在生产上受制于环保以及原料价格的起伏限制，预计在未来的五年内，这两种的产量将开始逐步降低。故后期随着中国黏胶短纤的扩产项目再投产，中国的黏胶纤维原料仍会保持60%以上的进口率。生产原料靠进口为主，需要提防当年"铁矿石之战"在黏胶纤维领域中上演。

2．化工辅料产销波动直接冲击产业成本

2017年9月，环保检查再次趋严，此次检查的主要对象是各地的化工企业。受此影响，国内多数化工企业进行停产整顿。黏胶短纤产业用烧碱、硫酸等基础化工物资出现了急剧性上涨，直接吞噬黏胶短纤产业的平均利润。2017年9～11月，32%离子膜烧碱平均价格由900元/吨上升至1380元/吨，上涨480元/吨；硫酸价格由50元/吨上升至210元/吨，上涨160元/吨。而由于"2+26"城市"煤改气"项目，致使北方天然气供应在第四季度出现极度紧张。一些地方原先"油改气"的汽车均加不上LNG天然气。天然气供应紧张，价格也迅速上升，直接导致以天然气为主要原料的二硫化碳价格由原先的4500元/吨上升至6000元/吨，上涨1500元/吨，而业内有些公司因为没有稳定的供货源，最终不得不接受7000～7500元/吨的二硫化碳。以上三种化工品价格上涨总和在2140元/吨，折合到黏胶短纤生产上的吨单耗，使得黏胶短纤的生产成本直接增加1500～1700元/吨，直接吞噬黏胶短纤产业的平均利润。

3．黏胶短纤产业心理素质有待提高

2018年属于黏胶短纤产业产能扩张大年，全年约有70万吨的黏胶短纤产能投放。但上半年，新增产能与旧产能的淘汰或者停摆相抵消后，产能与2017年相比，减少5万～10万吨。

从2017年与2018年上半年黏胶短纤开工率对比图（图25-3）可以看出，2017年上半年其产业开工率普遍在85%以上运行，其区间为84%～93%，其中第二季度开工率基本保持在90%以上；2018年上半年，产业开工率基本保持在85%以下，其区间为77%～85%，其中第二季度开工率基本在78%～82%运行。2017年与2018年上半年产业平均开工率分别为：89.69%与81.19%；2018年上半年产业开工率比2017年上半年产业开工率减少8.5%，以此推算2018年上半年产量较2017年上半年减少34.4万吨。

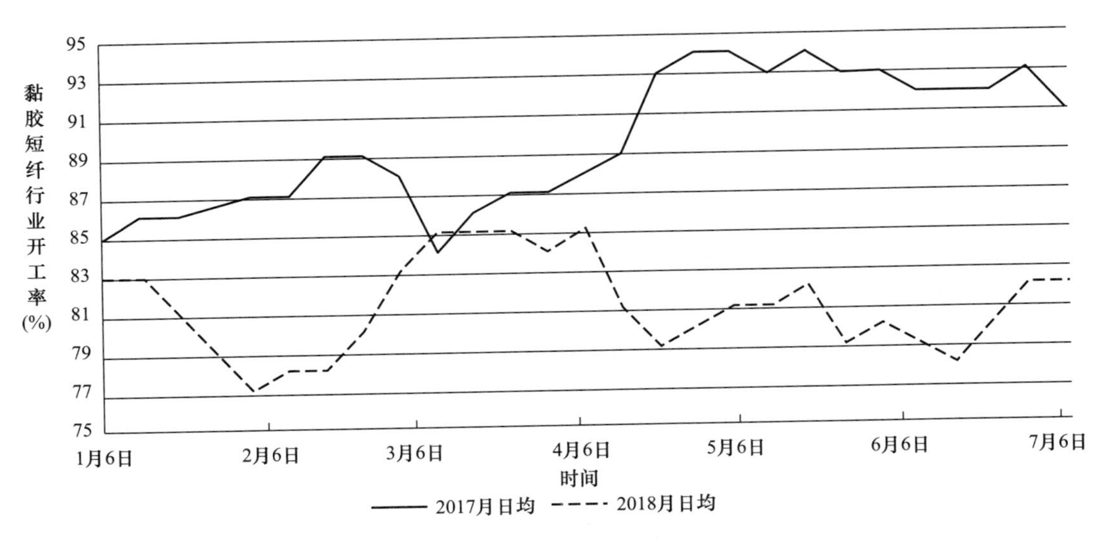

图25-3　2017年与2018年上半年黏胶短纤开工率对比图

但产量的降低，按照供需平衡理论，表现在价格的运行上应该是涨价，但2018年1～6月的黏胶短纤价格运行却呈现“横盘”加深“V”的走势（图25-4），且整个上半年黏胶短纤市场价格在中美贸易战以及产能释放的背景下，总体呈现弱势格局，黏胶短纤工厂与下游纱厂进行谈判时，并没有表现出产量降低，供应量减少，价格应该上涨的底气。笔者将这种现象最终归结于整个黏胶短纤从业者心理素质不强，在销售时体现出的心态为买方心态；而非卖方心态。这种心态的来源，主要是因为黏胶短纤产能扩张大年，供大于求，那么市场价格必跌的心态进行销售，从而使得市场氛围以及市场心理总体偏弱。

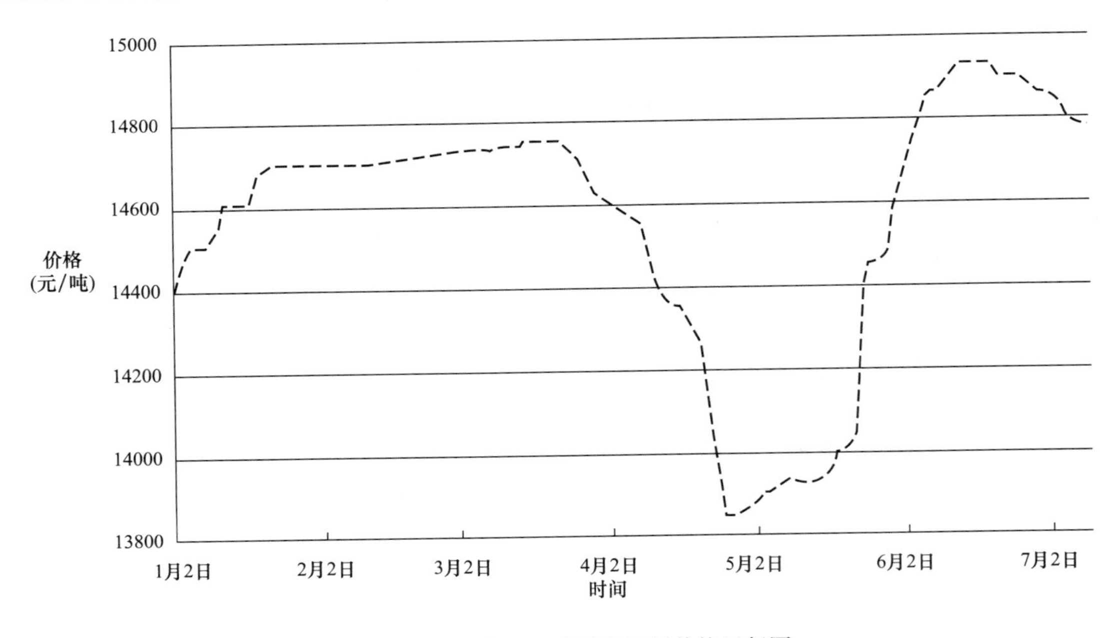

图25-4　2018年1～6月黏胶短纤价格运行图

四、结论与展望

1. 溶解浆及黏胶短纤产业面临的干扰因素

2018～2019年，溶解浆以及黏胶短纤产业面临如下五点干扰因素。

（1）黏胶短纤新产能在下半年完全释放。

（2）中美贸易摩擦升级为中美贸易战。

（3）人民币汇率波动可能延续上半年的幅度较大，且可能加入波动频率较快因素。

（4）溶解浆进口海关监管从严。

（5）黏胶短纤出口至欧美等国家，可能受阻。这些不利因素虽然客观存在，对黏胶短纤产业安全的影响冲击力度较大。

2. 溶解浆及黏胶短纤产业的有利因素

不能只看到上述的不利因素，而放弃了主观上的应对策略。笔者认为，针对上述五点不利因素，需要看到以下几点有利因素。

（1）黏胶短纤新产能虽然在下半年完全释放，但2018年是执行工信部《黏胶纤维产业规范条件（2017版）》首年，按照规范要求，短纤产能达不到8万吨的企业将可能会被关停，也就是说新产能的释放与老产能的淘汰在2018年是同步进行的。

（2）环保政策继续从严，环保达不到要求的黏胶短纤工厂需要停产整顿。

（3）下游纱厂在2018年仍有扩张计划，比如福建某厂今年有80万锭人棉纱新厂投产。

（4）溶解浆进口问题，可以通过阶段性锁汇或者在价格合适的时候适当增加订单来解决。

（5）黏胶短纤产业出口问题，业内人员都知道，黏胶短纤多数情况下是以其下游人棉纱或者人棉布的形式出口，这主要是因为外国能够做到产业链配套的国家较少，所以，直接进口黏胶短纤不如进口人棉纱或者人棉布来得有优势，故黏胶短纤产业链出口环节业内应该更多关注其下游人棉纱或者人棉布的出口情况，而非仅仅关注黏胶短纤的出口情况。

另外，就中美贸易战对于黏胶短纤产业影响分析，其对中国的黏胶产业影响力度有限，这主要因为我国出口到美国的黏胶短纤多为阻燃黏胶短纤，这种短纤维在当今世界上，能够量产的仅有中国。而且受制于中国的环保政策从严，如今生产阻燃黏胶短纤的中国企业少之又少，而因为美国有阻燃黏胶短纤方面的强制立法，不得不用，属于刚需性质，故不管贸易战如何打，对于刚需品影响力度有限。

综上，笔者认为中美贸易战对于黏胶短纤产业安全而言客观上影响力度较小；新产能扩张与旧产能减少在2018年也是同步进行，且下游人棉纱产业也存在一定的扩张，新产能释放对于黏胶短纤产业安全客观上影响力度也较小。目前制约我国溶解浆与黏胶短纤产业安全的因素主要来源于从业者的心理素质以及是否有良好的市场博弈基础，这两点将会成为未来黏胶短纤产业安全的两大重大课题，只有补好这两课，中国的黏胶短纤产业安全系数才会得到提高，整个产业才能继续走强。

第七篇

黏胶短纤市场影响因素分析

第二十六章　厄尔尼诺事件对黏胶短纤市场价格走势的影响分析

一、厄尔尼诺及厄尔尼诺事件定义

厄尔尼诺可分为厄尔尼诺现象和厄尔尼诺事件。厄尔尼诺现象是一个气象学现象。从气象学的角度上讲，它表示在太平洋东岸的秘鲁和厄瓜多尔附近的几千公里的海面温度异常升高的现象。当厄尔尼诺发生时，除了太平洋东岸海面温度普遍升高3～6℃，同时全球气候出现反常。这个状态维持3个月以上，则被认定是真正发生了厄尔尼诺事件。反之，太平洋东岸海面温度普遍降低3～6℃并持续3个月以上，则称作反厄尔尼诺现象，或者称作拉

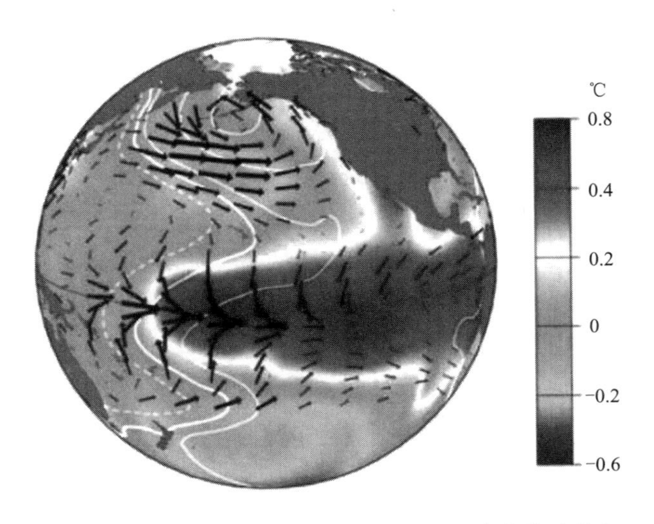

图26–1　典型厄尔尼诺气候发生时海面温度变化及洋流运行模拟图

尼娜现象。图26-1所示为典型厄尔尼诺气候发生时海面温度变化及洋流运行模拟图。

早期的研究已经注意到，厄尔尼诺事件的发生过程包括两类：一类主要在太平洋东部秘鲁沿岸增暖再向西扩展；另一类则主要在赤道中太平洋出现大范围增暖并自西向东扩展。但直到最近几年，科学家们才意识到在厄尔尼诺事件的发展过程中，受海表温度异常分布形态的影响，热带对流加热场的分布特征表现出显著的差异，由此提出应该依据海表温度异常的空间分布形态将厄尔尼诺分为不同分布型来研究其发生机理及气候影响。并将这些主要在赤道中太平洋增暖的厄尔尼诺事件称为中部型厄尔尼诺，而在太平洋东部秘鲁沿岸增暖的厄尔尼诺事件相应被称为典型厄尔尼诺。

厄尔尼诺事件的强弱，权威部门（美国国家海洋和大气管理局，NOAA）主要利用两个指数对其进行观察，这两个指数分别是：

（1）SST指数（热带太平洋海表面温度）。指水温距平3个月滑动平均值连续5个月大于0.5℃，通常意味着厄尔尼诺事件的开始；如果水温距平3个月滑动平均值连续5个月小于-0.5℃，通常意味着拉尼娜事件的开始。

（2）SOI指数（南方涛动指数）。当SOI指数连续低于-8时，通常暗示厄尔尼诺现象的开始；反之，若SOI指数出现持续的正值，意味着拉尼娜现象的开始。

二、厄尔尼诺事件历史回顾

自1980年以来发生的厄尔尼诺事件，以及持续时间、强度和影响，从表26-1中可以看出，厄尔尼诺事件发生周期为 2～7年不等。自1980年以来总共发生了9次厄尔尼诺事件，其中4次强厄尔尼诺事件，3次中等，2次较弱。

厄尔尼诺事件作为一种奇特的大气现象，每次发生的时间也不尽相同，按其开始发生的时间进行以下划分：3～5月发生的为春季型；6～8月发生的为夏季型；9～11月发生的为秋季型。故1982～2009年的9次厄尔尼诺事件中，春季发生的厄尔尼诺事件有5次，分别是1991年、1993年 、1994年、1997年和2002年厄尔尼诺事件，占总数的 55.56%；夏季发生的有2次，分别是2004年和2009年厄尔尼诺事件，占总数的22.22%；发生在秋季的有3次，分别是1982年、1986年以及2006年厄尔尼诺事件， 约占总数的33.33% 。由此可以看出，厄尔尼诺发生的时间以春季为主，夏秋为次。

表26-1　1980年以来9次厄尔尼诺事件

起止时间	持续时间（月）	发生时间	强度	影响
1982.09～1983.03	7	秋季	强	东南亚、巴西中北部、印度、澳大利亚发生最严重的干旱，东南部丛林大火；中国南方和南美各国异常洪水
1986.10～1988.03	18	秋季	强	中印度、东南亚夏季降水减少
1991.05～1992.06*	14	春季	强	东南亚、巴西中北部、澳大利亚降水偏少，中国北方夏天和美国南部次年春天少雨
1994.05～1995.02*	10	春季	中	东南亚前期降水偏少，后期偏多；巴西中北部降水偏少，南部偏多

续表

起止时间	持续时间（月）	发生时间	强度	影响
1997.05 ~ 1998.07	15	春季	最强	巴西中北部、东南亚、中国北方降水偏少，巴西南部、中国南方、阿根廷降水偏多
2002.05 ~ 2003.03*	11	春季	中	期间印度、东南亚、澳大利亚、巴西中北部降雨同期偏少，出现了不同程度的干旱，澳大利亚作物减产严重。中国南方、美国南部、阿根廷、巴西南部降雨同期偏多
2004.07 ~ 2005.02*	8	夏季	弱	东南亚、澳大利亚东部、巴西降水偏少
2006.09 ~ 2007.01*	5	秋季	弱	此次弱厄尔尼诺事件持续时间较短，但对东南亚和澳大利亚影响很大，2006年10 ~ 12月降水同期偏少50% ~ 80%，澳大利亚当年作物严重减产。阿根廷降水偏多
2009.06 ~ 2010.05*	12	夏季	中	马来沙巴、印度尼西亚部分地区、巴西中北部干旱，马来沙捞越、印度尼西亚苏门答腊和加里曼丹、巴西南部、阿根廷、乌拉圭降水偏多

注 “*”表示中部型厄尔尼诺年份。

通过对历次厄尔尼诺事件进行分析整理，绘制出的厄尔尼诺事件对全球气候的影响图（图26-2），能够直观显示其所带来的如下景象：从北半球到南半球，从非洲到拉美，本该是凉爽的地方却是骄阳似火，本该温暖的春天却时常出现降雪天气；到了雨季却迟迟见不到一丝一毫下雨的迹象，处于旱季的地区则遇到了几十年甚至是百年、几百年一遇的洪水。

图26-2　厄尔尼诺事件对全球气候的影响

三、厄尔尼诺事件对我国气候的影响

根据多年的气象观察数据，厄尔尼诺之年，中国的气候可归纳为：暖冬、北干南涝、西北及新疆降雨多和热带风暴减少。

1. 暖冬

研究显示，厄尔尼诺发生年的冬季，冬季风和冷空气活动也偏北偏弱，但南方暖空气活动相对较强。中国大部分寒潮和冷空气来自西伯利亚，高纬度的西北气流减弱直接导致冬季偏暖。据中国气象局统计，近50年80%的厄尔尼诺年中国出现了暖冬。20世纪90年代厄尔尼诺频繁发生，中国也连续出现暖冬。因此，在厄尔尼诺发生时我国出现暖冬的概率较大。

2. 干旱和洪涝

厄尔尼诺气候改变了中国的季风，从而打乱了全国范围的降水。厄尔尼诺使南方雨带迟迟不能北移，导致了南方水涝、北方干旱的结果，出现的结果是长江流域出现洪水，黄河却出现断流。

3. 西北及新疆降雨多

厄尔尼诺发生年，南疆的春季气温可能有一个跳跃性变化，即3月高、4月低、5月高；全疆整个冬季（时间延续到次年初）气温偏暖。在厄尔尼诺次年，北疆5～7月与南疆的5～6月气温较常年偏低。对降水而言，厄尔尼诺事件的当年和次年，南疆降水在这两年中，变现为一年的两头偏少，中间集中，且主要集中在6月；厄尔尼诺次年，北疆夏季的7月和8月降水较多。

4. 热带风暴偏少

在厄尔尼诺年，赤道东太平洋变暖，热带西北太平洋变冷，大气稳定度增加，使热带风暴和台风的数量也就相应减少，登陆我国的数量也会比往年偏少。

四、厄尔尼诺事件对棉花与黏胶短纤市场走势的影响

厄尔尼诺事件作为一种气候事件，对农产品尤其是一年期的农产品影响较大，探索其与棉花之间的关系，用于指导厄尔尼诺事件发生后次年棉花种植显得意义重大。黏胶短纤尽管属于工业品，但因为黏胶短纤的原料主要为棉浆粕或木溶解浆，这两种浆粕来源于棉短绒或者木片，属于农产品或者林产资源范畴，故在原料渊源上使得探讨其与厄尔尼诺事件之间的关系变得有一定的科学意义。

（一）厄尔尼诺事件与棉花及黏胶短纤市场间的定性关联

我国长江流域、黄河流域、西北内陆三大产棉区气候均会受到厄尔尼诺事件影响，但受影响程度每次均不一样。如图26-3所示，等级差不多的两次最强厄尔尼诺事件，第一次（1982年9月～1983年3月）对我国的棉花产量影响为上升，但第二次最强厄尔尼诺事件（1997年5月～1998年7月）对我国的棉花产量影响则表现为下降，尤其是厄尔尼诺事件结束后的次年及1999年，我国棉花产量为近20年来最低水平。多数情况下，中级强度的厄尔尼诺事件给我国棉花产量带来的影响是表现为当年棉花产量较前年上升，但次年的棉花产量表现为下降。

相对于棉花产量，厄尔尼诺事件发生年份，对棉花价格的影响也表现不一。如图26-4所示，以328棉花指数为例，最强厄尔尼诺事件（1997年5月～1998年7月），我国的棉花价格

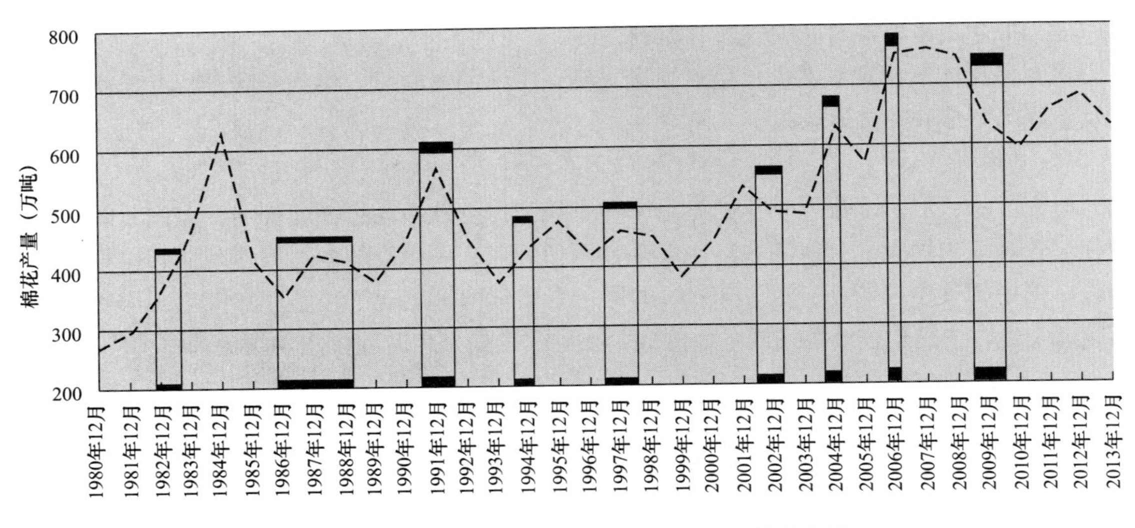

图26-3　1980～2013年厄尔尼诺事件与中国棉花产量

呈现量价齐跌的走势，这主要是由于当年东南亚金融危机影响，中国乃至世界上的棉花价格均表现为下跌。在余下的几次厄尔尼诺事件发生年份，中国棉花表现为震荡或者是上涨的态势。

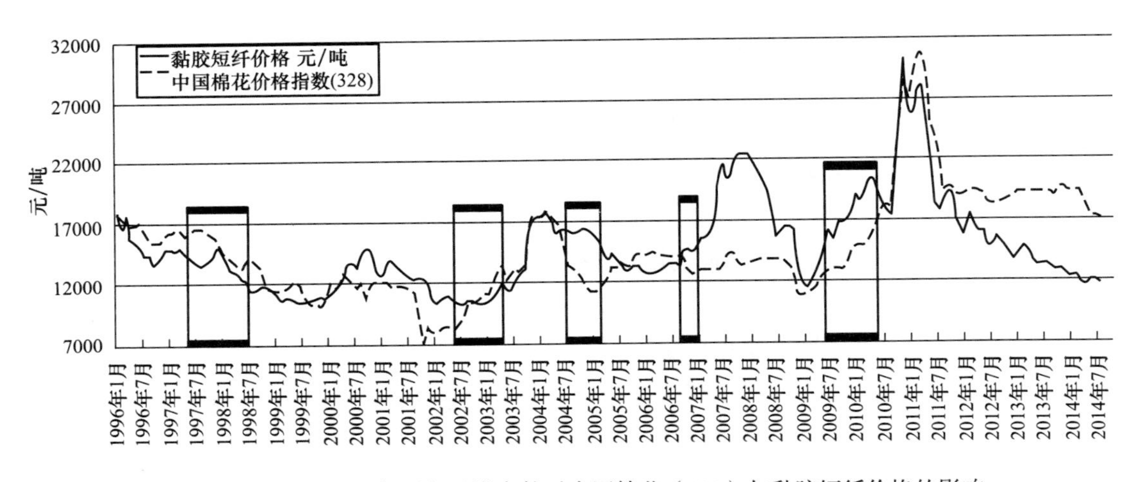

图26-4　1996～2014年厄尔尼诺事件对中国棉花（328）与黏胶短纤价格的影响

棉花与黏胶短纤市场价格在相当长的时间里，保持着涨跌趋势一致的走势，一直到2012年，因为棉花收储政策的影响，使得两者出现了非趋同走势。在厄尔尼诺事件发生年份，黏胶短纤市场价格与棉花市场价格涨跌表现趋于一致，但黏胶短纤市场价格对该事件的价格波动较棉花来得强烈，这主要是因为棉花与黏胶短纤的产量不同所致。至2013年止，我国的黏胶产能仅仅为320万吨；而近10年来我国的棉花产量一直在500万～800万吨，近乎于黏胶产能的两倍之多。

（二）厄尔尼诺强度指数（SST）与棉花及黏胶短纤市场价格的定量关系探讨

因为厄尔尼诺事件与棉花及黏胶短纤市场价格均具有不可控性，且周期也并非固定在某一值上，故严谨的定量关系在两者之间并不存在；但在经济学里，有很多规律属于相对性的，这种规律多数在于表述某几个因素之间彼此制约的关系，比如“供需”关系。因为厄尔尼诺事件与棉花及黏胶短纤市场价格之间存在一定的定性关系，所以研究彼此之间的相对定量关系就显得比较重要。这里以黏胶短纤市场价格为例，研究厄尔尼诺与黏胶短纤市场价格之间的关系（图26-5）。

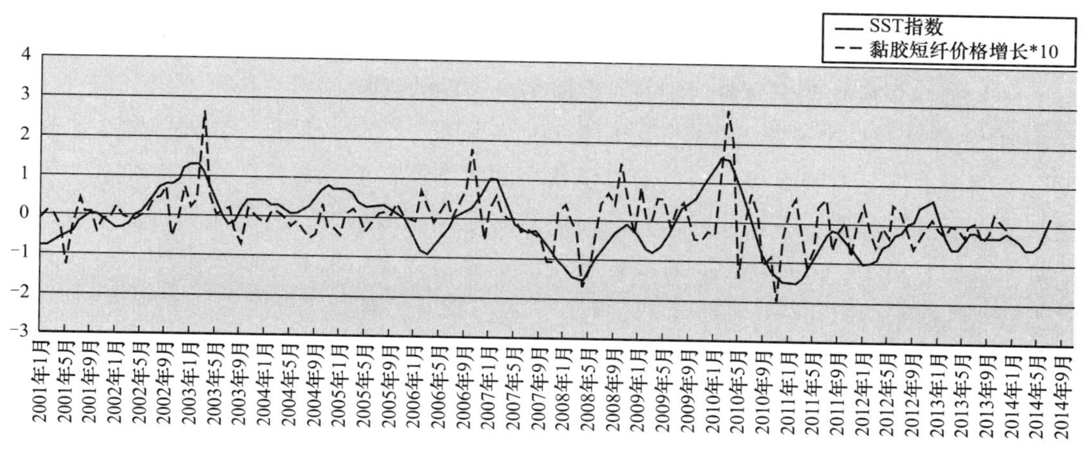

图26-5　SST与黏胶短纤价格增长率走势对比图

通过系列研究发现，厄尔尼诺强弱指数（SST指数）与黏胶短纤市场价格增长率之间存在一定的相关性（图26-5）。从2001年以来的数据对比可以看出，SST指数与黏胶短纤市场价格增长率之间存在波函数关系；两者之间的周期性关系接近一致（波峰—波峰为一周期）；SST指数可以提前10个月预警黏胶短纤价格增长率。

以图26-5为基础，如果将两者同时进行平方处理，则可以很清晰地看出两者之间的周期性波动关系，如图26-6所示。从图26-6中可以很明显地看出，在图26-4中还显得有点隐藏的

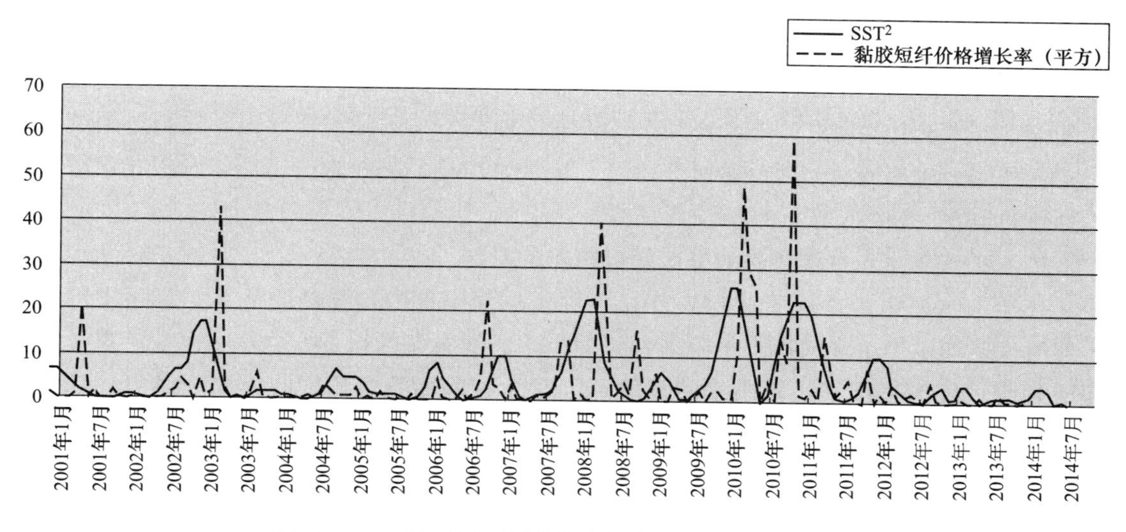

图26-6　SST^2与黏胶短纤价格增长率（平方）走势对比图

互相影响关系浮出水面；SST^2指数先于黏胶短纤价格增长率平方指数启动；周期性表现进一步明显，3～7年为一个大周期。

因为SST指数优先于黏胶短纤价格增长率将近10个月，故以其为基础，结合黏胶短纤行业本身运行的基本面，如上下游库存、销量、行业开工率等指数，在技术上可以提前预测未来10个月的黏胶短纤市场运行情况，这样可以让企业在白热化竞争的市场中做好相应的应对策略。

五、厄尔尼诺事件对棉花及黏胶短纤市场的影响

（一）2014年厄尔尼诺事件对棉花及黏胶短纤市场的影响

2014年6月21日央视《新闻联播》专门报道了一则关于气候的消息，新闻标题是《今年将发生厄尔尼诺事件》，明确指出“目前海温偏高的状态还在持续并且已经基本确定今年会发生厄尔尼诺事件”。鉴于《新闻联播》众所周知的地位和影响力，需要认真对待：一方面重视《新闻联播》对于“提前防范，减少损害”的预警信号背后可能的政策影响；另一方面重视厄尔尼诺气候对纺织原料市场带来的影响，尤其对棉花与黏胶短纤市场的影响。

虽然我国有三大产棉区，但目前产棉区最大的主力仍是以新疆为主；长江流域除湖北、安徽两省仍有较大区域在种植棉花，其余省份均从2012年后，陆续改种其他经济价值较高的作物；黄河流域与长江流域相似，仅留下山东、河南两省为产棉主力省。今年的厄尔尼诺现象发生以来，新疆、长江流域表现为雨水充足，黄河流域河南省较为干旱。故长江流域与黄河流域要分别做好抗涝和抗旱工作；而新疆，一般在厄尔尼诺事件发生的当年，表现为雨水充足，但不至于致灾，相反棉花有望迎来丰收，故由量价关系看，2014年的棉花市场价格与去年同期相比，可能在新棉上市后价格会下跌。

而黏胶短纤市场，根据SST指数与黏胶短纤市场价格增长率关系，黏胶短纤市场在2014年11月前，仍难以有起色，价格在目前12000元/吨的基础上仍存在下探的可能。2014年12月开始，黏胶短纤市场摆脱了市场困境，出现转机。

事实证明，2015年开始，黏胶短纤市场价格开始由低谷的11000～12000元/吨最高发力至14800元/吨。关于上述理论，笔者曾经在《中华纸业》与《国际纺织导报》进行过系统性论述，并且利用上述理论对当时的溶解浆市场、造纸浆市场、黏胶短纤市场以及棉花市场进行过一系列的预测，最终市场运行与预测基本符合。

（二）2016年厄尔尼诺事件对黏胶短纤市场的影响

2016年厄尔尼诺事件属于2014～2016年厄尔尼诺事件中最强烈的一年，当年中国的长江、黄河流域均发生了多起抗洪抢险事件。而洪水、泥石流的爆发，使得物流业严重受阻，出现了黏胶短纤在工厂里运不出来的现象。同时，有些黏胶短纤厂因为出现洪水、暴雨区域，受天灾影响，不得不停产。

2016年，笔者一方面研究黏胶短纤未来市场的运行模式，另一方面着手对黏胶短纤市场信息行业进行改革方案研究，同时笔者借助腾讯微信公众号平台，推出“布衣资讯”作为黏

胶短纤行业信息改革视点。当时笔者对于这场“厄尔尼诺”强烈期对黏胶短纤市场的运行影响做了详尽的阐述，并且如实地记录了当年市场各方的反应以及厄尔尼诺事件发生过程对于黏胶短纤市场运行的影响。

笔者将当年厄尔尼诺事件对行业影响最强烈的一天，7月9日的部分记录摘抄至此，让读者再次感受当年市场因为天气影响所带来的紧张氛围。

此次长江流域洪灾，从安徽往西，业内的舒美特、九江三家工厂、湖北的博拉、四川丝丽雅、丽雅等工厂均存在物流短期停摆问题，这些工厂中，有些工厂在纱厂集中区有仓库，有些则没有，客观上造成了部分纱厂原料唛头出现配送紧张状况，此时望业内纱厂不要哄抢，大家随用随拿，要相信各个企业在灾后恢复正常生产以及交通要道疏通后物流也会正常。可以说，布衣在今年一月（2016年）“2016年黏胶短纤全年预判”的那篇文章中，已经提及了“物流停摆”一说，但布衣学艺不精以及能力有限，不能准确判断是何种因素引起的物流停摆，如果知道是此种因素，肯定会提早发布应对方案的，事情至此，布衣只能说各位纱厂老板，只要工厂不断你们的唛头，就没有必要“挤兑”工厂此时按时交付。

今天早晨，又有新闻传出新乡暴雨积水、台风“尼伯特”于早晨在莆田登录，造成局部积水。以此分析，业内又有两个企业物流会停摆。

至此，在新疆黏胶短纤本地消化率越来越高、出疆黏胶短纤越来越少的情况下，加上天灾所造成的上述地区工厂物流停摆，业内还能正常发货的只剩下苏北两家、山东三家、河北一家，在此，布衣呼吁，目前因灾害造成物流停摆的工厂，如果在内地有存货的，提早做好分配措施，确保下游正常开机；而能给正常发货的六家，如果有纱厂需要向你们拿货的，此时在能力范围内，还是做点好事，不让下游停机。同时下游纱厂，经历此时之后，也希望你们能够改变以前一些作风，业内业务员此时能够想着不让你们停机，后面正常合作的时候，还是不要再和之前一样，太过为难他们吧，毕竟这个年头，还在这行坚守挥洒汗水的业务员都不容易。

天灾面前，觉得上述言语比较苍白无力，但布衣只能以个人力量做到呼吁业内仁人志士以大局为重，以保下游生产为重，此时大家众志成城，团结一心，才能让我们这个行业健康发展，朝着黏胶本身的价值区间迈进。

虽然当年笔者想让市场各方心平气和地拿货，但是市场本身就是商业道德基础上进行的一场逐利博弈游戏。就和2015年股票市场处于牛市阶段一样，越是呼吁大家要稳健投资，大家越是积极开户，积极买股票，而忘了市场暴涨后会存在暴跌的风险。所幸的是，当年在笔者的呼吁下，各方最后保持了稳健心态，也让市场没有进行过分的暴涨暴跌，并且在“布衣资讯”公众号开通期间，市场各方实现了平稳着落。也实现了当年笔者开通“布衣资讯”公众号的初衷：维护产业链各环节的利益，实现中国黏胶短纤产业链的协调、有序、健康发展。

第二十七章　黏胶短纤市场心理影响因素剖析

2018年上半年已经结束，下半年刚刚开始。对比2017～2018年上半年的黏胶短纤市场，价格已经出现了将近2000元/吨的差距：2017年上半年黏胶短纤价格运行区间在15000～17000元/吨；2018年上半年黏胶短纤价格运行区间在13600～15100元/吨。这一价差之间的背后，市场人士归结为以下几点：第一，2018年黏胶短纤产能投放将近70万吨，市场已经由供小于求的弱平衡进入到供大于求的阶段；第二，中美贸易摩擦升级为中美贸易战，对我国的黏胶短纤出口造成了严重的影响；第三，人民币持续升值，使得黏胶短纤出口减少；第四，环保政策从严，尤其6月开始的中央督导组“环保回头看”行动，使得下游坯布厂的白坯布没有地方印染，最终导致下游渠道堵塞，倒推至纱线、黏胶短纤等原料，致使其价格下跌，产量供大于求。从上述观点看，表面上是黏胶短纤产业链供大于求打破了之前供需平衡关系，致使黏胶短纤价格下跌。但回顾上半年产能、产量，就会发现，其漏洞不少。图27–1所示为2018年上半年黏胶短纤价格运行图。

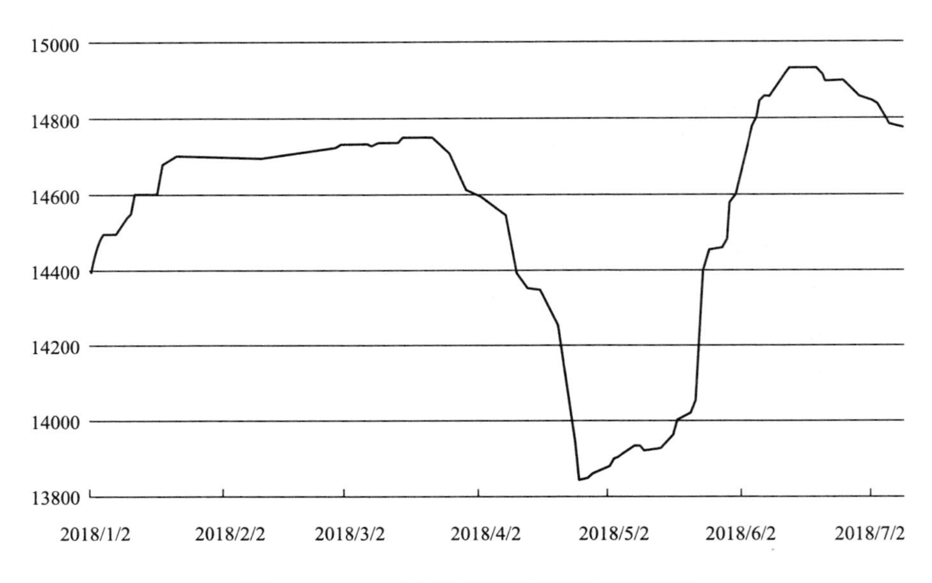

图27–1　2018年上半年黏胶短纤价格运行图

一、2018年上半年黏胶短纤产能产量回顾

（一）产能投放

从2017年第四季度开始，以东北某黏胶短纤工厂12万吨新产能投放开始计算，上半年我国黏胶短纤产能投放企业所在地以华东、华北地区为主。涉及新产能投放约45万吨。但从实际投放效果看，上半年大部分时间，东北某厂除短暂生产外，其余时间一直进行设备改造；而华东某厂新投放的16万吨新线，其开工率也一直没有表现出正常；华北某厂的一条新生产线则是在2018年6月中旬进行试生产。故从新产能投放进度看，其投放到量产表现出不正常，所以，如果仅仅从新产能投放打破供应格局的说法明显不成立。

而上半年的环保政策从严，以及行业景气度的下降，已经致使东北一家老工厂以及华东某厂一直处于停产状态；而西南、西北、华南、华东等地的黏胶短纤工厂，也处于开开停停状态。这部分产能如果集中起来，则有35万～50万吨。所以，从上半年的产能变化看，可以进行互相抵消，并且抵消后，产能没有出现明显增加，反而减少了5万～10万吨。

（二）2018年上半年产量数据

从上半年的产能变化看，新增产能与旧产能的淘汰或者停摆相抵消后，产能与2017年相比，减少5万～10万吨。故此，仍以2017年全年产能数据405万吨作为2018年上半年的产能基础数据。从行业开工率（参见图25-3）角度出发，计算上半年的黏胶短纤产量。

2017年与2018年上半年行业平均开工率分别为89.69%与81.19%；2018年上半年行业开工率比2017年上半年行业开工率减少8.5%，以此推算2018年上半年产量较2017年上半年减少34.4万吨。

二、出口减少的问题

由于海关数据因为技术性问题暂时停更，导致2018年4月后的行业出口无从查询。但是根据海关统计的1～3月数据对比，2018年1～3月我国黏胶短纤出口量为9.28万吨；2017年同期出口量为6.75万吨；2018年第一季度我国黏胶短纤出口量同比增长37.48%。故从数据角度看，黏胶短纤上半年出口量是增长的，而非衰退的，故市场上所谈论的第二点与第三点基本不成立。

中美贸易摩擦升级为中美贸易战，的确对出口有所影响，但通过笔者多年观察，中美贸易战即使开始打响，对于黏胶短纤出口到美国的影响力度仍有限。因为我国出口到美国的黏胶短纤多为阻燃黏胶短纤，这种短纤维在当今世界上，能够量产的，只有中国。而且受制于中国的环保政策从严，如今生产阻燃黏胶短纤的中国企业少之又少，而因为美国在阻燃黏胶短纤方面有强制立法，不得不用，属于刚需性质，故不管贸易战如何打，对于刚需品影响力度有限。

对于人民币升值较为迅速的说法，从2018年上半年人民币对美元汇率走势图（参见图25-2），不难看出，在第一季度，尤其是1～2月，人民币升值速度的确很快，但在此期间，从海关进出口数据不难看出，人民币升值期间，我国的黏胶短纤出口量不仅没有减少，反而同比增长率达37.48%。进入第二季度后，人民币对美元汇率从4月下旬开始，进入迅速贬值期。所以，上半年人民币对美元汇率升值较快，从数据角度看，仍站不住脚。

三、黏胶短纤市场心理因素

综上分析可知，市场人士所说的原因，在数据面前，均不成立。但黏胶短纤价格在2018年上半年与2017年同比降低13.33%是一个客观存在。到底是什么因素导致了这一现象的发生？笔者认为，这里涉及一直没有被行业内关注的市场心理学问题。

所谓市场心理学，主要是研究市场活动参与者的体验和行为，重点在于营销心理学与采购决策论（多数学者认为是销售心理学，但销售心理学仅仅考虑卖方的感受，并没有考虑买方的感受。另外，某些方面销售心理学与营销心理学出现了多处重叠。但市场是由买方、卖方、第三方观察者共同参与而形成的，所以，笔者认为市场心理学的主题必须从卖方、买方、观察者三处考虑，给予其定义）。其观察的对象主要是供应商、需求方以及市场管理者，并涉及供应商的市场营销活动，其中包括沟通、广告、销售等。

细化到黏胶短纤市场领域中，可以将黏胶短纤市场心理学定义为：通过对黏胶短纤企业管理者、销售以及人棉纱企业主的行为进行研究，以此来判断黏胶短纤市场未来走势的一门学问。因为黏胶短纤市场总体来说处于供求平衡状态，这点从上文对上半年的黏胶短纤量化分析中已经明确体现；所以黏胶短纤市场未来趋势运行仍由买方与卖方进行博弈后才能明确。根据市场主体对黏胶短纤市场心理进行划分，可以大致分为四类市场心理：赌徒心理；从众心理；榜样心理；智者心理。通过市场主体心态可以将市场心理划分为三种：看多；看空；平稳。

对于第二种划分，多数人可以理解，在笔者的专栏中，也多次提及市场未来趋势看多、看空或者看稳。这种划分比较通俗常见，也为从业者所知。但多数情况下，整个市场要做到对三种状态进行准确把握，比较困难，这就造成了市场上经常出现对于市场未来趋势看法“多空不一”的现象，使得决策者无从决策是拿货还是不拿货的窘境。故以这种划分方法来看市场，在很多时候会出现迷茫现象，即市场盲区，从而导致市场出现长达1～4个月的平稳趋势。比如2018年2～4月初的平稳行情，即受此影响，一直横盘不动。故这种方法需要结合市场实际的基本面分析，但是数据分析或者基本面分析，是非常消耗体力的，也类似于盲人摸象，虽然表面看很简单，就是三条路径，但是实际操作的时候很难。

因为第二种划分需要结合趋势、市场基本面，加上在平时的专栏分析中，也经常提及，故本文不展开探讨。

（一）赌徒心理

所谓赌徒心理，每个人都或多或少有这种心理。通俗来讲，赌徒心理就是赢钱的想赢得更多，输钱的一直想翻本。人对于财富的掌控欲是这种心理的原始动力之一，这可以说是人性之一。

2016年7月，黏胶短纤市场参与者就有很多人体现出这种赌徒心理。2016年7月初，因为天气因素影响，导致了黏胶短纤出现了区域性紧张，在这种环境下，很多市场参与者看到了商机，便开始不惜一切代价拿货。由于市场货源有限，使得黏胶短纤价格由7月初的13600元/吨一口气涨至7月中旬的14600～14800元/吨。由于价格上涨速度过快，黏胶短纤销售者与纱厂采购者均出现了一种恐慌心理。在这种情况下，市场开始出现了分歧。一些黏胶短纤厂在价格进入14600～14800元/吨区间后，认为这是2015年第四季度的阻力点，预计后面价格还是会回落，便开始以14300～14400元/吨价格出货。这种情况的出现，使得更多的群体开始分化。而且由于价格比正常价格低300～400元/吨，导致了一些已经签单但没有付钱的纱厂在心态上出现了摇摆，更有一些纱厂认为连黏胶短纤工厂都已经放弃了价格继续上涨的欲望，那么市场肯定是不看好的，于是，在7月13日至7月15日，市场上出现了悔单现象。

但7月15日上午，也许是放出低价的黏胶短纤工厂也拿不出货进行交割，取消了14300～14400元/吨的低价报价，将价格恢复至市场正常区间14600～14800元/吨，并且中间一度出现封盘。使得市场氛围急剧从多空不一再次转为集体看多。这样市场就出现了一个群体：已经将前期订单与黏胶短纤工厂或者贸易商悔单；又没有拿到低价黏胶短纤的纱厂陷入赌徒心理状态：一方面其在反思为何悔单；另一方面其在迅速评估低价黏胶短纤消失后，市场未来的状态向何处发展。最终这类群体均采取了加量在14600～14800元/吨集中拿货，并且迅速付款给黏胶短纤供应商的行动。

上述这段历史中，赌徒心态包括两类：放低价的黏胶短纤工厂；悔单后又加量拿货的纱厂。对于放低价的黏胶短纤工厂来说，其赌徒心态在于对于14600～14800元/吨的恐慌，认为这就是高价了，此时不卖，等到价格低了再卖，就少赚了；对于悔单后加量拿货的纱厂老板而言，其赌徒心态在于主动放弃了原先价格适中的货源，想着去拿更低价的货源，但没想更低价的货源说没就没，而且由于主动悔单，再次找原先供应渠道拿货时，价格已经明显比之前悔单价格高出200元/吨附近，为了弥补这200元/吨的损失，使得其不得不以拿更多吨位的黏胶短纤来弥补其悔单货值。

（二）从众心理

从众心理指个人受到外界人群行为的影响，而在自己的知觉、判断、认识上表现出符合于公众舆论或多数人的行为方式。而实验表明，只有很少的人保持了独立性，没有被从众，所以从众心理是部分个体普遍所有的心理现象，通俗来讲，就是“随大流”。

从众心理在市场上也经常发生。仍以2016年上述事件后的第二件事情作为案例进行分析。2016年7月下旬至8月上旬，黏胶短纤价格由14800元/吨上涨至16000元/吨附近。这段行情是上述7月中旬悔单群体加量拿货后的后续故事。由于上述悔单群体进行补仓操作，且下单的量较大，加上当时这种现象发生在人棉纱厂密集度较高地区，一些本身已经拿足一个月用量的纱厂看到部分纱厂突然将拿货量增加到2个月附近，也不顾一切地寻找低价货源，积极拿货。笔者当时曾经询问过很多企业主，是否真的看好后续的黏胶短纤市场，但很多企业主的答复是：不管后面好与不好，那么多人都拿了2个月的货，我就备货1个月的话，心里有点慌。

同样的事情，还发生在2018年的4月下旬至5月中上旬。根据笔者测算，在这段时间内，黏胶短纤行业亏损在1000～1400元/吨不等，在这段时间内，很多黏胶短纤工厂均出现限产或者停产现象。根据笔者多年从业经验，当时觉得表面上看黏胶短纤库存量很大，但是一旦基本面的价值被发现后，市场将会有一轮迅速去库存阶段。笔者与一些纱厂老板沟通，示意他们可以择机多拿一点货，但多数老板的答复是：你看现在大家对于中美贸易战前景不看好，下游布厂坯布也积压很多库存，这个时候没人动手拿货，我也不敢拿！这段时间内，笔者和一些纱厂老板说价值规律，黏胶短纤厂开工率等情况，得到的答复基本是观望态度，因为大家都不动手，证明市场还是要跌的。

由上述两段历史可以看出，从众心理是最为普遍的市场心理之一，“随大流”一直被整个市场不自觉地运用着，因为这样的决策驱动力根本要素在于：假如亏了，也不是我一家亏，假如赚了，我比别人赚得多一点就成！

（三）榜样心理

榜样心理又称榜样效应，是指众人跟随社会上或者行业内具有代表性的先进（领军、领头）人物的行动而采取行动的一种心理暗示。榜样心理与从众心理的区别在于，榜样心理盯住的某个公司或者某个人的拿货行为，但从众心理盯住的是一个群体。

在2012～2014年度，尤其是2013年，市场从业者应该记得这段时间内，黏胶短纤的价格波动频率很低，随机性很差，造成了长达三年之久的行情低迷期。因为当时一方面市场景气度不高，另一方面由于市场上一些贸易商看不到价差，自动退出了黏胶短纤行业。此时的市场风向标，在于大家看福建纱厂的拿货情况，如果福建纱厂大举拿货，那么整个市场也跟风进行拿货，如果福建纱厂不拿，那么市场基本保持刚需状态下的随用随拿。同一时间内，黏胶短纤工厂出货紧盯住华东某两个厂家的步伐，如果这两家大量出货，那么整个黏胶短纤工厂跟风而动，进行大规模出货；如果这两家不动，那么其他家价格保持平稳，也相继不动。整个黏胶短纤市场则是在这种情况下，演变成现今的"高中低"三档，到了出货时间点，大家基本保持住一档100～200元/吨的价差，进行排队销售。

在2016年至今的行情中，这种榜样心理一直延续着，不管市场是低迷还是高潮状态，只要看到业内具有代表性的纱厂或者贸易商出现了拿货行为，市场均出现闻风而动的状态。这就是经常所说的"盯庄行为"或者"盯大户行为"。因为市场多数参与者认为，跟着这些有实力或者有魄力的企业进行操作，不至于吃亏。

从实际生活中可以得出一个简单的结论：有实力或者有魄力的企业均会在市场上先行一步，而总有一部分群体会紧跟其步伐，最终"榜样心理"演变成"从众心理"的时候，那么市场就会出现质的变化。

（四）智者心理

智者心理来源于中国一句谚语：仁者见仁，智者见智。指通过长期的市场训练，对市场有所感悟，能够洞悉市场变化的微妙节点，并付诸行动的心理学。"榜样心理"在于"榜样的力量是无穷的"，那么，榜样的决策来源或者依据是什么？如果仅仅是"赌徒心理"，那么榜样做不长久，所以，榜样的决策心理来源于智者心理。

从2018年4月下旬至6月上旬的黏胶短纤价格走势图（图27-1）不难看出，在4月上旬至5月中旬，黏胶短纤虽然有启动的迹象，但是相对于后续的价格上涨速度，明显要慢得多，表面市场上多数人在这个节点上是有所犹豫的。这种犹豫主要来源于智者也需要时间来思考黏胶短纤行情下一步到底怎么走。如果说3月下旬黏胶短纤还能看出点希望，那么在3月下旬至4月上旬的黏胶短纤价格下跌800～1000元/吨后，市场上则出现恐慌。但真正能够看到商机的智者，在这段时间已进行了布局，当时黏胶短纤行业亏损已经在1000～1400元/吨，经营工厂的，都知道这意味着业内90%的黏胶短纤已经亏损到现金流。现金流是一个企业的生命之源，业内智者知道"皮之不存，毛将焉附"的道理，所以，这个时候，无论如何都得以拿货这个实际行动，来体现出对于黏胶短纤产业链健康发展的支持。

但多数市场参与者在这个时候被恐慌心理占据，不敢拿货，从众心理指引下，也出现了别人不拿货我不拿货的格局，从而与一轮上涨行情擦肩而过。所以，智者心理要具备主动承担责任的道德基准，不同于市场上多数人追涨杀跌的赌徒心理，也不同于从众心理或者榜样心理，因为行业的智者本身就是业内的榜样，走在行业的前沿，其很少有参照群体进行对比。这也是其能够起到领导作用的核心要素。

四、心理学将在黏胶短纤市场起决定性作用

由于中美贸易战已经打响，2018年下半年的黏胶短纤市场走势将变得扑朔迷离。市场极有可能在中美贸易战、人民币汇率问题、环保政策从严造成的下游渠道堵塞等因素的指引下，经历一次或者若干次心理恐慌。在心理恐慌的情况下，如果基本面发生变化，可能又会将心理恐慌演变成心理贪婪；表现在黏胶短纤市场价格运行中，则可能出现暴跌暴涨的现象。暴涨暴跌对于行业的损害相当大，而且从博弈角度看，最终买卖双方均没有好处，并且对于产业的长期发展也相当不利。

但市场本身是多样性的，上述四种最基本的心理暗示，预计在未来的市场博弈中，仍会频繁出现。黏胶短纤市场经历过多次产能扩张，也经历过1998年东南亚金融危机以及当年纱厂压锭导致的库存积压；也曾经历过2008年全球金融危机导致的出口滞销；但2008年后，黏胶短纤市场均先于政策一步，比如环保未曾从严时，黏胶短纤工厂就已经自己开始“脱硫脱硝”“污水净化”等环保工艺升级；2010年就开始推行《黏胶纤维行业准入条件》等法规，进行行业的供给侧结构性改革。所以，黏胶纤维行业在整个国民经济中扮演着改革探路者的角色。所以说黏胶短纤行业能够做大做强，不是偶然性因素，而是整个行业参与者的必然结果。

在市场不确定性因素与日俱增的今天，整个黏胶短纤产业链参与者都会随着新闻、消息的发展而产生一些不确定性的心理反应，而这种心理反应化作实际行动时，就会演变成市场价格的波动起伏。愿行业参与者能够在这次洗礼中，锻炼出一批具有智者心理的参与者，在市场变化中做到仁者见仁，智者见智。这一批人如果出现，那么黏胶短纤市场将会在不确定因素增加的行情中走出自己的独特行情，所以，心理学的修炼将决定黏胶短纤市场未来的波动。

参考文献

［1］杨之礼，等．黏胶纤维工艺学［M］．2版．北京：纺织工业出版社，1989.

［2］谢尔科夫．黏胶纤维［M］．王庆瑞，等，译．北京：纺织工业出版社，1985.

［3］翁文波，张清编．天干地支纪历与预测［M］．北京：石油工业出版社，1993.

［4］（东晋）许真君．绘图全本玉匣记［M］．北京：华龄出版社，2011.

［5］（美）约翰·墨菲．期货市场技术分析 期（现）货市场、股票市场、外汇市场、利率 债券 市场之道［M］．丁圣元，译．北京：地震出版社，1994．05.

［6］（美）琼斯．江恩技术研究　精华本［M］．太原：山西人民出版社，2015.

［7］（美）威廉 D．江恩．江恩主控原理 1　《圣经》中的自然法则［M］．北京：地震出版社，2014.

［8］（美）江恩．江恩股市定律　批注版［M］．北京：清华大学出版社，2011.

［9］（美）拉尔夫·艾略特．艾略特波浪理论［M］．长沙：湖南文艺出版社，2016.

［10］（美）艾略特．艾略特波浪理论　自然法则［M］．北京：地震出版社，2012.

［11］董德志．投资交易笔记　续　2011～2015年中国债券市场研究回眸［M］．北京：经济科学出版社，2016.

［12］高志文，方琳．宏观经济学［M］．南京：东南大学出版社，2014.

［13］何忠伟，郑春慧，夏龙．宏观经济学［M］．北京：中国商务出版社，2016.

［14］罗伯特·雷亚，威廉·彼得．道氏理论盈利法则［M］．武汉：华中科技大学出版社，2017.

［15］（美）罗伯特·雷亚．道氏理论［M］．3www，译．北京：地震出版社，2008.

［16］高志文．微观经济学［M］．南京：东南大学出版社，2014.

［17］季柳炎．中国黏胶短纤产业安全现状及应对策略探讨［J］．纺织科学研究，2018（4）：18-23.

［18］季柳炎．差别化黏胶短纤现状评述及未来展望［J］．纺织科学研究，2018（3）：20-25.

［19］季柳炎．2017—2019年国内外溶解浆市场回顾与展望［J］．造纸信息，2018（2）：51-58.

［20］季柳炎．黏胶短纤期货上市可行性研究探讨［J］．纺织科学研究，2018（5）：23-28.

［21］季柳炎．从百年发展史看黏胶纤维之未来［J］．纺织科学研究，2017（10）：25-29.

［22］季柳炎．厄尔尼诺事件及其对中国棉花及黏胶短纤维市场的影响［J］．国际纺织导报，2015（6）：6-10.

［23］季柳炎．国内外黏胶纤维行业的发展及启示［J］．纺织导报，2014（7）：24-26.

[24] 季柳炎．温故知新：全球溶解浆市场的变迁对中国市场的启示［J］．中华纸业，2014（5）：24-26．
[25] 王德诚．欧美纤维素纤维行业的企业重组动向［J］．人造纤维，2001（1）．

后 记

本书成稿之时，正好赶上中美贸易战最激烈的谈判时刻；也赶上了黏胶短纤进入新一轮周期的历史时刻。由于中美贸易战引发的争论，使得纺织行业在2018年1～9月表现得淡季不淡，旺季不旺，市场从业人员对于宏观经济信心不强；导致黏胶短纤行情在这段时间内低迷不振。但是，不管从行业基本面，还是价格运行的技术面分析，中国黏胶短纤产业正在进行新老周期转换的关键时刻。

中美贸易战的本质，在于中国与美国对于2025～2030年中国GDP有望超过美国GDP而引发。美国不甘心在2025～2030年将全球GDP第一的位置让给中国，从而引发美国政府对中国政府施压，不允许其实现《中国制造2025》计划。所以，在社会上，才有中美贸易战的实质是中美两国的国运之战，2018年不发生中美贸易战，后面还是会有中美贸易战发生的可能性。所以，中美贸易战是必然发生的，与其逃避，还不如积极应对。我通过多年对黏胶短纤发展历史以及黏胶短纤周期进行研究，最终发现了黏胶短纤虽然占据中国的GDP份额小，但是其每次价格波动，均与GDP数据变化相吻合。到底是什么因素使这两者之间产生了关联？黏胶短纤产业的未来发展情况如何？笔者以此为话题，作为后记，对黏胶短纤的未来做一些展望。

黏胶短纤与GDP的关系

黏胶短纤虽然在中国的GDP中，仅仅占据一小部分，但是，我通过研究黏胶短纤发展史发现，各个国家强盛时期，其黏胶短纤产量正好处于高峰时期；而自1990年后，黏胶短纤产业从发达国家开始逐渐消亡，欧美等国家的GDP排名也逐步开始出现新的变化。中国的黏胶短纤产业在2000年以后得到了前所未有的发展，其GDP逐步上升的过程中，黏胶短纤的产量也逐步提高，从2000年附近的不到100万吨发展至2018年的400多万吨。所以，从数据层面上看，黏胶短纤在某种意义上与一个国家的国运是紧密联系在一起的。

在《资本论》《剑桥欧洲经济史》等书籍中，都提及了钢铁、造纸、纺织等行业对于国民经济的重要性。中国人讲“衣食住行”也是将“衣”放在了首要位置，可以看得出纺织行业的重要性。而黏胶短纤是人类发展史上一种工业化生产的人造纤维，改变了以往纤维都是来自于农作物的历史，从1905年开始，至今已经有113年的历史。在这113年的历史长河中，黏胶短纤也由西方发达国家转移到作为发展中国家的中国。在这个历史进程中，黏胶短纤在世界各国的产能变迁吻合着其国运的变迁。比如随着英国考陶尔兹的发展壮大，英国的综合国力在1945年前，处于强国地位；而2000年附近，考陶尔兹宣告退出黏胶短纤产业的时候，其GDP排名基本退出世界前五；再比如1975～1985年，苏联是世界上曾经最大的黏胶短纤产量大国，但在其解体之前，其黏胶短纤产业基本开始走向衰退，且其解体后，整个独联体国家基本没有黏胶短纤产业。时至今日，黏胶短纤已经悄然在东南亚、西亚等地开始量化生产或者准备上新的产能，也就证明了其生命周期的顽强性，某种意义上也可以断定，在未来的20年内，东南亚可能会成为全球经济的新热点。

其实要破解黏胶短纤与GDP之间的关系，并不困难。黏胶短纤产业链中，包括木片、溶解浆、黏胶短纤、人棉纱、人棉布、印染、服装等产业；这是一条明线；还有一条暗线是：煤炭、硫酸、烧碱、二硫化碳等20种基础化工品。也就是说，黏胶短纤这一个产业，关联着将近30种基础行业；同时，黏胶短纤的设备性能提升，关联着钢铁行业以及电气自动化行业。如果说前面两个行业，仅仅是供应与销售环节；那么最后一个行业则是工业信息化技术环节。黏胶短纤的每次生产工艺变革，都离不开上述三个环节的发展。

另外，由于黏胶短纤生产的过程是一个物理化学反应的过程，也就意味着在生产过程中，利用工业大数据法进行定量化生产比较困难，这主要来源于其化学反应过程中，因为原料不标准，需要根据经验对其过控数据进行调节。而后道中的物理过程，可以通过工业大数据法对其进行控制。所以，黏胶短纤产业相对于其他一些工业品用人方面要来得多。而员工的工资，随着移动互联网的发展，使得多数人谋生不难，中国生产线上的员工工资正在逐年提升，预计在未来的十年内，一线蓝领工人工资超过白领工资，可以在中国得以实现。这也意味着，黏胶短纤产业为中国的GDP增长在未来仍会做出较大贡献。

所以，从上述层面观察，不难发现，黏胶短纤的价格，牵动着20～30种产业的价格变动；而这些产业内的商品价格变动，带动着GDP数据的变动。故黏胶短纤产业在某种意义上是GDP数据的风向标。

中国黏胶短纤产业的未来发展方向

2017年，中国化学纤维工业协会将黏胶纤维专业委员会更名为再生纤维素纤维专业委员会；同时黏胶短纤生产企业，也开始以再生纤维素纤维来替代黏胶短纤维这一名称。黏胶短纤的改名运动正在业内悄然发生。我赞同中国化学纤维工业协会的这次改名运动，同时，为了告别一个时代，迎接新时代的到来，笔者将这本书命名为《黏胶短纤市场博弈原理》。之所以还是将其叫作黏胶短纤，主要是从个人的从业14年角度出发，对这个名字产生了一定的感情。相信不少业内的前辈，也对这个名字存在一定的感情因素。

中国的黏胶短纤产业，经过产业以及相关产业的人员攻坚，已经可以做到清洁生产。在本质上已经与15年前的黏胶短纤生产过程发生了改变。2000~2003年，发达国家迫于环保等因素，最终不得不做出选择关停黏胶短纤工厂。这一点在本书第一篇中已经有过论述，从当时的史料记载看，发达国家关停，或者黏胶短纤产业内的企业重组，是一种对于环保从严的无奈选择。但中国的黏胶短纤产业，从2010年后，尤其是2013年后，就开始着手处理“三废”问题，通过脱硫脱硝解决尾气对环境的影响；通过先进的水处理工艺解决废水问题；通过生化反应将废渣转变成生物质燃料以及化肥等。所以，中国的黏胶短纤产业内的工厂做了发达国家想做而做不了的事情。同时，对于环保这块的投入，也是比较巨大，根据笔者估算，1万吨黏胶短纤的三废处理费用将近1000万元。但是，为了环保，业内的企业甘愿拿出这笔费用，这在其他产业中的企业比较少见。但为了配合国家环保政策，也为了黏胶短纤产业的长久发展，黏胶短纤产业内的企业做了这件事。

加上近年来，中国企业打破了国外莱赛尔纤维的技术垄断，目前中国能够量产莱赛尔纤维的产能为4.5万吨，预计5年内，可能会有12万吨附近的量产线。为了配合莱赛尔纤维的发展，将黏胶纤维专业委员会更名为再生纤维素纤维专业委员会，是一种与时俱进的方法。因为再生纤维素纤维包括黏胶短纤维、铜氨纤维、莱赛尔纤维、醋酯纤维等。

同时，再生纤维素纤维专业委员会成立之后，也在积极推进中国的再生纤维素纤维相关认证体系，并且与国际上的一些大型服装企业进行合作，为中国的再生纤维素纤维走向世界保驾护航。

2018年开始，业内有种声音，即未来天丝会取代黏胶短纤。我认为，从发展的眼光看，这是有可能的，但是需要考虑天丝的原料比如甲基吗啉溶解的供应以及适合于生产天丝的溶解浆的原料供应问题，短期内看，10年内，天丝取代黏胶短纤很难实现。因为，黏胶短纤生产工艺有着100多年的历史，并且，近年来，业内企业的投入较大，投资需要回报，所以，尽管天丝取代黏胶短纤是个历史趋势，但是因为客观原因制约，未来10年内，黏胶短纤产业的发展，做大做强，仍是大势所趋。产业需要壮大，一方面需要认证体系以及标准的配合；另一方面需要有系统的市场分析体系配合。故这是本书形成的最原始初衷：为了黏胶短纤具有较强的生命力，必须在产业文化上进行配合。而黏胶短纤发展壮大的过程中，产业的产业文化并没有跟得上，较为明显的就是1990年以后，这个产业再无相关专著出版。但相信笔者抛砖引玉后，黏胶短纤或者再生纤维素纤维产业文化必定迎来大发展。

鸣谢

感谢当初提议我落笔成文成著的几位朋友，这些朋友有黏胶短纤产业内的，也有溶解浆产业的，下游人棉纱以及人棉布产业的朋友，包括一些证券公司的朋友。如果没有这些朋友的建议与鼓励，我就没有勇气写作，也不会想着将从业14年来的感悟形成系统性文字。同时，在写作过程中，感谢家人的支持与鼓励，这两年没有太多的时间陪伴家人，也没有过多参与家庭事务，是人生中的一大遗憾。也感谢我现在及曾经所在公司的领导以及14年来支持、鼓励我的业内同仁，是你们使对黏胶短纤产业一无所知的我成长成今天对这个产业有所感悟的我。感谢中国纺织出版社的支持，使得本书得以面市。

因为成书仓促，书中难免有些错误之处，望业内同仁、专家、读者不吝赐教，以更正错误。

季柳炎

2018年10月